论侦德 并筑器件
致广大 而尽精微

中国科学院 白春礼院士 题

白善淮

戊戌 善月

中国科学院科学出版基金资助出版

低维材料与器件丛书

成会明 总主编

碳纳米管器件

孙东明 孙 陨 刘 畅 成会明 著

科 学 出 版 社

北 京

内 容 简 介

  本书为"低维材料与器件丛书"之一。碳纳米管是当前材料科学和信息科学研究领域最有活力的新材料之一，因其独特的结构与性能、广阔的应用前景而备受关注。本书作者在参阅大量国内外科技文献资料、总结最新科技进展的基础上，结合自身多年科研经历和成果，介绍了碳纳米管器件应用所涉及的基本概念、基本理论和工作原理，详细阐述了碳纳米管及其器件的制备方法与工艺，以及碳纳米管的电学性质、光学性质、力学性质、场发射特性及其器件等在相关领域的应用。

  本书适合从事纳米科学与技术、材料科学与工程、电子科学与技术和相关领域的科研人员、高校师生、工程技术人员及管理人员阅读与参考。

图书在版编目（CIP）数据

碳纳米管器件/孙东明等著 —北京：科学出版社，2023.6

（低维材料与器件丛书 / 成会明总主编）

ISBN 978-7-03-075599-5

Ⅰ. ①碳… Ⅱ. ①孙… Ⅲ. ①碳－纳米材料－元器件－研究

Ⅳ. ①TB383

中国国家版本馆 CIP 数据核字（2023）第 090364 号

丛书策划：翁靖一

责任编辑：翁靖一 孙静惠 / 责任校对：杜子昂

责任印制：师艳茹 / 封面设计：东方人华

科 学 出 版 社 出版

北京东黄城根北街 16 号

邮政编码：100717

http://www.sciencep.com

北京九天鸿程印刷有限责任公司 印刷

科学出版社发行 各地新华书店经销

*

2023 年 6 月第 一 版 开本：720×1000 1/16

2023 年 6 月第一次印刷 印张：15 3/4

字数：315 000

定价：198.00 元

（如有印装质量问题，我社负责调换）

总　序

　　人类社会的发展水平，多以材料作为主要标志。在我国近年来颁发的《国家创新驱动发展战略纲要》、《国家中长期科学和技术发展规划纲要（2006—2020 年）》、《"十三五"国家科技创新规划》和《中国制造 2025》中，材料均是重点发展的领域之一。

　　随着科学技术的不断进步和发展，人们对信息、显示和传感等各类器件的要求越来越高，包括高性能化、小型化、多功能、智能化、节能环保，甚至自驱动、柔性可穿戴、健康全时监/检测等。这些要求对材料和器件提出了巨大的挑战，各种新材料、新器件应运而生。特别是自 20 世纪 80 年代以来，科学家们发现和制备出一系列低维材料（如零维的量子点、一维的纳米管和纳米线、二维的石墨烯和石墨炔等新材料），它们具有独特的结构和优异的性质，有望满足未来社会对材料和器件多功能化的要求，因而相关基础研究和应用技术的发展受到了全世界各国政府、学术界、工业界的高度重视。其中富勒烯和石墨烯这两种低维碳材料的发现者还分别获得了 1996 年诺贝尔化学奖和 2010 年诺贝尔物理学奖。由此可见，在新材料中，低维材料占据了非常重要的地位，是当前材料科学的研究前沿，也是材料科学、软物质科学、物理、化学、工程等领域的重要交叉领域，其覆盖面广，包含了很多基础科学问题和关键技术问题，尤其在结构上的多样性、加工上的多尺度性、应用上的广泛性等使该领域具有很强的生命力，其研究和应用前景极为广阔。

　　我国是富勒烯、量子点、碳纳米管、石墨烯、纳米线、二维原子晶体等低维材料研究、生产和应用开发的大国，科研工作者众多，每年在这些领域发表的学术论文和授权专利的数量已经位居世界第一，相关器件应用的研究与开发也方兴未艾。在这种大背景和环境下，及时总结并编撰出版一套高水平、全面、系统地反映低维材料与器件这一国际学科前沿领域的基础科学原理、最新研究进展及未来发展和应用趋势的系列学术著作，对于形成新的完整知识体系，推动我国低维材料与器件的发展，实现优秀科技成果的传承与传播，推动其在新能源、信息、光电、生命健康、环保、航空航天等战略新兴领域的应用开发具有划时代的意义。

　　为此，我接受科学出版社的邀请，组织活跃在科研第一线的三十多位优秀科学家积极撰写"低维材料与器件丛书"，内容涵盖了量子点、纳米管、纳米线、石墨烯、石墨炔、二维原子晶体、拓扑绝缘体等低维材料的结构、物性及制备方法，并全面探讨了低维材料在信息、光电、传感、生物医用、健康、新能源、环境保护等领域的应用，具有学术水平高、系统性强、涵盖面广、时效性高和引领性强等特点。本套丛书的特色鲜明，不仅全面、系统地总结和归纳了国内外在低维材料与器件领域的优秀科研成果，展示了该领域研究的主流和发展趋势，而且反映了编著者在各自研究领域多年形成的大量原始创新研究成果，将有利于提升我国在这一前沿领域的学术水平和国际地位、创造战略新兴产业，并为我国产业升级、国家核心竞争力提升奠定学科基础。同时，这套丛书的成功出版将使更多的年轻研究人员获取更为系统、更前沿的知识，有利于低维材料与器件领域青年人才的培养。

历经一年半的时间，这套"低维材料与器件丛书"即将问世。在此，我衷心感谢李玉良院士、谢毅院士、俞书宏院士、谢素原院士、张跃院士、康飞宇教授、张锦教授等诸位专家学者积极热心的参与，正是在大家认真负责、无私奉献、齐心协力下才顺利完成了丛书各分册的撰写工作。最后，也要感谢科学出版社各级领导和编辑，特别是翁靖一编辑，为这套丛书的策划和出版所做出的一切努力。

材料科学创造了众多奇迹，并仍然在创造奇迹。相比于常见的基础材料，低维材料是高新技术产业和先进制造业的基础。我衷心地希望更多的科学家、工程师、企业家、研究生投身于低维材料与器件的研究、开发及应用行列，共同推动人类科技文明的进步！

成会明

中国科学院院士，发展中国家科学院院士

中国科学院深圳理工大学（筹）材料科学与工程学院名誉院长

中国科学院深圳先进技术研究院碳中和技术研究所所长

中国科学院金属研究所，沈阳材料科学国家研究中心先进炭材料研究部主任

Energy Storage Materials 主编

SCIENCE CHINA Materials 副主编

前　言

碳纳米管是过去三十年来材料研究领域重要的科学发现，具有极其重要的科学研究和实际应用价值。由于以 sp^2 杂化为主的独特成键结构，碳纳米管集优异的电学、力学、热学、光学等性能于一身，具有百倍于硅的载流子迁移率、极高的热导率和力学强度、极高的稳定性以及优异的柔韧性，是有望获得规模化实际应用并主导未来高科技产业竞争的理想材料。

碳纳米管可以作为构成半导体器件的电极、沟道或互联线等关键材料，在电子、信息、能源、交通、航空航天、国防等诸多领域具有广阔的应用前景。"碳纳米管计算机"被中国科学院与中国工程院评为 2013 年世界十大科技进展；2017 年碳纳米管被证明可与传统硅基电子实现三维异质集成，展示了碳基与硅基信息器件的工艺兼容性；同年 5 nm 沟道节点的碳纳米管晶体管诞生，表明了碳纳米管在 "more than Moore" 后摩尔时代器件发展中的巨大应用潜力；2019 年由14000 多个互补型金属-氧化物-半导体碳纳米管晶体管构建出的 16 位微处理器，成为碳纳米管器件应用的一个重要里程碑。

柔性电子器件因其独特的柔性和延展性，是可穿戴、便携式信息处理和交互装备的重要组成元件，也是实现以物联网和人联网为特质的智能社会的关键技术，将极大地拓展传统电子产品的功能和应用领域。随着当前可穿戴设备的兴起，对柔性电子产业化的需求更为迫切。碳纳米管由于具有优异的电学、光学性质及柔韧性，被认为是柔性电子技术的关键支撑材料，在柔性集成电路、柔性显示、可穿戴智能电子器件、印刷电子等柔性电子领域具有重要应用前景，这也是未来碳纳米管器件的主要发展方向之一。

中国科学院金属研究所是我国高性能材料研发的重要基地，也是国际上开展纳米碳材料研究的主要单位之一。我们长期专注于高性能单壁碳纳米管薄膜的材料合成、电子器件的构筑和器件性能的系统研究，在碳纳米管的制备及其器件应用研究领域积累了研究经验和专有技术，同时关注国内外相关研究领域的重要研究结果和最新研究进展，在此基础上撰写本书，以促进学术交流和学科发展。

本书概述了碳纳米管的基本特性、结构表征方法、制备与纯化以及碳纳米管器件制备工艺等内容，阐述了碳纳米管的场发射特性、场效应晶体管、光电器件、柔性薄膜晶体管及其相关应用等。除作者外，中国科学院金属研究所沈阳材料科学国家研究中心先进炭材料研究部的多位研究人员和研究生对撰写工作有贡献，他们是李鑫、韩如月、王肖月、刘驰、魏玉宁、平林泉、张峰、吴安萍、蒋海燕、臧超、李鹏鹏、王鑫哲、朱玺、胡显刚、冯顺、李波、蒋松，在此一并表示感谢。

本书的部分内容是作者及其研究团队的研究成果，得到国家自然科学基金、国家重点研发计划、中国科学院战略性先导科技专项等项目资助，在此表示感谢。本书的撰写和顺利出版得到了科学出版社的大力支持，在此表示诚挚的谢意。

碳纳米管器件的研究发展十分迅速，新的成果不断涌现，文献资料浩瀚无边，限于时间和精力，书中难免有疏漏或不妥之处，恳请同行专家和读者批评指正！

孙东明

2023 年 4 月于沈阳

目 录

第1章

碳纳米管与器件概述

1.1 低维碳材料

碳位于元素周期表的第二周期ⅣA族，原子序数为6，原子量为12.011。碳的电子轨道包含$1s^2$轨道、易发生杂化的$2s$和$2p$价键轨道，因而除单键外还能形成稳定的双键和三键；在参与成键的原子中，孤电子对之间的电相斥会使二者的结合能变小，故碳可形成更多价键及多种同素异构体，如富勒烯、碳纳米管、石墨烯和金刚石等（图1.1）[1, 2]，其主要物理性质见表1.1[3, 4]。当碳原子进行sp^n（$n \leqslant 3$）杂化时，$n+1$个电子属于杂化的σ轨道，而剩下未杂化的$4-(n+1)$个$2p$电子形成π轨道。σ电子沿着原子和原子结合轴的方向分布，与键合关系密切，键能较大；π电子则是在原子和原子结合轴的垂直方向展开，与原子间的结合力弱，键能较小。σ电子是形成物质骨架的基础，而π电子则是发挥物质功能的根源。

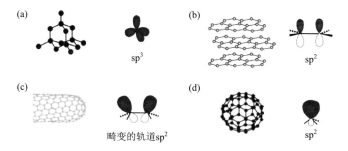

图 1.1 不同维度碳材料的原子结构与电子轨道示意图：（a）金刚石；（b）石墨烯；
（c）碳纳米管；（d）富勒烯

表 1.1　碳同素异构体的主要物理性质

碳同素异构体	富勒烯	碳纳米管	石墨烯	金刚石
维度	0D	1D	2D	3D
密度/(g/cm^3)	1.72	0.8～1.8	1.9～2.3	3.5
杂化轨道	sp^2	sp^2（sp^3）	sp^2	sp^3
键长/Å	1.40（C＝C） 1.46（C—C）	1.44（C＝C）	1.42（C＝C） 1.44（C—C）	1.54（C＝C）
电学性质	半导体 $E_g = 1.9$ eV	金属或半导体	半金属	绝缘体 $E_g = 5.47$ eV
电子迁移率/[cm^2/(V·s)]	0.5～6	10000～50000	40000～100000	1800
热导率/[W/(m·K)]	0.4	6600	5000	900～2320

1.1.1　富勒烯

　　1970 年，日本科学家大泽映二预测碳原子由 sp^2 键合可形成球形分子，并准确地描绘出 C$_{60}$ 的分子结构[5]。1985 年，Kroto 和 Smalley 等在利用质谱仪研究激光蒸发石墨电极时发现了 C$_{60}$，并将这种具有类似笼状结构的物质命名为富勒烯[6]。1990 年，Krätschmer 等用石墨作电极，通过直流电弧放电，在石墨蒸发后得到类似炭黑的烟炱，将其溶于苯后获得了宏观量的 C$_{60}$[7]。Kroto、Smalley 和 Curl 因共同发现 C$_{60}$ 并确认其结构而获得了 1996 年度诺贝尔化学奖。

　　基于 sp^2 电子杂化所产生的 σ 键，富勒烯中的碳原子组成六元环和五元环（特定原子数的结构也含有七元环等），进而联合成面，剩下的 π 电子在表面内外形成 π 电子云，π 电子的价带和导带之间存在着能隙，因此富勒烯具有半导体特性。C$_{60}$ 以单独的分子状态存在时，其 π 电子能量分布离散，能隙约为 2.5 eV。当 C$_{60}$ 分子堆积成晶体状态时，其能隙宽度变窄，约为 1.5 eV，成为半导体性富勒烯[8]。研究发现富勒烯经过掺杂后，其电学性质可发生很大改变，C$_{60}$ 加入碱金属后在 30 K 条件下可产生超导现象[9]。

1.1.2　石墨烯

　　2004 年，英国曼彻斯特大学的 Geim 等利用胶带剥离高定向石墨，首次获得了高质量的单层石墨烯[10]。石墨烯是由单层碳原子经 sp^2 杂化紧密堆积而形成的具有二维蜂窝状晶体结构的新型碳材料，单层石墨烯的厚度只有 0.335 nm，是迄今为止人们发现的最薄的材料之一。石墨烯中碳碳键的长度约为 0.142 nm，每个碳原子与邻近的三个碳原子形成共价 σ 键，相邻碳原子之间剩余的 p 轨道电子形

成离域大 π 键，对应能带结构中的 π 带和 π^* 带。π、π^* 能带在费米能级处连接在一起，使得石墨烯的能隙为零（图 1.2[11, 12]）。在石墨烯中，π 电子相互联结在同一碳原子面的上下时，可形成大 π 键。这种离域 π 电子类似自由电子，在碳网格平面内可以自由移动，因此在石墨烯面内具有类似于金属的导电性和导热性。目前理论和实验研究表明，石墨烯在纳米器件、储能和导热等诸多领域具有广泛的应用价值。

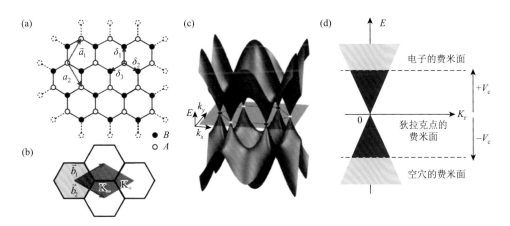

图 1.2　（a）石墨烯子晶格；（b）石墨烯布里渊区；（c）石墨烯能量色散关系；
（d）狄拉克的低能量色散关系

1.2 碳纳米管概述

　　1991 年，Iijima 在电弧蒸发的石墨阴极产物中发现一些针状物[13]，其直径为 4～30 nm，长约 1 μm，由 2～50 个同心管构成（图 1.3）[13, 14]，因此将其命名为碳纳米管。后来 Iijima 等[14]和 IBM 公司的 Bethune 等[15]分别将 Fe 和 Co 混合在石墨电极中并起弧蒸发，合成出具有独特结构和优异性能的单壁碳纳米管，为接下来碳纳米管科学和技术的飞速发展奠定了基础。

　　单壁碳纳米管中碳原子在径向被限制在纳米尺度，其 π 电子将形成离散的量子化能级和束缚态波函数，因此产生量子效应，对其物理和化学性质产生一系列的影响。同时，封闭的拓扑构型及不同的螺旋结构等因素使碳纳米管具有诸多极为特殊的性质[16]。例如，电子可在碳纳米管中形成无散射的弹道输运、低温下具有库仑阻塞效应等。另外，碳纳米管的基本网格和石墨烯一样，是由 sp^2 杂化形成的 C ═ C 共价键组成，具有极高的机械强度和韧性，其轴向弹性模量可高达 1.8 TPa[17]。

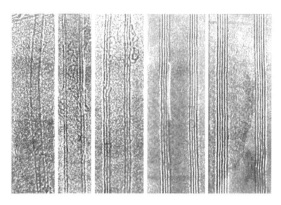

图 1.3　1～5 层管壁碳纳米管的高分辨透射电镜照片

1.3　碳纳米管的几何结构与电子结构

1.3.1　单壁碳纳米管的几何结构

碳纳米管可看作是由石墨烯片层卷曲而成的中空管状结构,直径在纳米尺度,长度通常为微米级。单壁碳纳米管仅由一层石墨烯构成,直径为 1～3 nm[18];多壁碳纳米管包含两层及以上的石墨烯片层,片层间距离为 0.34～0.40 nm。碳纳米管中每个碳原子和相邻的三个碳原子相连,形成六角形网格结构,碳原子以 sp^2 杂化为主,包含一定比例的 sp^3 杂化。小直径的单壁碳纳米管曲率较大,因此 sp^3 杂化比例相较于大直径的单壁碳纳米管更高。随着碳纳米管直径的增加,sp^3 杂化的比例逐渐减少。碳纳米管发生形变时,也会改变 sp^2 和 sp^3 杂化的比例[19]。

单壁碳纳米管可看成是石墨烯平面映射到圆柱体上,在映射过程中保持石墨烯片层中的六边形不变,因此在映射时石墨烯片层中六边形网格和碳纳米管轴向之间会出现夹角,使碳纳米管网格产生螺旋现象,而出现螺旋的碳纳米管具有手性特征。根据碳纳米管中碳六边形沿轴向的不同取向可以将其分成扶手椅型、锯齿型和螺旋型三种[20-22](图 1.4)。锯齿型和扶手椅型单壁碳纳米管中六边形网格与轴向的夹角分别为 0°和 30°,不产生螺旋,所以没有手性;而六边形网格与轴向的夹角为 0°～30°时,称为螺旋型单壁碳纳米管。

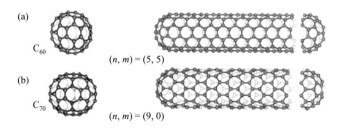

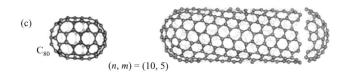

图 1.4　碳纳米管的卷曲形式及手性分布：（a）扶手椅型；（b）锯齿型；（c）螺旋型

石墨烯片层中点阵可用向量 $\vec{C} = n\vec{a}_1 + m\vec{a}_2$ 表示[这里 n 和 m 为整数，$\vec{a}_1 = a(\sqrt{3}/2, 1/2)$ 和 $\vec{a}_2 = a(\sqrt{3}/2, -1/2)$ 是石墨烯单位向量，$a = \sqrt{3}a_{\text{C-C}} = 0.246\ \text{nm}$，$a_{\text{C-C}}$ 为碳碳键长]。利用石墨烯的平面格点构造碳纳米管的过程如下：任选一个格点 O 作原点，经格点 A 作一晶格向量 $\vec{C}$，然后过 O 点作垂直于向量 $\vec{C}$ 的直线，B 点是该直线所经过的二维石墨烯平面的第一个格点，向量 OB 称为平移向量，用 $\vec{T}$ 表示（图 1.5[3]）。直线 OD 是与单位矢量 $\vec{a}_1$ 平行的一条直线，沿石墨烯六方网格的锯齿轴，六方网格的一个碳碳键垂直于 OD。向量 $\vec{C}$ 和锯齿轴 OD 之间的夹角称为螺旋角 θ。过 A 点作垂直于螺旋向量 $\vec{C}$ 的直线和过 B 点作垂直于 OB 的直线相交于 B' 点，矩形 $OAB'B$ 中所包含的原子数就是一个单壁碳纳米管单胞的原子数。以 OB 为轴，卷曲石墨烯片，使 O 和 A 相接或使 OB 轴与 AB' 轴重合，OB 形成了单壁碳纳米管的管体，OA 形成单壁碳纳米管的圆周。通过这一构造过程可看出，用 (n, m) 两个参数即可表达单壁碳纳米管的结构。因此，一旦在石墨烯晶格中选定了螺旋矢量 $\vec{C}$，碳纳米管的结构及其所有参数就被确定。

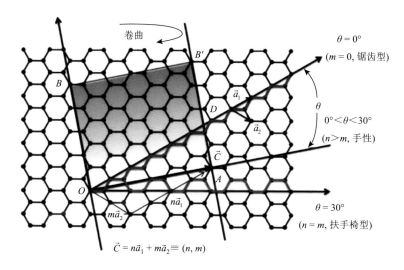

图 1.5　由石墨烯片层映射到碳纳米管的示意图

螺旋向量 $\vec{C}$ 的数值是碳纳米管的管周长，因此其直径 d 可表示为

$$d = \frac{L}{\pi} = \frac{|\vec{C}|}{\pi} = \frac{a\sqrt{m^2 + n^2 + mn}}{\pi} \tag{1.1}$$

其中，

$$\vec{C} = n\vec{a}_1 + m\vec{a}_2 = a\left(\frac{\sqrt{3}(m+n)}{2}, \frac{n-m}{2}\right)$$

$$|\vec{C}| = a\sqrt{\left(\frac{\sqrt{3}(m+n)}{2}\right)^2 + \left(\frac{m-n}{2}\right)^2}$$

$$= a\sqrt{m^2 + n^2 + mn}$$

$$d = a\frac{\sqrt{m^2 + n^2 + mn}}{\pi}$$

螺旋角是六边形网格与碳纳米管轴向之间的夹角，由于石墨烯六边形网格结构具有对称性（$0 \leqslant |\theta| \leqslant \pi/6$），由螺旋角可得到碳纳米管的螺旋对称性。从上述螺旋角的定义中可看出螺旋角是螺旋向量 $\vec{C}$ 与单位向量 $\vec{a}_1$ 之间的夹角。

$$\cos\theta = \frac{\vec{C} \cdot \vec{a}_1}{|\vec{C}| \cdot |\vec{a}_1|} = \frac{2n+m}{2\sqrt{m^2 + n^2 + mn}} \tag{1.2}$$

其中，

$$\cos\theta = \frac{\vec{C} \cdot \vec{a}_1}{|\vec{C}| \cdot |\vec{a}_1|}$$

$$= \frac{a^2\left(\frac{\sqrt{3}(m+n)}{2}, \frac{n-m}{2}\right) \cdot \left(\frac{\sqrt{3}}{2}, \frac{1}{2}\right)}{a^2\sqrt{m^2 + n^2 + mn} \cdot 1}$$

$$= \frac{2n+m}{2\sqrt{m^2 + n^2 + mn}}$$

图1.6（a）中菱形点线和图1.6（b）六边形分别为石墨烯单胞和其布里渊区，其中 $\vec{a}_1$ 和 $\vec{a}_2$ 是其实空间单位向量，$\vec{b}_1$ 和 $\vec{b}_2$ 是其倒易空间单位向量。根据 $\vec{a}_1 = a(\sqrt{3}/2, 1/2)$ 和 $\vec{a}_2 = a(\sqrt{3}/2, -1/2)$ 可以得到其倒易空间单位向量 $\vec{b}_1$ 和 $\vec{b}_2$：

$$\vec{b}_1 = \left(\frac{2\pi}{\sqrt{3}a}, \frac{2\pi}{a}\right), \vec{b}_2 = \left(\frac{2\pi}{\sqrt{3}a}, -\frac{2\pi}{a}\right) \tag{1.3}$$

$$\cos\alpha = \frac{\vec{a}_1 \cdot \vec{b}_1}{|\vec{a}_1| \cdot |\vec{b}_1|} = \frac{2\pi}{1 \cdot \frac{4\pi}{\sqrt{3}}} = \frac{\sqrt{3}}{2}$$

空间单位向量 $\vec{b}_1$ 和 $\vec{b}_2$ 的方向相当于实空间单位向量 $\vec{a}_1$ 和 $\vec{a}_2$（图 1.6）分别旋转 30°。

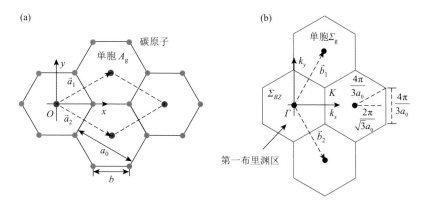

图 1.6 （a）石墨烯晶胞的实空间与布拉维晶格；（b）石墨烯单胞的倒易晶格与第一布里渊区；其中 $\vec{a}_1$ 和 $\vec{a}_2$ 是实空间单位向量，$\vec{b}_1$ 和 $\vec{b}_2$ 是倒易空间单位向量

平移矢量 $\vec{T}$ 是沿碳纳米管轴向重复碳纳米管单胞的最短距离，可表示为

$$\vec{T} = t_1\vec{a}_1 + t_2\vec{a}_2 = (t_1, t_2) \tag{1.4}$$

其中 t_1，t_2 可用 (n,m) 表示为

$$t_1 = \frac{(2m+n)}{d_R}, t_2 = -\frac{(2n+m)}{d_R} \tag{1.5}$$

$$\vec{T} = \frac{(2m+n)}{d_R}\vec{a}_1 - \frac{(2n+m)}{d_R}\vec{a}_2$$

$$= \frac{\sqrt{3}}{d_R}\left(\frac{1}{2}(m-n), \frac{\sqrt{3}}{2}(m+n)\right)$$

$$|\vec{T}| = \frac{\sqrt{3}L}{d_R}$$

一维单胞中正六边形的个数：

$$S_{单胞} = |\vec{T}||\vec{C}| = \frac{\sqrt{3}a^2}{d_R}(m^2+n^2+mn)$$

$$S_{六边形} = 6 \times \frac{1}{2} \times \frac{1}{2} \times \frac{1}{\sqrt{3}} = \frac{\sqrt{3}}{2}a^2$$

$$N = \frac{S_{单胞}}{S_{六边形}} = \frac{2}{d_R}(m^2+n^2+mn) \tag{1.6}$$

d_R 是 $(2n+m, 2m+n)$ 的最大公约数，其值为

$$d_R = \begin{cases} d_{mn} & n-m不是3的倍数 \\ 3d_{mn} & n-m是3的倍数 \end{cases} \quad d_{mn} \text{ 是 } (n,m) \text{ 的最大公约数} \tag{1.7}$$

二维石墨烯六方蜂窝状晶格的晶格矢量 $\vec{a}_1$ 和 $\vec{a}_2$ 的夹角为 60°，使用笛卡儿坐标（图 1.7），其单位矢量 $\vec{e}_x$ 和 $\vec{e}_y$ 与晶格矢量 $\vec{a}_1$ 和 $\vec{a}_2$ 之间的关系为

$$\begin{pmatrix} \vec{e}_x \\ \vec{e}_y \end{pmatrix} = \frac{1}{a}\begin{pmatrix} \dfrac{1}{\sqrt{3}} & \dfrac{1}{\sqrt{3}} \\ 1 & 1 \end{pmatrix}\begin{pmatrix} \vec{a}_1 \\ \vec{a}_2 \end{pmatrix}, \quad \begin{pmatrix} \vec{a}_1 \\ \vec{a}_2 \end{pmatrix} = \frac{a}{2}\begin{pmatrix} \sqrt{3} & 1 \\ \sqrt{3} & -1 \end{pmatrix}\begin{pmatrix} \vec{e}_x \\ \vec{e}_y \end{pmatrix} \tag{1.8}$$

矢量 $\vec{a}_1$ 和 $\vec{a}_2$ 所对应的二维石墨烯倒格矢 $\vec{b}_1$ 和 $\vec{b}_2$ 与单位矢量 $\vec{e}_x$ 和 $\vec{e}_y$ 的关系为

$$\begin{pmatrix} \vec{b}_1 \\ \vec{b}_2 \end{pmatrix} = \frac{1}{a}\begin{pmatrix} \dfrac{1}{\sqrt{3}} & 1 \\ \dfrac{1}{\sqrt{3}} & -1 \end{pmatrix}\begin{pmatrix} \vec{e}_x \\ \vec{e}_y \end{pmatrix}, \quad \begin{pmatrix} \vec{e}_x \\ \vec{e}_y \end{pmatrix} = \frac{a}{\pi}\begin{pmatrix} \sqrt{3} & \sqrt{3} \\ 1 & -1 \end{pmatrix}\begin{pmatrix} \vec{a}_1 \\ \vec{a}_2 \end{pmatrix} \tag{1.9}$$

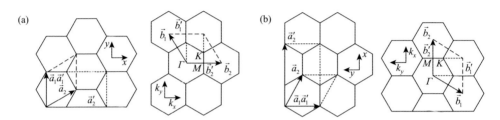

图 1.7 （a）扶手椅型单壁碳纳米管的单胞和布里渊区；（b）锯齿型碳纳米管的单胞和布里渊区

把单壁碳纳米管作为一维系统，其晶格矢量分别定义为垂直于管轴的螺旋矢量 $\vec{C}$ 和沿管轴的平移矢量 $\vec{T}$。经约化后，(n,m) 单壁碳纳米管在实空间的两个晶格矢量分别为

$$\begin{pmatrix} \vec{C} \\ \vec{T} \end{pmatrix} = \frac{a}{2d_R}\begin{pmatrix} \sqrt{3}(n+m) & n-m \\ -\sqrt{3}(n-m) & 3(n+m) \end{pmatrix}\begin{pmatrix} \vec{e}_x \\ \vec{e}_y \end{pmatrix} \tag{1.10}$$

单壁碳纳米管是一个在管轴方向具有周期性的一维晶体，碳纳米管的单胞就是由石墨烯片层内螺旋矢量 $\vec{C}$ 和平移矢量 $\vec{T}$ 构成的矩形面卷曲而成，单胞内包含了 N 个石墨六边形、$2N$ 个碳原子，N 的数值为

$$N = \frac{2}{d_R}(m^2 + n^2 + mn) \tag{1.11}$$

碳纳米管晶格相应的倒格矢为

$$\begin{pmatrix} \vec{K}_1 \\ \vec{K}_2 \end{pmatrix} = \frac{2\pi}{Na}\begin{pmatrix} \sqrt{3}(n+m) & n-m \\ -\dfrac{1}{\sqrt{3}}(n-m) & n+m \end{pmatrix}\begin{pmatrix} \vec{e}_x \\ \vec{e}_y \end{pmatrix} = \frac{1}{N}\begin{pmatrix} \dfrac{2n+m}{d_R} & \dfrac{2m+n}{d_R} \\ m & -n \end{pmatrix}\begin{pmatrix} \vec{b}_1 \\ \vec{b}_2 \end{pmatrix} \tag{1.12}$$

根据上面给出的不同坐标系之间的转换矩阵，可将单壁碳纳米管的各种物理量在不同的坐标表象间相互转换。

1.3.2　碳纳米管的电子能带结构

如上所述，碳纳米管可看作是由石墨烯片层沿一定方向卷曲而成，因此可由石墨烯的电子能带结构推导出碳纳米管的电子能带结构。石墨烯单胞由两个不等价的碳原子构成，在石墨烯费米能级附近电子（主要是其中的 π 电子）结构可通过求解一个（2×2）久期方程得到[3]，

$$E_{g2D}^{\pm}(\vec{k}) = \frac{\varepsilon_{2p} \pm \gamma_0 \omega(\vec{k})}{1 \mp s\omega(\vec{k})} \tag{1.13}$$

其中，ε_{2p} 是 2p 原子轨道位能；γ_0 是最邻近碳碳原子间的相互作用能；s 是与石墨烯中导带和价带之间非对称性相联系的紧束缚重叠积分。当 $\gamma_0 > 0$ 时，E^+ 和 E^- 分别对应于价带 π 电子和导带 π^* 电子。式（1.13）中函数 $\omega(\vec{k})$ 为

$$\omega(\vec{k}) = \sqrt{\left|f(\vec{k})\right|^2} = \sqrt{1 + 4\cos\frac{\sqrt{3}k_xa}{2}\cos\frac{\sqrt{3}k_ya}{2} + 4\cos^2\frac{\sqrt{3}k_ya}{2}} \tag{1.14}$$

其中，$f(\vec{k}) = e^{\frac{ik_xa}{\sqrt{3}}} + 2e^{\frac{-ik_xa}{2\sqrt{3}}}\cos\frac{k_ya}{2}$，$a = 0.246\,\text{nm}$，是石墨烯中单位矢量的长度。

图 1.8[3]给出了由式（1.14）所表示的石墨烯电子能量色散与六方布里渊区二维波矢 $\vec{k}$ 的关系曲线，其中参数为 $\varepsilon_{2p} = 0$，$\gamma_0 = -3.033\,\text{eV}$，$s = 0.129$。右图上部曲线是 π^* 键，下半部分是 π 键。上部 π^* 键和下半部分 π 键相交于 K 点并通过费米能级。在石墨烯的每个单胞中形成两个 π 电子，占据了较低能级的 π 轨道。计算表明石墨烯价带和导带相交于费米能级处（图 1.8），故石墨烯是能隙为零的半导体。

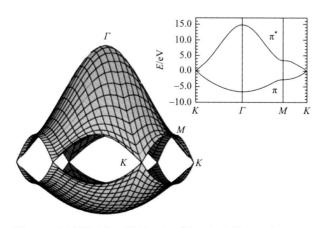

图 1.8　布里渊区内石墨烯 π 和 π^* 电子能带的能量色散关系

由式（1.13）可知，当 $s=0$ 时，π^* 和 π 电子关于 $E=\varepsilon_{2p}$ 是对称的，因此能量色散关系可近似地看成是石墨烯的电子结构。

$$E_{\text{g2D}}(k_x,k_y)=\pm\gamma_0\sqrt{1+4\cos\frac{\sqrt{3}k_xa}{2}\cos\frac{\sqrt{3}k_ya}{2}+4\cos^2\frac{\sqrt{3}k_ya}{2}} \qquad (1.15)$$

在单壁碳纳米管中，电子波函数在径向会受到单原子层的限制[3, 23]；在圆周上，由于单壁碳纳米管具有螺旋对称性，周期性边界条件可应用到实空间，组成碳纳米管的单胞。单壁碳纳米管在轴向的可能电子态有无限多，而在径向则有限。因此可通过石墨烯电子结构的弯曲来计算单壁碳纳米管的电子结构，例如，Saito 等[3, 21]通过布里渊区折叠模型得到了单壁碳纳米管的电子结构。在单壁碳纳米管中，由于沿圆周方向可满足天然的周期性边界条件[3, 21]，故波矢与其螺旋向量存在如下关系：

$$\vec{C}\cdot\vec{k}=\sqrt{3}N_xk_xa+N_yk_ya=2\pi q \qquad (1.16)$$

因此，单壁碳纳米管的电子波函数的波矢在布里渊区中沿 $\vec{K}_1$ 方向上只能取一系列分离的数值 [图 1.9（a）]，即单壁碳纳米管具有一维布里渊区，其布里渊区的大小就是二维石墨烯布里渊区中沿 $\vec{K}_2$ 的片段，其扩展布里渊区是长度为 $|\vec{K}_2|$ 的 N 个波矢段的集合，每一段被 $\vec{K}_1$ 波矢分开。这样，通过把石墨烯二维色散关系中的 N 个波矢段折叠到一维单壁碳纳米管的第一布里渊区内，就可得到单壁碳纳米管 N 个电子能带的一维电子色散关系。当 $n-m$ 为 3 的整数倍时，在第一布里渊区的角上有电子态波矢穿过 [图 1.9（b）]，两个成键和反键能带相交，相应的碳纳米管表现为金属性；而当 $n-m$ 不是 3 的整数倍时，在第一布里渊区角上没有波矢穿过 [图 1.9（c）]，相应的碳纳米管为半导体性。因此，大约三分之一的单壁碳纳米管是金属性的，三分之二的单壁碳纳米管具有半导体性[3, 21, 23]。

锯齿型和扶手椅型单壁碳纳米管比较特殊，实空间单胞中包含了四个碳原子和两个六边形，同时其倒易空间单胞也包括两个波矢；因此，锯齿型 $(n,0)$ 和扶手椅型 (n,n) 单壁碳纳米管的色散关系就是在扩展布里渊区中把二维石墨的色散关系进行区域折叠 $n=N/2$ 次后投影到其一维布里渊区的结果。布里渊区折叠方法的最大优点是可以对单壁碳纳米管进行对称性群论分析。为了简化，对石墨烯二维电子色散关系采用紧束缚或休克尔计算，忽略碳纳米管的卷曲效应，并假设最邻近碳碳原子间的相互作用能量 γ_0 与石墨烯的 γ_0 相同[3]。为说明布里渊区折叠方法，仅考虑紧束缚近似表达中石墨烯二维色散关系的最简单形式，式（1.13）取 $\varepsilon_{2p}=0$ 和 $s=0$，有

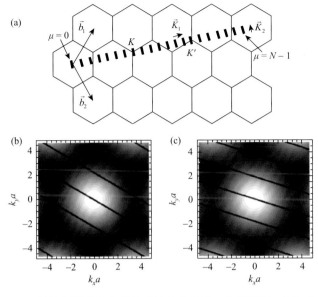

图 1.9　（a）石墨烯倒易晶格和碳纳米管相应的第一布里渊区；（b）金属性单壁
碳纳米管波矢 $\vec{k}$ 的取值可以与 K 相交；（c）半导体性单壁碳纳米管
波矢 $\vec{k}$ 的取值与 K 不相交

$$E_{\text{g2D}}(k_x, k_y) = \pm\gamma_0\sqrt{1 + 4\cos\frac{\sqrt{3}k_x a}{2}\cos\frac{\sqrt{3}k_y a}{2} + 4\cos^2\frac{\sqrt{3}k_y a}{2}} \qquad （1.17）$$

在圆周方向确定所允许的有限波矢数目后，就可从式（1.17）中得到一系列
的一维色散关系。对于扶手椅型 (N_x, N_x) 单壁碳纳米管，其周期性边界条件可定
义圆周方向一系列允许的波矢 $k_{x,q}$，$N_x\sqrt{3}ak_{x,q} = q2\pi(q = 1, 2, \cdots, N_x)$，因此，其能
量色散关系 $E_q^{\text{a}}(k)$ 为

$$E_q^{\text{armchair}}(k) = \pm\gamma_0\sqrt{1 \pm 4\cos\frac{q\pi}{N_x}\cos\frac{ka}{2} + 4\cos^2\frac{ka}{2}} \qquad \left(-\frac{\pi}{a} < k < \frac{\pi}{a}\right) \qquad （1.18）$$

其中，armchair 是扶手椅型碳纳米管；k 是沿管轴方向的一维波矢。

由式（1.18）可得到 $2N_x$ 个导带和 $2N_x$ 个价带，其中有两个是非简并的，有
N_x-1 个是双简并的。所有扶手椅型 (n, n) 单壁碳纳米管的最高能量导带和最低
能量价带都在 $k = \pm\dfrac{2\pi}{3a}$ 处非简并相交并通过费米能级，因此所有扶手椅型单壁碳
纳米管都为金属性。图 1.10[3, 24, 25]给出了扶手椅型单壁碳纳米管（5，5）从原点 Γ
到 X 点（$k = \pm\dfrac{\pi}{a}$）的能带图，其中 $q = 0$ 或 $q = 5$ 的非简并能带在 $k = \pm\dfrac{2\pi}{3a}$ 处相交，
不存在带隙，表现为金属性。

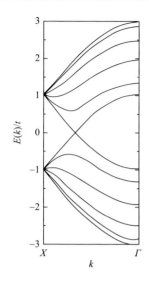

图 1.10 （5，5）扶手椅型碳
纳米管能带结构图

对于锯齿型（N_y，0）单壁碳纳米管，其波矢 k_y 的周期性边界条件为 $N_y a k_{y,q} = q2\pi (q = 1, 2, \cdots, N_y)$，因此，锯齿型 $(N_y, 0)$ 单壁碳纳米管 $2N_y$ 个电子态的一维色散关系为

$$E_q^{\mathrm{zigzag}}(k) = \pm \gamma_0 \sqrt{1 \pm 4\cos\frac{\sqrt{3}ka}{2}\cos\frac{q\pi}{N_y} + 4\cos^2\frac{q\pi}{N_y}}$$

$$\left(-\frac{\pi}{\sqrt{3}a} < k < \frac{\pi}{\sqrt{3}a}\right)$$

（1.19）

其中，**zigzag** 是锯齿型碳纳米管；k 是沿管轴方向一维波矢。图 1.11[3] 给出了（9，0）和（10，0）锯齿型单壁碳纳米管的一维电子态密度，对于直径与 C_{60} 相同的（9，0）单壁碳纳米管，其形成的导带和价带数目为 10，其中 2 个是非简并的，8 个是双简并的；同时导带和价带在 $k = 0$ 处发生简并，使 $k = 0$ 变为四重简并点，从图中可以看出 $k = 0$ 没有能隙，所以（9，0）单壁碳纳米管具有金属性导电性质。对于（10，0）单壁碳纳米管，其形成的导带和价带数目为 20，其中有 2 个是非简并的，9 个双简并的，但是与（9，0）单壁碳纳米管不同的是，（10，0）单壁碳纳米管的导带和价带在 $k = 0$ 处存在一个能隙，因此，（10，0）单壁碳纳米管具有半导体性质。对于任意（n，0）锯齿型单壁碳纳米管，当 $n-3$ 为 3 的倍数时，在 $k = 0$ 没有能隙，为金属性；其他情况在 $k = 0$ 有能隙，则为半导体性。对于每一个 $\vec{K}$ 波矢，其导带和价带都具有一个能量极小值，这就是电子态密度的范霍夫奇点。导带和价带的每对范霍夫奇点间都有一定的能量带隙 $E_{ii}(d_t)$。

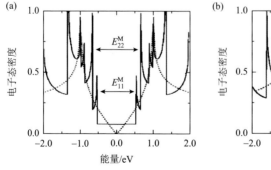
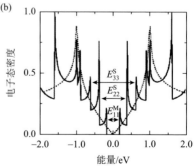

图 1.11 锯齿型单壁碳纳米管的一维电子态密度：（a）（9，0）单壁碳纳米管；（b）（10，0）单壁碳纳米管；虚线为二维石墨烯的电子态密度

一维单壁碳纳米管的能带结构是由一系列分立的 $k_\perp$ 所在的垂直平面与二维石墨烯能量色散曲面的相交横截面组成，每一个相交横截面对应着单壁碳纳米管能级中的一条子带［图 1.12（a）］。单壁碳纳米管的费米能级位于 K 点所在的水平面，而载流子的输运性质是与最靠近费米能级位置处的能带相关。当相交横截面恰好通过 K 点位置时［图 1.12（b）］，单壁碳纳米管的能量色散关系显示出两条相交于 K 点的线性子带，单壁碳纳米管的导带与价带在费米能级处相交，表现出零带隙，为金属性单壁碳纳米管。当相交横截面未通过 K 点时［图 1.12（c）］，单壁碳纳米管表现为两条抛物线状能量色散关系，单壁碳纳米管的导带与价带之间存在能带间隙，为半导体性单壁碳纳米管。图 1.13 给出了金属性、半导体性单壁碳纳米管的扫描隧道显微镜成像及其电学特性测试曲线[26, 27]。图 1.13（a）为（11，2）金属性单壁碳纳米管的扫描隧道显微镜成像，其对应的 I-V 曲线见图 1.13（b），曲线在 $-0.6\sim +0.6\,\mathrm{V}$ 区间内基本保持水平，说明碳纳米管为金属性；图 1.13（c）为（14，-3）半导体性单壁碳纳米管的扫描隧道显微镜成像，其对应的 I-V 曲线如图 1.13（d）所示，其在 $-0.325\,\mathrm{V}$ 和 $+0.425\,\mathrm{V}$ 开始增加，并出现峰值，说明所测为能带为 $750\,\mathrm{meV}$ 的半导体性单壁碳纳米管。

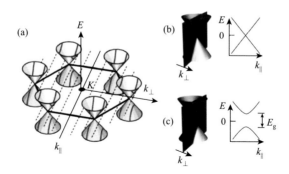

图 1.12　（a）单壁碳纳米管第一布里渊区能量色散关系[28-30]；（b）金属性单壁碳纳米管的能带结构示意图[28-30]；（c）半导体性单壁碳纳米管的能带结构示意图[28-30]

在不考虑单壁碳纳米管卷曲效应的情况下，可以估算一对范霍夫奇点的越迁能级的大小[23]。利用二维石墨烯电子能量色散关系的线性近似表达式 $E(k) = \pm 3\gamma_0 k a_{\mathrm{C-C}}/2$，单壁碳纳米管范霍夫奇点对应的跃迁能级 $E_{ii}(d_t)$ 可用金属性单壁碳纳米管波矢 $\vec{K}_1$ 及半导体性单壁碳纳米管的波矢 $1/3\vec{K}_1$ 和 $2/3\vec{K}_1$ 来表示。

经过对单壁碳纳米管倒格矢 $\vec{K}_1$ 的简单计算，可得到一个重要关系式：

$$\left|\vec{K}_1\right| = \frac{2}{d_t} \qquad (1.20)$$

将式（1.20）代入二维石墨烯电子能量色散关系的线性近似关系式中，可得

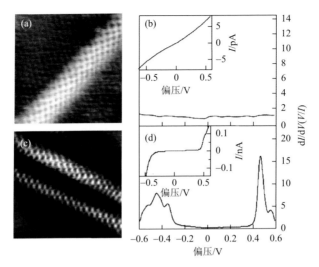

图 1.13　金属性单壁碳纳米管的扫描隧道显微镜成像（a）及电学特性测试曲线（b）；半导体性单壁碳纳米管的扫描隧道显微镜成像（c）及电学特性测试曲线（d）

到金属性单壁碳纳米管和半导体性单壁碳纳米管跃迁能级 $E_{11}(d_t)$ 表达式：

$$E_{11}^{M}(d_t) = \frac{6a_{C-C}\gamma_0}{d_t}, \qquad E_{11}^{S}(d_t) = \frac{2a_{C-C}\gamma_0}{d_t} \tag{1.21}$$

从式（1.21）中可看出，相同直径的单壁碳纳米管，金属性的跃迁能级 $E_{11}^{M}(d_t)$ 是半导体性跃迁能级 $E_{11}^{S}(d_t)$ 的 3 倍，利用二维石墨电子能量色散的线性近似关系，可得到半导体性和金属性单壁碳纳米管一系列范霍夫奇点的跃迁能级表达式：

$$E_{ii}^{M}(d_t) = \frac{6a_{C-C}\gamma_0}{d_t}, \qquad \frac{12a_{C-C}\gamma_0}{d_t}, \cdots, \qquad i = 1, 2, \cdots \tag{1.22}$$

$$E_{ii}^{S}(d_t) = \frac{2a_{C-C}\gamma_0}{d_t}, \qquad \frac{4a_{C-C}\gamma_0}{d_t}, \qquad \frac{8a_{C-C}\gamma_0}{d_t}, \cdots, \quad i = 1, 2, \cdots \tag{1.23}$$

当 $\left|\vec{K}_1\right| = 2/d_t$ 很大时，对应于小直径 d_t，因二维石墨烯能量色散关系的线性近似不能成立，所以式（1.22）和式（1.23）不正确。经过分析，式（1.22）的适用条件为 $2a_{C-C}/d_t \ll 1$；式（1.23）的适用条件为 $2^{i}a_{C-C}/d_t \ll 1, i = 1, 2, \cdots$ [3]。由于存在能量色散关系的三角形卷曲效应[3]，对于较小直径的单壁碳纳米管或要考虑单壁碳纳米管跃迁能级 $E_{ii}(d_t)$ 的所有数值时，式（1.22）和式（1.23）已经不正确或不完整。Brown 等[31]和 Satio 等[32]计算了尺寸在 0.7～3.0 nm 范围内所有 (n,m) 单壁碳纳米管跃迁能级 $E_{ii}(d_t)$ 与其直径（$0.7 < d_t < 3.0$ nm）的关系，如图 1.14[33-35]所示。利用此图可迅速查找某一直径的单壁碳纳米管的跃迁能级 $E_{ii}(d_t)$ 数值。

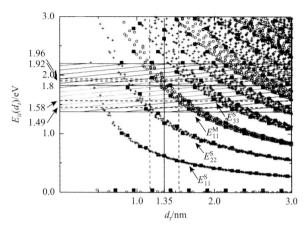

图 1.14 理论计算的所有（*n*，*m*）单壁碳纳米管跃迁能级 $E_{ii}(d_t)$ 与其直径（$0.7 < d_t < 3.0$ nm）的函数关系，其中○、+、■分别代表金属性、半导体性、锯齿型单壁碳纳米管

1.4 碳纳米管器件应用

1.4.1 碳基电子器件发展背景与优势

信息科学技术的飞速发展推动了相关产业领域的深刻变革，改变了人们的生活和生产方式，并对社会文化和精神文明产生了深刻影响。半个世纪以来，硅基互补金属氧化物半导体（CMOS）集成电路芯片技术通过缩小半导体器件的特征尺寸，提高集成系统的功能及性价比，对信息科学技术的进步起到了决定性的推动作用。随着可穿戴器件的快速发展，柔性电子器件已成为目前信息技术领域的另一重要发展方向。与硬质的硅基等芯片器件不同，柔性电子器件因其独特的柔性和延展性，是可穿戴、便携式的信息处理和交互装备不可或缺的重要部件，也是实现以物联网和人联网为特质的智能社会的关键技术，将极大地拓展传统电子产品的功能和应用领域。新材料的研制、新物性的实现以及新原理器件的设计，是发展上述新型信息功能器件的重要基石。一方面，基于新材料、新结构、新原理的器件构筑技术，将在突破硅基芯片摩尔定律极限方面提供新的技术候选方案；另一方面，新型半导体材料及相关技术的发展使得柔性电子器件成为可能，并作为硅基等硬质器件的有益补充，发展出多功能集成的可穿戴新型信息功能器件。

作为过去三十年来材料科学领域最重要的科学发现之一，碳纳米管具有优异的电学、光学、力学和热学等物理化学性质，在信息、能源、交通、航空航天、国防等诸多领域具有广阔的应用前景，有望成为后摩尔时代极具竞争力的新型半导体材料。其中，碳纳米管的准一维结构可大幅减小载流子散射的相位空间，具有散射概率低、载流子迁移率高和平均自由程长等特点，是理想的低损耗沟道材料；碳纳米管表面没有悬挂键，故其表面散射较弱，理论上可以兼容各种高κ栅介质材料；碳纳米管的超薄体特征使其更容易受栅极调控，对短沟道效应的免疫能力较强；碳纳米管的导带与价带在低能态下高度对称，电子与空穴具有相同的有效质量和迁移率，适用于构建 CMOS 集成电路。同时，针对电子和光电等信息器件领域，碳纳米管既可作为性能独特的晶体管沟道材料，又可作为理想的集成电路互联材料及柔性透明电极材料。因此，以碳纳米管为代表的碳基信息器件可望成为下一代电子技术的重要基石[36, 37]。

　　碳纳米管电子器件的研究大体上可分为两个方面：一是碳纳米管芯片技术；二是面向可穿戴应用的碳基薄膜器件技术。针对前者，IBM、斯坦福大学、麻省理工学院和北京大学的研究人员已取得了一系列重要成果。例如，由 178 个晶体管构成的碳纳米管计算机已经问世[38]，在 10 nm 和 5 nm 技术节点的碳纳米管晶体管的速度较硅基器件有 10 倍以上的提升[39]。需要指出的是，基于碳纳米管具有独特的一维管状结构、超薄的导电通道、极高的载流子迁移率和稳定性，单根碳纳米管芯片技术理论上可具有超过硅芯片的性能。柔性薄膜电子器件对碳纳米管材料的要求远低于高性能芯片的要求。日本产业技术综合研究所、美国斯坦福大学、中国科学院物理研究所、中国科学院苏州纳米技术与纳米仿生研究所及北京大学等研究团队制备了高纯度的半导体性碳纳米管溶液[40-44]；清华大学、芬兰阿尔托大学实现了碳纳米管柔性透明导电薄膜的量产；中国科学院金属研究所的研究人员首次实现了米级宽度高性能单壁碳纳米管薄膜的连续制备，构建出大面积高性能薄膜晶体管和显示器件[45]。随着沟道和电极等关键构筑材料研发技术相继成熟，面向可穿戴应用的碳纳米管薄膜电子器件可望在柔性电子领域率先获得应用，并引领战略新兴产业的发展。

　　由于独特的键合结构和维度的降低，碳纳米管表现出异于传统材料的电、光、力、热以及对外界变化的响应特性，在大电流、高频率、高速、低功耗、超敏感、高集成度的柔性器件中表现出显著的优势和潜力。面向可穿戴的碳基薄膜器件技术涵盖了种类丰富的核心器件，包括碳基柔性新原理器件、碳基柔性逻辑器件、碳基柔性显示器件、碳基柔性传感器件、碳基柔性存储器件及碳基柔性器件系统集成。碳基薄膜器件技术的发展涉及纳米碳材料的结构控制、材料物性、器件原理、构筑及集成等方面的关键科学和技术问题，具体包括：高性能碳基半导体材料、透明电极、柔性衬底材料及器件集成所需的电极、封装、绝缘介质等关键材料的可控制备原理与方法；在应力应变等条件下碳基薄膜器件的演变规律，实现和保持柔性器件的高性能、高稳定性的技术和途径；碳基柔性器件中界面结构的设计和构筑方法及其对器件和集成系统性能的影响；多功能系统集成的碳基薄膜器件与系统的设计、优化和集成方法，以及影响其信噪比、灵敏度、动态范围的关键因素等。

基于碳纳米材料的碳基信息器件的发展，将聚焦于碳基芯片技术和柔性碳基薄膜器件技术领域，形成以碳纳米材料为源头的新兴产业链，引领战略新兴产业的发展，推动以物联网和人联网为特质的智能社会变革。

1.4.2　碳纳米管器件的发展历程

1998 年，荷兰代尔夫特理工大学的 Dekker 等[46]和 IBM 的 Avouris 等[47]分别独立构建出第一个碳纳米管场效应晶体管。2003 年，美国斯坦福大学戴宏杰等使用高功函数的金属钯作为电极[48]，实现 p 型欧姆接触的弹道晶体管，室温下其开态电导接近量子电导的理论极限，首次展现出碳纳米管晶体管的高性能优势。北京大学彭练矛所在课题组提出一种无掺杂 CMOS 技术[49, 50]，采用具有不同功函数的金属钯与钪分别作为晶体管的源极与漏极，实现电学特性对称的 p 型与 n 型欧姆接触，空穴与电子的迁移率均超过 $3000~\mathrm{cm}^2/(\mathrm{V \cdot s})$，开态电导达到 $0.6G_0$，接近金属-半导体接触的量子电导极限，解决了碳纳米管掺杂不可控的难题，保证了碳纳米管晶格的完整性，为低成本、大规模研发碳纳米管器件提供了有力的技术支撑。

增强栅电极对碳纳米管沟道的调控能力是构建高性能场效应晶体管的另一有效手段，可通过减小栅介质厚度、提高栅介质介电常数以及优化器件结构三种途径实现该目的。美国斯坦福大学的戴宏杰等同时将钯和高 κ 栅介质氧化铪集成到碳纳米管场效应晶体管中[51]，得到 p 型器件的亚阈值斜率摆幅为 70 mV/dec，跨导为 20 μS，证明了高 κ 栅介质与 p 型碳纳米管器件具有很好的兼容性。北京大学彭练矛等在碳纳米管上生长氧化钇（Y_2O_3）作为 n 型器件的栅介质[52]，其亚阈值斜率摆幅达到室温下的理论极限 60 mV/dec，表明 Y_2O_3 是一种碳纳米管器件非常理想的栅介质材料。在器件栅结构优化方面，"自对准"栅结构即栅电极和源漏之间实现自动对准[50, 53, 54]，使栅电极几乎完全覆盖整个导电通道，从而提高栅电极对沟道的调控能力，保证栅电极不与源漏电极之间有所交叠，避免产生过大的寄生电容。

芯片产业的核心问题：一是如何在缩小器件尺寸的同时提高晶体管的性能，二是如何制备亚阈值摆幅小于 60 mV/dec 的低功耗器件[55]。首先，碳纳米管具有较长的平均自由程[56]、较高的低场迁移率、高强场饱和速度以及弹道注入速度[57, 58]，因而是构建高速、高性能电子器件的理想材料。研究结果表明，120 nm 栅长的碳纳米管晶体管电流密度在 1 V 工作电压下可达 1.18 mA/μm，环振电路门延时可低至 11.3 ps[59]，超过了同尺寸硅基器件的性能。其次，碳纳米管作为准一维超薄体，其本征量子电容较小，易于被栅极调控，有利于抑制晶体管的短沟道效应。相比于体型半导体材料，碳纳米管晶体管的工作电压可降至 0.6 V 以下[39, 60]，动态功耗随之大幅降低，无需降低阈值电压来弥补性能，可有效抑制关态电流，降低静态功耗，因而是一种可兼顾高性能、低功耗特性的新型电子器件。

碳纳米管数字集成电路的发展主要包括四个方面：高性能电路探索、低功耗器件创新、完备的数字逻辑功能演示和大规模的集成系统研究。其中，北京大学彭练矛等采用维度限制自组装技术制备的碳纳米管阵列[41]，在 165 nm 栅长的碳纳米管五阶环形振荡器电路中实现了 8.06 GHz 的振荡频率，单级门延时仅为 12.4 ps，首次超过了同尺寸硅基商用器件，表明了碳纳米管在高性能数字电路应用中的潜力。针对数字集成电路的功耗问题，一种全新的碳纳米管狄拉克冷源晶体管的实现[61]，突破了玻尔兹曼极限，获得了室温下平均值为 40 mV/dec 的亚阈值摆幅，同时在工作电压降低近 30%的情况下，实现与硅基 14 nm 节点相似的归一化开态电流，动态功耗却仅为其 1/3。在数字逻辑功能演示方面，北京大学研究人员采用高纯度半导体性碳纳米管薄膜和无掺杂自对准 CMOS 技术[62, 63]，实现了良率 100%的非门、与门、或非门等基础逻辑门单元，移位器、D 触发器、T 型锁存器等复杂时序逻辑单元，以及 83 阶环形振荡器、2 位乘法器和 4 位全加器等高性能中规模数字集成电路，实现了正确逻辑输出，证明了碳基数字逻辑集成电路的可行性。在大规模集成系统研究方面，美国麻省理工学院 Shulaker 等发布了全球首款碳纳米管计算机以及 16 位通用型微处理器 RV16X-NANO[38]。该处理器具有超过 14000 个碳纳米管 CMOS 晶体管，可以运行 32 位 RISC-V 标准指令集，执行指令获取、解码、寄存、计算以及数据存储等操作。

在射频电子学领域，碳纳米管的载流子迁移率及饱和速度较高、本征电容较小、热稳定性和导热能力较强，因此其适用于构建高速射频晶体管，其理论速度上限可达太赫兹[64-67]；碳纳米管的准一维结构限制了其态密度和量子电容大小，因此在晶体管线性区相比传统半导体而言具有更好的线性度[68-70]，十分有利于构建模拟电路；碳纳米管的能带对称，有利于实现射频 CMOS 电路和双极性射频器件[71, 72]。在系统集成方面，碳纳米管射频器件与数字 CMOS 集成工艺高度兼容，有望实现单片集成的多功能电子系统[71, 72]。

1.4.3 新型半导体器件

1. 柔性电子器件

柔性电子器件技术是未来电子技术的重要发展方向，有可能带来一场电子技术革命，已引起全世界范围的广泛关注并得到了迅速发展。随着当前可穿戴设备的兴起，对柔性电子产业化的需求更为迫切。碳纳米管由于具有优异的柔韧性和电学、光学等性质，被认为是柔性电子技术的关键支撑材料[73]。美国"Nano2020"政策报告指出，碳纳米管的第一个大规模应用将可能是柔性电子器件领域，IDTechEx 市场调查报告认为单壁碳纳米管将是未来大面积柔性显示器件的重要构筑材料，并预测碳纳米管晶体管及电子产品最早实现商业化的机会在于柔性电子产品。

　　碳纳米管薄膜既可以作为晶体管的沟道材料，也可以作为电极和互联线材料，成为具有良好电学、光学和力学性能的导电薄膜。中国科学院金属研究所的科研人员利用注射浮动催化化学气相沉积（CVD）法，制备了单根分散且具有"碳焊"结构的单壁碳纳米管薄膜[74]，在 90%的透光率下，其表面电阻仅为 41 Ω/□（方块电阻），硝酸掺杂后其表面电阻进一步降至 25 Ω/□，可与商业化氧化铟锡（ITO）透明导电薄膜的性能相媲美。而且不同于传统的硅基半导体，人们可以通过转移或印刷等工艺方法，在柔性基底上制备出较为复杂的碳纳米管集成电路，如碳纳米管组合逻辑电路、时序逻辑电路和显示驱动电路等，碳纳米管薄膜晶体管不仅具有柔韧性和可拉伸性，同时具有优异的电学性能。日本名古屋大学 Ohno 等采用浮动化学气相沉积法收集的碳纳米管网络作为沟道材料[75]，其晶体管电流开关比达到 10^6，并在柔性基底上制备出各种基本逻辑门电路、21 级环形振荡器以及主从式延时触发器等时序控制电路，代表了柔性碳纳米管薄膜集成电路研究的最高水平。在大规模集成工艺和电路可靠性方面，中国科学院金属研究所的科研人员构建出包含 8000 多个碳纳米管薄膜晶体管的柔性显示驱动电路[45]，其像素良率高达 99.93%、电流开关比可达 10^7，展示了碳基柔性电路的均一性优势。目前，我国的 CNTouch 和芬兰的 Canatu 公司正在率先将碳纳米管透明导电薄膜在触屏和传感领域进行产业化推进，展示了碳纳米管在研发新功能、便捷、轻巧和柔性宏观电子产品领域的应用前景。

　　然而，碳纳米管柔性电子器件的实际应用仍处于起步阶段，其原因主要有以下两个方面。首先，由于半导体性碳纳米管的可控制备这一瓶颈问题仍未突破，即通常制备的样品是金属性和半导体性碳纳米管的混合物，这种结构和性能不均一的碳纳米管无法用于高性能、高均匀性、高稳定性器件的构建。其次，由于满足规模化应用的大面积、均匀的碳纳米管宏观薄膜的制备技术仍未突破，采用表面生长方法制备的碳纳米管薄膜尺寸受限于晶圆基片，通过旋涂或印刷碳纳米管溶液也难以实现大尺寸范畴的均匀成膜。美国西北大学、日本产业技术综合研究所、北京大学、清华大学、中国科学院金属研究所和中国科学院苏州纳米技术与纳米仿生研究所等的研究人员，利用金属性与半导体性碳纳米管在物理化学性质上存在的微弱差异，采用控制合成及后续提纯策略实现了单一导电属性的碳纳米管薄膜或溶液的宏量制备，为构筑米级碳纳米管柔性电子器件提供了可能[73]。此外，针对碳纳米管薄膜材料，利用打印或转印等印刷电子制备技术，制备出芯片特征尺寸更小的、性能更高的薄膜晶体管器件，将是碳纳米管柔性电子器件实际应用中的关键技术环节。

　　综上所述，碳纳米管薄膜材料具有优异的电学、光学和力学特性，在柔性电子器件领域具有广阔的应用前景。目前在碳纳米管的精细结构控制、性能调控、宏量制备以及器件构筑方面已经开展了一系列原创性工作，将极大推动和引领碳纳米管柔性电子器件的研究和发展。

2. 混合维度电子器件

相比于硅，碳纳米管是直接带隙半导体材料，具有优异的电学和光学特性，可以用作电极和光吸收材料，因此碳纳米管光伏器件是目前碳纳米管器件应用的重要研究方向之一[76]。由碳纳米管与单晶硅构成的异质结太阳能电池因具有可低温制备、器件结构简单、能量转换效率高等特点而被广泛关注。中国科学院金属研究所的科研人员利用透光率为90%、面电阻为150 Ω/□的单壁碳纳米管薄膜，构建出单壁碳纳米管/硅异质结太阳能电池，能量转换效率为11.8%[77]；进而通过在室温下对单壁碳纳米管薄膜进行轻微氟掺杂，将能量转换效率进一步提高到13.6%[78]，而且暴露于空气中仍具有优异的稳定性；此外，研究人员通过将功能化氧化石墨烯分散液和氯化铁溶液依次滴涂至单壁碳纳米管/硅异质结表面，构建出氯化铁-氧化石墨烯-单壁碳纳米管/硅异质结太阳能电池，能量转换效率高达17.5%，为目前最高效率值[79]。

在感存算一体和人工智能芯片方面，中国科学院金属研究所的科研人员提出了一种使用晶圆级碳纳米管薄膜作为插入层，调制金属/n 型锗费米能级钉扎效应的方法[80]，在金属和轻掺杂 n 型锗之间形成了欧姆接触和最小的接触电阻；在室温下制备了晶圆级二极管阵列，得到接近 10^5 的高开关比和优异的红外响应；实现一种基于铝纳米晶浮栅的碳纳米管非易失性存储器[81]，具有高电流开关比、长存储时间（10^8 s）以及稳定循环性能。同时，由于铝纳米晶氧化生成的极薄氧化铝层，因禁于浮栅层的电荷在光照条件下能够发生直接隧穿，重新返回到沟道之中，使器件兼具光电传感和存储功能，为新型柔性传感记忆系统的研制奠定了基础。随后，科研人员使用半导体性碳纳米管和钙钛矿量子点的组合作为神经形态视觉系统的有源敏感材料，集成了光传感、信息存储和数据预处理等功能，成功实现了视觉图像强化学习过程[82]，可模拟大脑对信息的处理过程，实现对已知数据之间的关联和特征进行学习，为构建功能强大的感知-存储-计算为一体的高效率人工智能集成芯片提供了新的解决方案。

3. 三维集成器件与系统

三维集成电路为后摩尔时代电子器件的发展提供了新选择，同时可以提高内存访问带宽并突破内存墙、降低系统能耗、提高计算效率。在不提高器件工艺难度的情况下，通过三维堆叠多层集成电路、存储电路、射频传感电路等，提高芯片集成度、系统能效和功能多样性。硅基三维集成技术的主要难点在于其热预算有限，硅基器件加工温度高达 1000℃，而后续工艺如金属互联的热承受能力有限，因此无法继续构建第二层乃至多层硅基电路[83]。碳纳米管由于其低温加工潜力，可以在构建第一层晶体管及互联后，继续构建高密度、精细化的数据通孔和多层电路，从而实现单片三维集成[84]。麻省理工学院 Shulaker 等将 200 万个碳纳米管晶体管、100 万个存储器集成在硅电路的上方[85]，以高密度层间数据通孔作为层间互联，构建了具备乙醇嗅探电子鼻功能的高集成度三维电路，初步证明了碳基异质三维集成电路的技术可行性。在此基础上，科研人员进一步展示了完全由碳纳米管 CMOS 器件和阻变存储器件构成的碳基单片三维集成系统，可以准确运行分类识别算法，与同尺寸的硅基电路相比，具有更高的系统能效和更小的电路面积。北京大学彭练矛等针对性地优化了碳纳米管三维集成电路工艺[84]，采用高纯度半导体性碳纳米管薄膜在 170℃下构建出两层高性能碳纳米管集成电路。该三维架构工艺相比于平面架构具有更大的布线灵活度以及更短的金属互联长度，因此可将电路速度提升 38%，五阶环形振荡器电路的振荡频率高达 680 MHz，单级门延时低至 0.15 ns。碳基三维集成电路可同时发挥碳纳米管器件的高能效及多功能形态优势，有望实现感存算传一体化的高能效集成系统，成为后摩尔时代集成电路的重点发展方向。

1.4.4　碳纳米管电子器件未来发展的挑战

碳纳米管已成为后摩尔时代最具潜力、最受关注的新型半导体材料之一，碳纳米管电子技术已经取得了实质性突破，如碳纳米管阵列材料的成功制备、无掺杂 CMOS 技术的发明、高性能低功耗的碳基数字电路、高速碳基射频器件、超灵敏碳基传感平台和高能效多功能的碳基三维集成系统等，充分展现出碳纳米管电子器件的巨大应用潜力[55]。

碳纳米管固有的材料缺陷及制造缺陷，是阻碍碳纳米管在微电子领域实际应用的主要因素。在材料方面，化学气相沉积法直接制备的单壁碳纳米管质量较高，但半导体性单壁碳纳米管的纯度低；而在后处理分离碳纳米管的过程中，各种化学污染和金属离子残留会严重影响器件和电路的性能及可靠性，分散提纯过程中大功率超声对碳纳米管的晶格损伤也会造成电学性能下降。因此，需要进一步优化和提高半导体性碳纳米管纯度，获得手性富集或直径均一、密度可控、间距和长度均一、洁净、高质量、高结晶度、定向排列的晶圆级碳纳米管阵列。此外，碳纳米管阵列还需要能在多种衬底上制备，以满足射频、柔性电子等应用需求。碳基电子技术的实用化和产业化需进一步优化材料制备工艺，制定标准化的材料表征流程，开发高效的材料表征平台。

在工艺上，提高金属-半导体接触稳定性、降低接触电阻及栅介质界面态、抑制器件双极性、提高工艺兼容性等。在电路与系统设计上，碳基电子技术缺乏配套的电子设计自动化工具，难以自动化设计电路版图并仿真，因此难以制造大规模甚至超大规模碳基电路。为了建立系统的碳基电子设计自动化平台，首先需要对碳纳米管器件建立完整准确的电学模型，然后根据应用需求开发工艺设计工具包，最后兼容适配于商用的电子设计自动化工具。

综上所述，以碳纳米管在电子、信息、能源、医疗、国防、航空航天等领域的需求为目标，围绕碳纳米管结构控制制备与应用，未来的研发方向包括：①建立宏量制备碳纳米管的生产技术标准流程、分散方法、产品质量的评价测试方法和国家标准，为推动碳纳米管在各领域的规模应用奠定基础。②发展高密度、超长单壁碳纳米管阵列的表面生长方法，实现导电属性、直径及手性的调控。③重点发展结构和性能可控的碳纳米管薄膜材料的大规模制备工艺，开发具有自主知识产权的生产装备和检测设备，实现产业化批量生产并开发在柔性电化学储能器件方面应用。④研制碳纳米管薄膜晶体管及集成电路，开拓其在柔性电子器件中的实际应用。⑤发展碳纳米管与硅工艺的集成技术，开发各种基于碳纳米管和硅工艺的集成器件如红外探测器面阵、基于高频热声效应的功能器件、基于碳纳米管薄膜的功能复合材料与器件等，力争实现产业化。⑥发展碳纳米管器件和电路的设计与加工技术，研究和解决碳纳米管器件和电路的极限行为，实现可靠和廉价的加工方式、最能发挥碳纳米管材料优势的设计、具有一定容错功能的电路设计以及从中等规模到大规模碳纳米管集成电路。

参 考 文 献

[1] Pujadó M P. Carbon Nanotubes as Platforms for Biosensors with Electrochemical and Electronic Transduction. Berlin Heidelberg：Springer Science & Business Media，2012：7.

[2] Meyyappan M. Carbon Nanotubes：Science and Applications. Boca Raton：CRC Press，2005：3.

[3] Saito R，Dresselhaus G，Dresselhaus M S. Physical Properties of Carbon Nanotubes. London：Imperial College Press，1998：25-72.

[4] Ma P C，Kim J K. Carbon Nanotubes for Polymer Reinforcement. Boca Raton：CRC Press，2011：2.

[5] Osawa E. Superaromacity. Kagaku（Kyoto），1970，25：854-863.

[6] Kroto H W，Heath J R，O'brien S C，et al. C_{60}：buckminsterfullerene. Nature，1985，318（6042）：162-163.

[7] Krätschmer W，Lamb L D，Fostiropoulos K，et al. Solid C_{60}：a new form of carbon. Nature，1990，347（6291）：354-358.

[8] Dresselhaus M S，Dresselhaus G，Eklund P C. Science of Fullerenes and Carbon Nanotubes：Their Properties and Applications. Florida：Elsevier，1996：689-733.

[9] Matsuo Y，Okada H，Ueno H. Endohedral Lithium-containing Fullerenes. Singapore：Springer，2017：39-102.

[10] Novoselov K S，Geim A K，Morozov S V，et al. Electric field effect in atomically thin carbon films. Science，2004，306（5696）：666-669.

[11] Neto A C，Guinea F，Peres N M，et al. The electronic properties of graphene. Reviews of Modern Physics，2009，81（1）：1-48.

[12] Beenakker C. Colloquium：Andreev reflection and Klein tunneling in graphene. Reviews of Modern Physics，2008，80（4）：1-20.

[13] Iijima S. Helical microtubules of graphitic carbon. Nature，1991，354（6348）：56-58.

[14]　Iijima S，Ichihashi T. Single-shell carbon nanotubes of 1-nm diameter. Nature，1993，363（6430）：603-605.

[15]　Bethune D，Kiang C H，de Vries M，et al. Cobalt-catalysed growth of carbon nanotubes with single-atomic-layer walls. Nature，1993，363（6430）：605-607.

[16]　Ajayan P M. Nanotubes from carbon. Chemical Reviews，1999，99（7）：1787-1800.

[17]　Treacy M J，Ebbesen T W，Gibson J M. Exceptionally high Young's modulus observed for individual carbon nanotubes. Nature，1996，381（6584）：678-680.

[18]　Hertel T，Walkup R E，Avouris P. Deformation of carbon nanotubes by surface van der Waals forces. Physical Review B，1998，58（20）：13870-13873.

[19]　Crespi V H. Relations between global and local topology in multiple nanotube junctions. Physical Review B，1998，58（19）：12671.

[20]　Saito R，Fujita M，Dresselhaus G，et al. Electronic structure of graphene tubules based on C_{60}. Physical Review B，1992，46（3）：1804-1810.

[21]　Saito R，Fujita M，Dresselhaus G，et al. Electronic structure of chiral graphene tubules. Applied Physics Letters，1992，60（18）：2204-2206.

[22]　Dresselhaus M，Dresselhaus G，Saito R. Carbon fibers based on C_{60} and their symmetry. Physical Review B，1992，45（11）：6234-6241.

[23]　Dresselhaus M S，Eklund P C. Phonons in carbon nanotubes. Advances in Physics，2000，49（6）：705-814.

[24]　Anantram M，Leonard F. Physics of carbon nanotube electronic devices. Reports on Progress in Physics，2006，69（3）：507-561.

[25]　Mintmire J W，White C T. Universal density of states for carbon nanotubes. Physical Review Letters，1998，81（12）：2506-2509.

[26]　Odom T W，Huang J L，Kim P，et al. Structure and electronic properties of carbon nanotubes. Journal of Physical Chemistry B，2000：2794-2809.

[27]　Odom T W，Huang J L，Kim P，et al. Atomic structure and electronic properties of single-walled carbon nanotubes. Nature，1998，391（6662）：62-64.

[28]　Minot E D. Tuning the Band Structure of Carbon Nanotubes. Ithaca：Cornell University，2004：20-46.

[29]　Javey A，Kong J. Carbon Nanotube Electronics. New York：Springer Science & Business Media，2009：2-37.

[30]　Nygard J，Cobden D，Bockrath M，et al. Electrical transport measurements on single-walled carbon nanotubes. Applied Physics A，1999，69（3）：297-304.

[31]　Brown S，Corio P，Marucci A，et al. Anti-Stokes Raman spectra of single-walled carbon nanotubes. Physical Review B，2000，61（8）：5137-5140.

[32]　Saito R，Dresselhaus G，Dresselhaus M. Trigonal warping effect of carbon nanotubes. Physical Review B，2000，61（4）：2981-2990.

[33]　Jorio A，Pimenta M，Souza Filho A，et al. Characterizing carbon nanotube samples with resonance Raman scattering. New Journal of Physics，2003，5（1）：139.

[34]　Dresselhaus M S，Dresselhaus G，Saito R，et al. Raman spectroscopy of carbon nanotubes. Physics Reports，2005，409（2）：47-99.

[35]　Kataura H，Kumazawa Y，Maniwa Y，et al. Optical properties of single-wall carbon nanotubes. Synthetic Metals，1999，103（1-3）：2555-2558.

[36]　Qian L，Xie Y，Zhang S，et al. Band engineering of carbon nanotubes for device applications. Matter，2020，3（3）：664-695.

[37] 彭练矛，张志勇，李彦，等. 碳基纳电子和光电子器件. 北京：科学出版社. 2015；1071-1086.

[38] Hills G，Lau C，Wright A，et al. Modern microprocessor built from complementary carbon nanotube transistors. Nature，2019，572（7771）：595-602.

[39] Qiu C，Zhang Z，Xiao M，et al. Scaling carbon nanotube complementary transistors to 5-nm gate lengths. Science，2017，355（6322）：271-276.

[40] Wei X，Li S，Wang W，et al. Recent advances in structure separation of single-wall carbon nanotubes and their application in optics，electronics，and optoelectronics. Advanced Science，2022，9（14）：2200054.

[41] Liu L，Han J，Xu L，et al. Aligned，High-density semiconducting carbon nanotube arrays for high-performance electronics. Science，2020，368（6493）：850-856.

[42] Gu J，Han J，Liu D，et al. Solution-processable high-purity semiconducting SWCNTs for large-area fabrication of high-performance thin-film transistors. Small，2016，12（36）：4993-4999.

[43] Tulevski G S，Franklin A D，Afzali A. High purity isolation and quantification of semiconducting carbon nanotubes via column chromatography. ACS Nano，2013，7（4）：2971-2976.

[44] Khripin C Y，Fagan J A，Zheng M. Spontaneous partition of carbon nanotubes in polymer-modified aqueous phases. Journal of the American Chemical of Society，2013，135（18）：6822-6825.

[45] Wang B W，Jiang S，Zhu Q B，et al. Continuous fabrication of meter-scale single-wall carbon nanotube films and their use in flexible and transparent integrated circuits. Advanced Materials，2018，30（32）：1802057.

[46] Tans S J，Verschueren A R，Dekker C. Room-temperature transistor based on a single carbon nanotube. Nature，1998，393（6680）：49-52.

[47] Martel R，Schmidt T，Shea H，et al. Single-and multi-wall carbon nanotube field-effect transistors. Applied Physics Letters，1998，73（17）：2447-2449.

[48] Javey A，Guo J，Wang Q，et al. Ballistic carbon nanotube field-effect transistors. Nature，2003，424（6949）：654-657.

[49] Zhang Z，Liang X，Wang S，et al. Doping-free fabrication of carbon nanotube based ballistic CMOS devices and circuits. Nano Letters，2007，7（12）：3603-3607.

[50] Zhang Z，Wang S，Ding L，et al. Self-aligned ballistic n-type single-walled carbon nanotube field-effect transistors with adjustable threshold voltage. Nano Letters，2008，8（11）：3696-3701.

[51] Javey A，Guo J，Farmer D B，et al. Carbon nanotube field-effect transistors with integrated ohmic contacts and high-κ gate dielectrics. Nano Letters，2004，4（3）：447-450.

[52] Wang Z，Xu H，Zhang Z，et al. Growth and performance of yttrium oxide as an ideal high-κ gate dielectric for carbon-based electronics. Nano Letters，2010，10（6）：2024-2030.

[53] Javey A，Guo J，Farmer D B，et al. Self-aligned ballistic molecular transistors and electrically parallel nanotube arrays. Nano Letters，2004，4（7）：1319-1322.

[54] Zhang Z，Wang S，Ding L，et al. High-performance n-type carbon nanotube field-effect transistors with estimated sub-10-ps gate delay. Applied Physics Letters，2008，92（13）：133117.

[55] Liu Y F，Zhang Z Y. Carbon based electronic technology in post-Moore era: progress，applications and challenges. Acta Physica Sinica，2022，71（6）：068503.

[56] Purewal M S，Hong B H，Ravi A，et al. Scaling of resistance and electron mean free path of single-walled carbon nanotubes. Physical Review Letters，2007，98（18）：186808.

[57] Dürkop T，Getty S A，Cobas E，et al. Extraordinary mobility in semiconducting carbon nanotubes. Nano Letters，2004，4（1）：35-39.

[58] Xu L, Qiu C, Zhao C, et al. Insight into ballisticity of room-temperature carrier transport in carbon nanotube field-effect transistors. IEEE Transactions on Electron Devices, 2019, 66 (8): 3535-3540.

[59] Lin Y, Liang S, Xu L, et al. Enhancement-mode field-effect transistors and high-speed integrated circuits based on aligned carbon nanotube films. Advanced Functional Materials, 2021, 32 (11): 2104539.

[60] Ding L, Liang S, Pei T, et al. Carbon nanotube based ultra-low voltage integrated circuits: scaling down to 0.4 V. Applied Physics Letters, 2012, 100 (26): 263116.

[61] Qiu C, Liu F, Xu L, et al. Dirac-source field-effect transistors as energy-efficient, high-performance electronic switches. Science, 2018, 361 (6400): 387-392.

[62] Chen B, Zhang P, Ding L, et al. Highly uniform carbon nanotube field-effect transistors and medium scale integrated circuits. Nano Letters, 2016, 16 (8): 5120-5128.

[63] Yang Y, Ding L, Han J, et al. High-performance complementary transistors and medium-scale integrated circuits based on carbon nanotube thin films. ACS Nano, 2017, 11 (4): 4124-4132.

[64] Burke P J. AC Performance of nanoelectronics: towards a ballistic THz nanotube transistor. Solid-State Electronics, 2004, 48 (10-11): 1981-1986.

[65] Guo J, Hasan S, Javey A, et al. Assessment of high-frequency performance potential of carbon nanotube transistors. IEEE Transactions on Nanotechnology, 2005, 4 (6): 715-721.

[66] Koswatta S O, Valdes-Garcia A, Steiner M B, et al. Ultimate RF performance potential of carbon electronics. IEEE Transactions on Microwave Theory and Techniques, 2011, 59 (10): 2739-2750.

[67] Fujii M, Zhang X, Xie H, et al. Measuring the thermal conductivity of a single carbon nanotube. Physical Review Letters, 2005, 95 (6): 065502.

[68] Baumgardner J E, Pesetski A A, Murduck J M, et al. Inherent linearity in carbon nanotube field-effect transistors. Applied Physics Letters, 2007, 91 (5): 052107.

[69] Wang C, Badmaev A, Jooyaie A, et al. Radio frequency and linearity performance of transistors using high-purity semiconducting carbon nanotubes. ACS Nano, 2011, 5 (5): 4169-4176.

[70] Kelly M. Application of the johnson criteria to graphene transistors. Semiconductor Science and Technology, 2013, 28 (12): 122001.

[71] Shi H, Ding L, Zhong D, et al. Radiofrequency transistors based on aligned carbon nanotube arrays. Nature Electronics, 2021, 4 (6): 405-415.

[72] Zhou J, Liu L, Shi H, et al. Carbon nanotube based radio frequency transistors for K-band amplifiers. ACS Applied Materials & Interfaces, 2021, 13 (31): 37475-37482.

[73] Hu Y, Peng L M, Xiang L, et al. Flexible integrated circuits based on carbon nanotubes. Accounts of Materials Research, 2020, 1 (1): 88-99.

[74] Jiang S, Hou P X, Chen M L, et al. Ultrahigh-performance transparent conductive films of carbon-welded isolated single-wall carbon nanotubes. Science Advances, 2018, 4 (5): eaap9264.

[75] Sun D M, Timmermans M Y, Tian Y, et al. Flexible high-performance carbon nanotube integrated circuits. Nature Nanotechnology, 2011, 6 (3): 156-161.

[76] Li X, Lv Z, Zhu H. Carbon/silicon heterojunction solar cells: state of the art and prospects. Advanced Materials, 2015, 27 (42): 6549-6574.

[77] Hu X G, Hou P X, Liu C, et al. Small-bundle single-wall carbon nanotubes for high-efficiency silicon heterojunction solar cells. Nano Energy, 2018, 50: 521-527.

[78] Hu X G, Hou P X, Wu J B, et al. High-efficiency and stable silicon heterojunction solar cells with lightly

fluorinated single-wall carbon nanotube films. Nano Energy，2020，69：104442.

[79] Hu X G，Wei Q，Zhao Y M，et al. FeCl$_3$-functionalized graphene oxide/single-wall carbon nanotube/silicon heterojunction solar cells with an efficiency of 17.5%. Journal of Materials Chemistry A，2022，10（9）：4644-4652.

[80] Wei Y N，Hu X G，Zhang J W，et al. Fermi-level depinning in metal/Ge junctions by inserting a carbon nanotube layer. Small，2022，18（24）：2201840.

[81] Qu T Y，Sun Y，Chen M L，et al. A flexible carbon nanotube sen-memory device. Advanced Materials，2020，32（9）：1907288.

[82] Zhu Q B，Li B，Yang D D，et al. A flexible ultrasensitive optoelectronic sensor array for neuromorphic vision systems. Nature Communications，2021，12（1）：1798.

[83] Vinet M，Batude P，Tabone C，et al. 3D monolithic integration：technological challenges and electrical results. Microelectronic Engineering，2011，88（4）：331-335.

[84] Xie Y，Zhang Z，Zhong D，et al. Speeding up carbon nanotube integrated circuits through three-dimensional architecture. Nano Research，2019，12（8）：1810-1816.

[85] Shulaker M M，Hills G，Park R S，et al. Three-dimensional integration of nanotechnologies for computing and data storage on a single chip. Nature，2017，547（7661）：74-78.

第2章

碳纳米管的性质

2.1 基本物性

2.1.1 电学性质

碳纳米管（CNT）可以看作是由石墨烯片层卷曲而成的一维管状结构，由 sp^2 杂化的碳原子构成。独特的管状结构及碳碳共价键连接赋予碳纳米管优异的物理化学性质，因而在诸多领域具有重要的应用价值[1, 2]。

1. 单壁碳纳米管

单壁碳纳米管的带隙可以从接近零连续变化至 1 eV，即其导电属性可以呈现金属性、半金属性或半导体性。长沙理工大学张振华等基于玻尔兹曼输运方程计算得出[3]，金属性单壁碳纳米管的电阻为 4.2 kΩ/μm，而半导体性单壁碳纳米管的电阻为 190 kΩ/μm。美国南加利福尼亚大学周崇武等利用两端法（图 2.1）测试了单根金属性单壁碳纳米管的电阻[4, 5]，通过金属 Ti 与碳纳米管形成 Ti—C 键来降低电极与碳纳米管之间的接触电阻，测得了单根金属性单壁碳纳米管的电阻最小值为 12 kΩ。采用相似的测试方法，科研人员发现在室温下当碳纳米管直径大于 2 nm 时，单根半导体性单壁碳纳米管的典型电阻为 160~500 kΩ；而当直径小于 1.5 nm 时，电阻值为兆欧量级甚至更高。以上实测电阻值明显高于理论预测，主要是因为实际制备得到的碳纳米管中存在较多结构缺陷。荷兰代尔夫特工业大学 Dekker 等利用两端法测试了单根金属性单壁碳纳米管的 I-V 曲线[6]，发现当两端电压达到 5 V 时电流可达 20 μA，如果把 π 电子轨道空间范围作为电流输运截面积，对应的电流密度达到 10^9 A/cm^2。随着电路集成度的快速增加，互连线需承载高达 10^7 A/cm^2 的电流密度，金属性单壁碳纳米管由于具有超高的电流承载能力，被认为是未来集成电路中最有可能替代铜互连导线的新型材料。Durkop 等利用 300 μm 长的单根单壁碳纳米管，在 500 nm 氧化硅覆盖的简并掺杂的硅片表面构建场效应晶体管[7]，估算出半导体性单壁碳纳米管本征载流子迁移率可达 100000 cm^2/(V·s)，该值超过了所有已知的半导体材料，因而有望用于高速晶体管和高性能化学、生物传感器的构建。由于碳纳米管是由碳原子的六方网格组成，碳原子难以被杂质置换。因此，电子在碳纳米管中传输不与杂质或声子发生任何散射，呈现弹道输运特性，即电子在运动过程中无能量耗散[8, 9]。一般认为，随着碳纳米管长度增加，由于缺陷的存在，传导电子最终会局域化。White 等基于紧束缚模型计算的研究表明[10]，不同于常规的金属导线，扶手椅型碳纳米管的有效无序障碍会在碳纳米管整个周长方向被平均化，导致电子自由程随着碳纳米管直径的增加而增加。这会导致超常的弹道输运特性以及局域化长度超过 10 μm，所以单壁碳纳米管有潜力作为弹道导体。贵金属钯（Pd）具有高功函数及对碳纳米管良好的润湿能力，斯坦福大学戴宏杰等利用其降低半导体性单壁碳纳米管与电极之间的肖特基势垒[11]，同时利用原位氢气处理对电极功函数进行修饰，所构建的场效应晶体管在开态下呈现出欧姆接触弹道传输特性，其在室温下电导接近弹道输运极限（$4e^2/h$）。碳纳米管的电学性质还表现出很强的温度依赖性。Fischer 等研究了金属性单壁碳纳米管薄片电阻率与温度的关系[12]，发现当温度大于 200 K 时，电阻率随温度升高而增大，表现出明显的金属行为；但在温度小于 200 K 时，电阻率随温度降低而升高。单壁碳纳米管管束表现出相似的温度特性，只是转变温度略低。

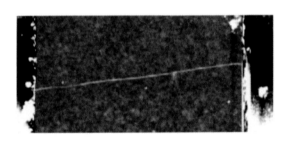

图 2.1 两端法测试单根碳纳米管的电学特性

2. 多壁碳纳米管

多壁碳纳米管可以看作是多层单壁碳纳米管的同轴嵌套结构，层间距约为 0.34 nm。多壁碳纳米管的导电特性与石墨的层间电导有关，绝大多数多壁碳纳米管呈现金属性，具有很好的导电性。Langer 等首次测量了单根多壁碳纳米管的电阻[13]，测试碳纳米管的直径为 20 nm，接触点间距为 800 nm，研究发现其电阻随着温度降低而上升，两者的关系为 $R = -\ln T$（K），并且在 0.3 K 时达到饱和状态。这种奇特的温度依赖特性与弱局域效应有关，即电子被限定在单原子区域。Ebbesen 等为了消除碳纳米管与电极之间接触电阻的影响[14]，采用四点法测试了多根多壁碳纳米管的电阻 [图 2.2（a）]。结果表明不同的多壁碳纳米管之间电阻差异以及电阻对温度的依赖性差异十分明显［图 2.2（b）］。在室温下，不同多壁碳纳米管的电阻有 4 个数量级的差异，实验结果显示电阻率最低可以接近结晶石墨的面内电阻率甚至更低。而随着温度变化，不同多壁碳纳米管间的变化差异明显，甚至会朝着相反的方向改变，由于对多壁碳纳米管结构进行准确解析存在困难，故难以总结出普适的规律。美国斯坦福大学戴宏杰等采用更精确的方法测量单根多壁碳纳米管的本征电导率［图 2.2（c）］[15]。在硅片表面分散好碳纳米管后，采用光刻方法沉积有序排列的 Au 电极；利用原子力显微镜（AFM）找到一端搭接在 Au 电极上，另一端延伸到 Au 电极狭缝之间的碳纳米管，再利用导电探针测试同一根碳纳米管在不同位置的电阻值，进而推导出碳纳米管的本征电导率和碳纳米管与电极之间的接触电阻。测试结果表明不同直径的多壁碳纳米管电导率差别很大，比如，他们测量了两根平行的多壁碳纳米管，直径分别为 8.5 nm 和 13.9 nm，对应的电阻率分别为 19.5 μΩ·m 和 7.8 μΩ·m，远高于室温下高定向石墨 0.5 μΩ·m 的层间电阻率。

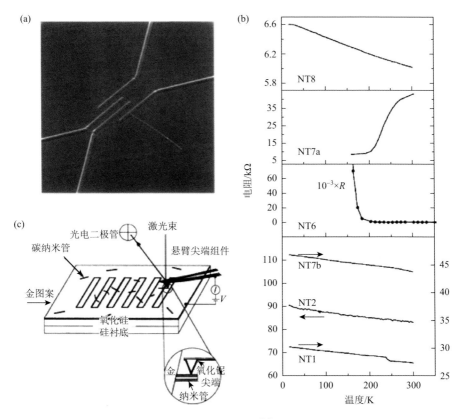

图 2.2　（a）四点法测试单根多壁碳纳米管电学性质[14]；（b）三根不同的碳纳米管电阻与温度的依赖关系[14]；（c）利用原子力显微镜技术测量单根碳纳米管电学性质示意图

如果多壁碳纳米管的长度短于电子平均自由程，那么也同样存在弹道输运特性。Frank 等将电弧法制备的直径为 5～15 nm（内径 1～4 nm）、长度为 1～10 μm 的碳纳米管制备成纤维[16]，在其尖端有很多分立的碳纳米管露出。将其另一端粘接金电极，尖端在扫描探针显微镜控制下缓慢浸入水银，形成闭合回路［图 2.3（a）]。由图 2.3（b）可知，当第一根碳纳米管进入水银后，电导值为 1 个单位量子电导（$G_0 = 2e^2/h$），随着更多的碳纳米管与水银接触，电导出现阶梯型跳跃的特征，其变化间隔与理论计算的量子导体结果相吻合，说明多壁碳纳米管同样可以作为量子导体。令人疑惑的是，不同于具有两个单位量子电导的单壁碳纳米管，这里只观察到了一个单位量子电导的跳跃，科研人员认为可归因于多壁碳纳米管层间复杂的相互作用；同时在实验中还观察到多壁碳纳米管可以承载高达 10^7 A/cm^2 的电流密度。

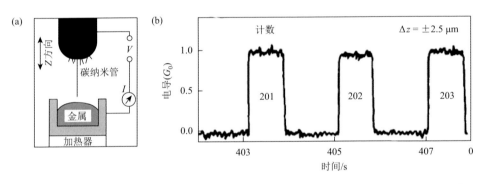

图 2.3 （a）在扫描探针显微镜下测量碳纳米管电导的示意图；（b）碳纳米管电导测量结果

在得到碳纳米管本征导电属性后，研究人员发现对碳纳米管进行掺杂处理是调控其电学性质的有效手段。大连理工大学赵纪军等研究了掺杂 Li 和其他碱性金属（K、Ru、Cs）对单壁碳纳米管电子结构的影响[17]，发现掺杂后发生了从 Li 到碳纳米管完整的电荷转移和微小的结构畸变。能带结构计算显示，Li 和碳纳米管之间的杂化会诱使半导体性单壁碳纳米管管束向金属性转变，同时在其导带引入了一些新的电子态。核磁共振分析表明，无论是金属性还是半导体性的单壁碳纳米管管束，经 K、Ru 和 Cs 掺杂后，费米能级的电子态密度都得到了显著增强。Lee 等最早研究了 Br 和 K 掺杂对单壁碳纳米管管束电荷输运性质的影响[18]，发现掺杂可使管束电阻率下降为 1/30，同时可增大正电阻温度系数区域宽度，这是金属性行为的典型特征。Lee 等还进一步证实了 K 掺杂可以降低碳纳米管管束的电阻率和抑制低温下电阻振动[19]。通过对比掺杂前后 $G\text{-}V_g$ 曲线变化，研究认为化学掺杂的作用是电荷转移，而不是改变管间接触，同时测试结果也进一步证实了半导体性单壁碳纳米管具有 p 型特征。然而由于 p 型碳纳米管晶体管器件在较大的正向偏置下几乎没有电流，与电极接触处势必存在肖特基势垒，因此如何获得 n 型单壁碳纳米管晶体管器件对构建碳纳米管 CMOS 逻辑电路非常重要。Bockrath 等发现 K 可以作为单壁碳纳米管的 n 型掺杂剂，将碳纳米管管束的载流子从空穴变为电子，并且电子的有效迁移率介于 $20\sim60\ \mathrm{cm^2/(V\cdot s)}$ 之间[20]。麻省理工学院孔敬等发现 K 掺杂可将半导体性单壁碳纳米管从 p 型转变为 n 型[21]。电学测试表明，本征半导体性碳纳米管为 p 型，正向栅极电压会将半导体性单壁碳纳米管的费米能级从价带迁移至导带，进而转变系统为绝缘态。K 掺杂处理后，K 贡献电子促使费米能级靠近导带，因此系统呈现出 n 型特征。K 掺杂后碳纳米管的电导会随着时间延长表现出先骤降随后缓慢回复的变化趋势，这是 K 掺杂导致半导体性单壁碳纳米管从 p 型向本征态，进而向 n 型转变的过程。

2.1.2　光学性质

紧束缚模型的计算结果表明，单壁碳纳米管的态密度存在镜像对称的范霍夫奇点，一组对称的范霍夫奇点之间的距离即为能隙 E_{ii}。在费米能级 E_{F} 的上下两侧分别是导带和价带，对于金属性碳纳米管，在费米能级位置态密度不为零；对于半导体性碳纳米管，导带和价带之间存在能隙，并且可以通过调节碳纳米管的直径和手性对能隙的大小进行调节，这使得碳纳米管的光学特性强烈依赖于其几何和电子结构。当入射偏振光方向平行于管轴时，电子会在费米能级两侧对称的能级之间跃迁。图 2.4 显示了半导体性单壁碳纳米管的电子态密度示意图，描绘了单壁碳纳米管的三种基础光物理过程[22]。当入射光能量与某个能隙 E_{22} 匹配时，会产生一个激发态电子，同时在原价带上留下一个空穴。激发态的电子可以释放额外的能量，并通过不同的方式与空穴复合。如果激发态电子与空穴直接复合，并发射出与入射光能量相同的出射光，此过程为一个弹性散射过程，称为瑞利散射［图 2.4（a）］；如果激发态电子释放或者吸收一个声子后到达一个中间态，再通过发射一个散射光子与空穴复合，此时散射光的能量（$E_{22}\pm E_{\mathrm{ph}}$）低于或高于入射光，这一非弹性散射过程分别称为斯托克斯拉曼散射［图 2.4（b）］和反斯托克斯拉曼散射［图 2.4（c）］；如果激发态电子弛豫到导带底（c_1），同时空穴弛豫到价带顶（v_1），此时激发态电子通过发射更低能量的光子（E_{11}）来完成与空穴的复合，这一过程称为荧光发射［图 2.4（d）］。

金属性和半导体性单壁碳纳米管都可能表现出瑞利散射光谱。当入射光的能量与某个 E_{ii} 值对应时，瑞利散射强度可得到极大增强，在瑞利散射谱中表现为散射峰。瑞利散射法通常用来测定悬空碳纳米管，通过测定多个 E_{ii} 值可以指认出碳纳米管的手性[23]。

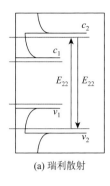
(a) 瑞利散射

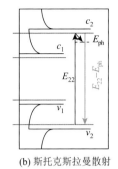
(b) 斯托克斯拉曼散射

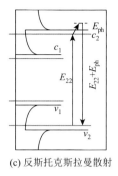
(c) 反斯托克斯拉曼散射

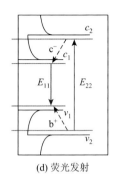
(d) 荧光发射

图 2.4　单壁碳纳米管多种光物理过程示意图

在拉曼散射中，当入射光或散射光的能量与某个 E_{ii} 相匹配时，就会发生共振增强拉曼散射现象。当发生共振拉曼散射时，即使单根碳纳米管也能给出高强度的拉曼光谱信号，这使得共振拉曼光谱成为表征和研究单壁碳纳米管的一种简便而有效的方法，既可以确定单壁碳纳米管的直径、手性、单一导电性富集程度，还可以用来研究单壁碳纳米管的形变、温度、缺陷等。图 2.5 展示了单壁碳纳米管的典型共振拉曼光谱图，主要包括低频段（100～500 cm^{-1}）的环呼吸振动模（RBM）和位于 1580 cm^{-1} 附近的伸缩振动模 G 峰（G-band）。RBM 可以看作构成碳纳米管的碳原子沿径向的集体振动，如同碳纳米管呼吸一样，频率一般在 100～300 cm^{-1} 范围内，一般 RBM 只会在单壁、双壁和三壁碳纳米管中才会出现，当管壁层数更多时通常不会出现 RBM。G-band 则与碳原子的面内切向运动有关。除此之外，碳纳米管的拉曼光谱中还包括位于 1350 cm^{-1} 附近的缺陷 D 峰（D-band）和 2700 cm^{-1} 附近的 G 峰。其中，D 峰是由碳纳米管的缺陷如杂原子、空穴、5～7 元环等引起的。因此，G-band 和 D-band 的峰值强度比值常被用来表征碳纳米管的结晶质量，比值越高则说明碳纳米管的质量越好。

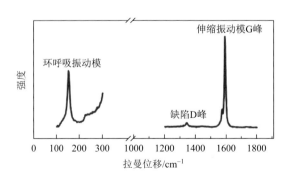

图 2.5　单壁碳纳米管的典型共振拉曼光谱图

荧光发射只能在半导体性单壁碳纳米管中出现，这是由于金属性单壁碳纳米管的费米能级附近有连续的态密度，激发电子会通过非辐射跃迁快速复合，因而不会出现荧光发射。而半导体性单壁碳纳米管的激发电子会弛豫到最低能量的激发态并发射电子，因此在荧光发射谱中会观察到 E_{11}。如图 2.6 所示，二维荧光光谱早在 2002 年就被用于碳纳米管溶液的表征[24]，通过二维谱中的激发谱可得到 E_{22}，通过发射谱得到 E_{11}，从而确定单壁碳纳米管手性指数（n, m）。另外，由于基底会严重降低荧光强度甚至猝灭荧光，为了避免基底的影响，测试时通常将碳纳米管放置于基底镂空沟槽部分[25]。对于悬空的单根碳纳米管，需要波长可调的激光作为激发源才能获得足够分辨率的信号。研究发现，荧光发射还与碳纳米管的手性相关，近扶手椅型的碳纳米管荧光量子产率较高，而近锯齿型的碳纳米管在荧光中很难被检测到[26]。由单根碳纳米管聚集成的碳纳米管薄膜具有很好的透光性，在 550 nm 波长下其透光率可达到 90%，利用这种薄膜可以构建全碳透明器件[27]。

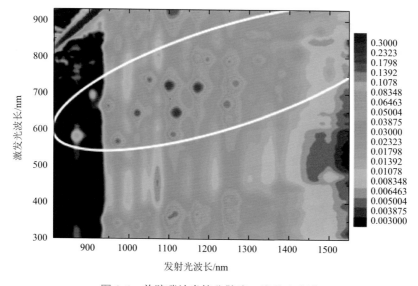

图 2.6　单壁碳纳米管分散液二维荧光光谱

2.1.3　力学性质

　　石墨烯平面中 sp^2 杂化的碳碳键是自然界中最强的化学键之一，因此由石墨烯卷曲而成的由碳六边形构成的无缝中空网状碳纳米管具有优异的力学性质。理论计算表明碳纳米管具有极高的强度，甚至可能是迄今人类发现的最高强度的纤维。Dresselhaus 等基于连续弹性理论，根据石墨片层结构 C_{11} 方向的杨氏模量为 1 TPa，推测出碳纳米管的杨氏模量在 800 GPa 左右[28-30]。Lu 等根据经典的力常数模型，计算了多壁碳纳米管和单壁碳纳米管的杨氏模量和泊松比，得到单根单壁和多壁碳纳米管的杨氏模量分别为 0.97 TPa 和 1.11 TPa，结果还表明碳纳米管的杨氏模量与碳纳米管的直径、螺旋角以及碳纳米管的层数无关，认为只有当碳纳米管直径很小时，严重的弯曲变形才会削弱碳碳键强度，最终影响碳纳米管的力学性能[31]。然而，Cornwell 等利用 Tersoff 势函数分子动力学计算发现[32, 33]，碳纳米管的杨氏模量与螺旋角等因素无关，而主要依赖于直径，碳纳米管的杨氏模量 Y 和直径 d 的关系为：$Y = 4296/d + 8.24$（GPa）。根据该关系式，直径 1 nm 的单壁碳纳米管的杨氏模量约为 4 TPa。此外，Hernández 等采用非正交紧束缚理论计算得到，单壁碳纳米管的杨氏模量为 1.24 TPa[34]。

　　1996 年美国 NEC 研究院 Treacy 等首次实验测量了单根多壁碳纳米管的杨氏模量[35]，通过在透射电子显微镜（TEM）下观察一端固定、另一端自由振动的碳纳米管随温度变化产生热振动的振幅 [图 2.7（a）]，推导出 11 根多壁碳纳米管的杨氏模量介于 0.4～4.15 TPa 之间，平均值为 1.8 TPa。虽然结果比较离散，但首次提供了实测结果表明碳纳米管具有优异的力学性质。随后，利用该方法研究了单壁碳纳米管的力学性质，测得 27 根单壁碳纳米管的平均杨氏模量为 1.25 TPa，该结果非常接近石墨平面内的 C_{11} 弹性模量[36]。Wong 等采用另一种实验方法测量了碳纳米管的杨氏模量[37]，即 AFM 针尖将悬臂式的碳纳米管慢慢压弯[图 2.7（b）]，同时记录 AFM 施加作用力大小与碳纳米管挠度的变化关系，进而计算得出直径为 26～76 nm 的多壁碳纳米管的平均杨氏模量为（1.28±0.5）TPa。Salvetat 等将 AFM 针尖搭接在多孔膜上的单壁碳纳米管管束或者单根多壁碳纳米管上，通过产生弯曲变形来测量其模量 [图 2.7（c）][38]。假定碳纳米管与多孔膜的作用力十

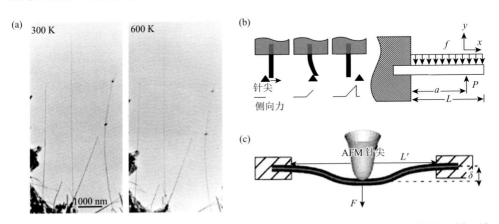

图 2.7 （a）不同温度下一端固定、发生热振动碳纳米管的 TEM 照片；（b）一端固定、另一端自由的碳纳米管杨氏模量测量示意图；（c）两端固定的碳纳米管的杨氏模量测量示意图

f：摩擦力；P：载荷；L：自由端的碳纳米管长度；a：力矩；F：载荷；δ：挠度；L'：悬浮的碳纳米管长度

分强，在 AFM 针尖下压的过程中碳纳米管不发生滑动而只发生弯曲变形，根据碳纳米管挠度和碳纳米管回复力关系可以得出碳纳米管管束的杨氏模量。结果表明，单壁碳纳米管管束直径为 3 nm 时，其弹性模量为 1 TPa，接近单根单壁碳纳米管的杨氏模量。然而，随着管束直径增加至 20 nm，杨氏模量会降至 100 GPa，这是因为碳纳米管管束中管间弱的范德瓦耳斯力会导致强烈的剪切变形，最终降低了杨氏模量。多壁碳纳米管的测量结果表明其平均杨氏模量为 0.87 TPa，比理论值略小，这可能是由多壁碳纳米管含有较多的缺陷所导致。Poncharal 等采用原位电力共振法测量了碳纳米管的弹性弯曲模量，发现随着多壁碳纳米管的直径从 8 nm 增加至 40 nm 时，其模量从 1 TPa 急剧下降至 0.1 TPa，而直径小于 8 nm 的多壁碳纳米管的模量一般在 1.2 TPa 左右[39, 40]。

对于实际应用而言，除了弹性变形区域内的杨氏模量，碳纳米管在塑性变形区的力学性质同样至关重要。当超出弹性变形范围后，碳纳米管会通过特殊的塑性变形来消除应力。碳纳米管晶格中两个相邻的六元环会产生一个五边形/七边形对，即为 Stone-Wales 形变。Stone-Wales 形变在碳纳米管释放应力过程中起到至关重要的作用，是碳纳米管能发生较大塑性变形的根本原因。Nardelli 等通过分子动力学模拟证明了由 5-7-7-5 Stone-Wales 缺陷对构成的位错环的存在[41]。在足够的应变下，Stone-Wales 缺陷形成能垒会降低。计算表明，Stone-Wales 形变有利于碳纳米管松弛，并且会一直持续到碳纳米管发生断裂或超塑性拉伸变形。在低温和高应变速率的条件下，碳纳米管会呈现出脆性、易断裂的特征；在高温和低应变速率的条件下，直径小于 1.1 nm 的碳纳米管会发生塑性变形。Samsonidze 等采用过渡态理论研究发现单壁碳纳米管的屈服应变与其手性有关，计算结果表明螺旋型碳纳米管的屈服应变远低于锯齿型和扶手椅型碳纳米管，并且在断裂前可以达到 17%的应变[42]。

韩国蔚山国立科技大学 Ruoff 等研究了单根多壁碳纳米管管束的拉伸过程[43]（图 2.8），首先将碳纳米管的两端通过碳质固体薄膜粘在两个相对的 AFM 针尖上，接着通过移动针尖对碳纳米管两端施加应力直到碳纳米管发生断裂，同时利用扫描电子显微镜（SEM）观察碳纳米管的状态。随着针尖缓慢移动，碳纳米管逐渐被拉长，一根 6.9 μm 的碳纳米管可被拉伸至 12.5 μm。结合 TEM 观察，科研人员推断多壁碳纳米管的断裂发生在黏着针尖的最外层，而内层似乎不受影响。根据多壁碳纳米管的伸长以及受到的压力大小，得到其外层的杨氏模量在 270～950 GPa 之间，断裂应变在 3%～12%之间，拉伸强度为 11～63 GPa。采用相同的方法，该团队研究了单壁碳纳米管管束在拉伸下的断裂过程[44]，并发现大部分管束在低于 5.3%的形变下就发生断裂，并且拉伸载荷实际上会传递到管束最外层的碳纳米管，而对内层的碳纳米管不造成影响。假设碳纳米管管束是由单壁碳纳米管按照六方密排堆垛而成，计算得到单壁碳纳米管的拉伸强度为 13～52 GPa，平均为 30 GPa。清华大学张如范等在悬浮单根碳纳米管上负载氧化钛（TiO$_2$）纳米颗粒 [图 2.8（c）]，进而在光学显微镜下测试单根碳纳米管力学性能。测得的碳纳米管的平均抗拉应变、弹性模量及拉伸强度分别为 17.5%、1.34 TPa 和 200 GPa[45]。后续该团队报道了拉伸强度达到 80 GPa 的超长碳纳米管管束[46]，通过实验证实了碳纳米管在宏观尺度下可具有优异的力学性能。

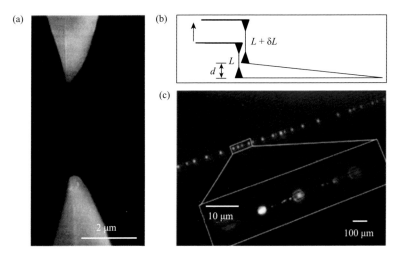

图 2.8　（a）单根多壁碳纳米管两端固定在 AFM 针尖上的 SEM 照片；（b）碳纳米管拉伸测量实验模型；（c）负载 TiO$_2$ 颗粒的碳纳米管的光学照片

d：下端探针移动距离；L：碳纳米管长度

2.1.4　热学性质

除了优异的电学性质和力学性质，理论和实验研究都表明碳纳米管具有良好的热学性质，尤其是优异的热传递能力，这使其在电子设备的热管理系统中具有良好的应用前景。碳纳米管具有高的热导率[47]，其热学性能与二维石墨烯片层的热学性质以及碳纳米管的微小尺寸密切相关。在高温下碳纳米管的热学性能与石墨烯类似，低温下小直径碳纳米管的量子声子化逐渐明显。

碳纳米管的热传导过程是通过碳原子的耦合振动实现的，因此可以通过声子传递加以分析。即使对于金属性单壁碳纳米管，热传导过程也是由声子传递而不是电子传递主导[48]。由于碳纳米管的纳米级直径以及极大的长径比，其在不同的条件下表现出弹道热导体和扩散型热导体的特征。如果声子的平均自由程大于碳纳米管长度，并且主导声子波长小于碳纳米管的直径，碳纳米管呈弹道热导体特征；如果碳纳米管的长度明显长于声子平均自由程，同时管内载流子散射严重，此时扩散热传导将主导碳纳米管的传热行为。碳纳米管的声子平均自由程主要取决于声子-声子、声子-边界以及声子-缺陷散射过程。理论研究表明，室温条件下碳纳米管的声子平均自由程介于 50 nm～1.5 μm 之间[49-51]，多壁碳纳米管即使存在诸多缺陷，仍然具有 4 nm 的平均自由程[52]。

早在 2000 年，Berker 等利用分子动力学模拟计算得出[53]，手性为（10，10）、长度为 2.47 nm 的单壁碳纳米管热导率可达 6600 W/(m·K)。不同理论模型得出的结果差异较大，如针对手性为（10，10）的单壁碳纳米管，Lukes 等[54]预测其热导率为 80 W/(m·K)，Yao 等[55]预测其热导率最高可达 10^{23} W/(m·K)。计算结果的离散性主要是由碳纳米管长度差异、边界条件差异、分子动力学方法以及原子间相互作用势的差异造成的。采用平衡分子动力学和均质非平衡态分子动力学方法计算得出长度介于 30～40 nm 的（10，10）单壁碳纳米管的热导率分别为 880 W/(m·K)和 2200 W/(m·K)[56,57]。尽管理论计算结果离散性较大，但基本可证明碳纳米管具有非常优异的导热性能。

单根碳纳米管的热导率测量方法可以分为两类：一是利用外部热源在碳纳米管内部沿其长度方向建立温度梯度［图 2.9（a），(b)］；二是利用碳纳米管的自身产热来提取其热学性质［图 2.9（c），(d)］。Kim 等[58]和 Yu 等[59]将碳纳米管中间悬空，两端放置在电阻元件上，电阻元件既可以充当热源，也可以充当温度传感器。如果一侧电阻元件通电产热，热量会沿着碳纳米管轴向扩散，造成碳纳米管的另一端温度升高，而电阻元件同时可以检测两端的温度变化，根据公式 $G = q/\Delta T$（q 和 ΔT 分别为热通量和温度差）可以得到热导 G（单位为 W/K）。热导和热导率[κ，W/(m·K)]与材料的几何参数存在如下关系，$G = \kappa A/L$，L 和 A 分别是碳纳米管的长度和截面积。利用该方法，Kim 测量出一根长 2.5 μm、直径 14 nm 的多壁碳纳米管的热导率为 3000 W/(m·K)；Yu 测得长 2.76 μm、直径为 1～3 nm 的单壁碳纳米管的热导率介于 1480～13350 W/(m·K)之间。Fujii 等利用相似的外部加热的方法测量了三根多壁碳纳米管的热导率[60]，其中长度为 3.7 μm、直径为 9.8 nm 的多壁碳纳米管的热导率为 2950 W/(m·K)；长度为 1.89 μm、直径为 16.1 nm 的多壁碳纳米管的热导率为 1650 W/(m·K)；长度为 3.6 μm、直径为 28.2 nm 的多壁碳纳米管的热导率为 500 W/(m·K)。利用碳纳米管自身产热提取热学性质的手段主要包括校正电阻热系数、3ω 法以及拉曼观察温度曲线。Pop 等测量了横跨沟槽的自发热碳纳米管的 $I\text{-}V$ 特征曲线并提取其热导率与温度的关系曲线[61]，测量出长 2.6 μm、直径 1.7 nm 的单壁碳纳米管的热导率为 2749 W/(m·K)。此外，Choi 等利用 3ω 法测出长 1 μm、直径 40 nm 左右的多壁碳纳米管的热导率介于 650～830 W/(m·K)之间[62]。清华大学范守善等利用温度促使碳纳米管拉曼光谱发生偏移的特点来测量碳纳米管的温度分布[63]，结合碳纳米管自身产热的方法，得出长 32 μm、直径 8.2 nm 的多壁碳纳米管的热导率可达 1400 W/(m·K)。实际上，即使对于相似结构的碳纳米管，不同研究组报道的热学性质仍比较离散，这是由碳纳米管的直径、密度以及缺陷等存在差异所导致的[64]。

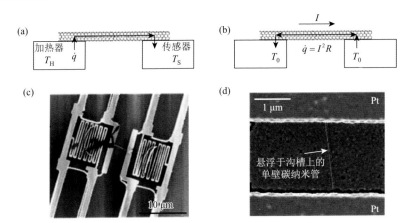

图 2.9　单根碳纳米管热导率的测试方法：（a）单根碳纳米管两侧传感器捕捉一侧加热后形成的温差模型；（b）对碳纳米管施加电压导致自身产热模型；（c）单根碳纳米管悬置在两个电阻元件之间的 SEM 照片；（d）单根碳纳米管搭接在两个 Pt 电极上的 SEM 照片

T_H：加热端温度；T_S：传感器温度；T_0：碳纳米管温度；$\dot{q}$：电荷；I：电流；R：电阻

2.2　电学输运性质

2.2.1　弹道输运

由于半导体中存在散射现象，平均漂移速度是载流子之间相互碰撞的平均时间或散射平均距离的函数，因此载流子的速度被限制为平均漂移速度。在长沟道器件中，沟道长度 L 远大于碰撞的平均距离 l，因此存在载流子散射。随着金属-氧化物-半导体场效应晶体管（MOSFET）沟道长度减小，碰撞之间的平均距离 l 可能与沟道长度 L 相当，前面的分析不再适用。如果沟道长度进一步减小到 $L < l$，那么很大一部分载流子可以从源极传输到漏极而不发生散射，载流子的这种运动称为弹道输运。弹道输运意味着载流子的移动速度超过平均漂移速度或饱和速度，这种效应会使得器件传输速度非常快。弹道输运发生在亚微米（$L < 1\,\mu m$）器件中，随着 MOSFET 技术继续将沟道长度缩小，弹道输运现象将变得更加重要。

在碳纳米管器件中，器件在小偏压的情况下，电子的能量不足以激发碳管中的光学声子，并且与其中的声学声子的相互作用很弱，因此平均自由程可达微米级别，在长度为几百纳米的碳纳米管构造的器件中，载流子可以呈现弹道输运特性。

1. 一维系统的弹道输运

由于单壁碳纳米管具有一维结构，在给定的偏压下单壁碳纳米管中只有少数子带参与了电学传输。Landauer 公式[65-67]很好地描述了有限个一维子带的传输。图 2.10 描述了一个具有抛物线子带和弹道输运的一维系统中两个电子库之间的电导。在热平衡条件下（不向储层施加偏置），系统中向左、右两个方向的电子移动是平衡的，因此不产生净电流 [图 2.10（a）]。两端的电子库可以将进入其中的电子加热到它们自己的电化学电位，即费米能级位置。当向右侧电子库施加一个小偏压 $-V$ [图 2.10（b）]，右侧电子库的准费米能级将向上移动 eV，此时将产生净电流。

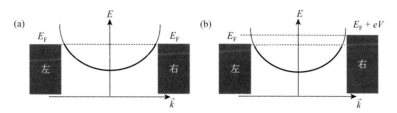

图 2.10　电子库费米能级的一维子带的能量色散：（a）平衡（无偏置）；
（b）电子库之间施加小偏压

E_F：费米能级；eV：额外偏压

净电流由下式给出：

$$I = \Delta nev = \frac{Dev}{2}ev = \frac{2}{hv}ve^2V = \frac{2e^2}{h}V \qquad (2.1)$$

其中，Δn 是过量的电子密度；e 是电子电荷；v 是电荷速度；D 是一维自由电子自由态密度，$D/2$ 是因为只有左边移动的电子对电流有贡献。从式（2.1）中可以看到，影响电流变化的只有电压，与一维系统中的载流子速度无关（假定弹道传输条件）。由式（2.1）计算可得一个理想的无散射的一维系统的两端电导 I/V 和电阻 V/I 如下：

$$G_Q = \frac{2e^2}{h}, \ R_Q = \frac{h}{2e^2} = 12.9 \ k\Omega \qquad (2.2)$$

可以看到，弹道传输的一维沟道（传输模式）具有有限的电导和电阻，分别称为量子电导 G_Q 和量子电阻 R_Q。每个沟道的电流乘以通道数 N，即可得到由多个一维沟道承载的总电流 I_T：

$$I_T = N\frac{2e^2}{h}V \qquad (2.3)$$

考虑到每个沟道中电子的传输概率 $T_i(E_F)$，弹道传输条件下，$\sum T = N$，载流子散射的影响可以归纳到式（2.4）中：

$$I_{\mathrm{T}} = \frac{2e^2}{h} V \sum_i T_i \qquad (2.4)$$

这个方程称为 Landauer 公式。在低偏压下，金属性单壁碳纳米管中的费米能级有两个一维子带（由二重带简并产生）参与电传输。如果传输是弹道的，则单壁碳纳米管的量子电阻为 $R_{\mathrm{Q}} / 2 = 6.5 \ \mathrm{k\Omega}$。

2. 器件的弹道输运

器件中载流子的传输和载流子平均自由程有密切关系。如图 2.11（a）所示，当器件的尺寸 L 远大于平均自由程 λ 时，载流子流动由扩散输运控制，并且可以用传统的迁移理论来解释。相反，如果 L 比 λ 小得多，并且沟道中的散射概率小到可以忽略，此时可认为是弹道输运，器件的电流完全由从源极流入沟道的载流子所确定［图 2.11（b）］。目前纳米级晶体管的 L 和 λ 相近［图 2.11（c）］，具有准弹道输运的特点，载流子在源极和漏极之间经历有限的散射。在该器件中，迁移理论不能再用来解释载流子传输现象，并且散射的存在使其行为与理想弹道输运特性不同。对这种器件最好的解释是首先确定其弹道的特性，其次在载流子传输中引入一定数量的散射[68]。

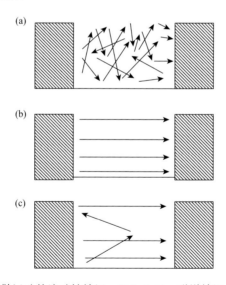

图 2.11　（a）$L \gg \lambda$，扩散运动的流动性输运；（b）$L < \lambda$，弹道输运；（c）$L \sim \lambda$，准弹道输运

如图 2.12[69]所示，针对单壁碳纳米管场效应晶体管进行模拟，μ 为碳纳米管相对于源极费米能级的表面电势，假设两个理想的源漏电极间的沟道为弹道的，源极的费米能级 μ_{s} 填充态为 $+k_1$ 态，漏极的费米能级 μ_{d} 填充态为 $-k_1$ 态（1 表示沿着管轴的方向）。

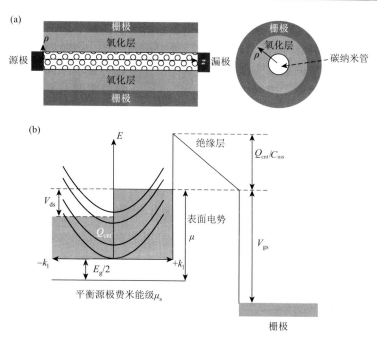

图 2.12　碳纳米管场效应晶体管结构及模拟图：（a）沿沟道方向（z）和垂直于碳纳米管（ρ）的器件几何截面；（b）ρ 方向上的能量分布，叠加 E-k 图

V_{gs}：栅极电压；V_{ds}：源漏电压；Q_{cnt}：碳纳米管电荷；C_{ins}：绝缘电容；E_g：带隙

自洽求解以下径向上的泊松方程，以获得表面电势 μ：

$$V_{gs} = V_{fb} + \frac{\mu}{q} + \frac{Q_{cnt}}{C_{ins}} \tag{2.5}$$

其中，V_{gs} 是栅极电压；C_{ins} 是绝缘电容；V_{fb} 是平带电压；Q_{cnt} 是单位长度碳纳米管中所带电荷：

$$Q_{cnt} = \sum_{k_t}\sum_{k_l} q \cdot (f_s(E(k_l)) + f_d(E(k_l))) \tag{2.6}$$

其中，k_l 和 k_t 分别是平行和垂直于碳纳米管轴的波矢。对于足够长的碳纳米管而言，式（2.6）可以改写为[69]

$$Q_{cnt} = q\sum_{k_t}\int_{E_{i\,min}}^{E_{i\,max}} \frac{1}{2} g_{i,1}(E)\cdot(f_s(E,\mu)+f_d(E,\mu))dE \tag{2.7}$$

其中，$g_{i,1}(E)$ 是一维碳纳米管中，第 i 个子带的态密度[70]；f_s 和 f_d 分别是源极和漏极的费米-狄拉克分布函数，因为一次只计算一个 k_l 态，所以其系数为 1/2；$E_{i\,max}$ 和 $E_{i\,min}$ 分别是第 i 个子带的最大和最小能量；μ 是表面电势或源极的费米能级相对于其平衡位置升高的电势。对式（2.5）～式（2.7）进行求解得到表面电势 μ（远离触点）[应注意式（2.7）很大程度上取决于碳纳米管的直径]。为了计算弹道电流（I_d），可以使用 Landauer-Büttiker 表达式，假设沟道为统一传输，则

$$I_d = \sum_{k_t} \sum_{k_l} q \cdot v_g(k_l) \cdot [f_s(E(k_l)) - f_d(E(k_l))] \cdot T(E(k_l)) \tag{2.8}$$

其中，$v_g(k_l)$ 是轴向上的载流子群速度。式（2.8）可写为式（2.9）：

$$I_d = \frac{2q}{h} \sum_{k_t} \int_{E_{i\min}}^{E_{i\max}} (f_s(E, \mu) - f_d(E, \mu)) \mathrm{d}E \tag{2.9}$$

其中，$\frac{2q}{h}$（称为量子电导）是群速度和沿管轴方向的一维态密度的乘积，这是弹道导体每个沟道的最大电导；f_s 和 f_d 分别是源极和漏极的费米-狄拉克分布函数：

$$f_s(E) = \frac{1}{1 + e^{\frac{E - \mu}{k_B T}}} \tag{2.10}$$

$$f_d(E) = \frac{1}{1 + e^{\frac{E - \mu + V_{ds}}{k_B T}}} \tag{2.11}$$

Javey 等[11]用 Pd 作为电极以削弱其与碳纳米管形成的肖特基结，并对不同长度碳纳米管的电学性能测试，发现将碳纳米管沟道长度从 3 nm 缩短到 300 nm 时，R_{ON} 会降低至 1/20，并且在不同直径的单壁碳纳米管中都观察到了该现象，这一结果表明在室温下长度为 300 nm 的碳纳米管传输接近弹道；碳纳米管越长，其 R_{ON} 越高，表明较长的碳纳米管中存在额外的散射。

Brady 等报道了一种基于密度为 47 根/μm 碳纳米管阵列的准弹道晶体管[71]，他们用浮动蒸发自组装方法，将高纯度的半导体性碳纳米管从溶液中沉积到基底上的阵列中。由于浮动蒸发自组装工艺使碳纳米管可以对准，且阵列沉积后去除了溶剂残留物，阵列中的每个单根碳纳米管都具有优异的电接触和高导电沟道，使得器件在 $L_{ch} = 100$ nm 的情况下，电导率高达 1.7 mS/μm，并且每根碳管量子电导极限高达 35 μS。同时得益其分离提纯，晶体管表现出较高的开关比，开态电流密度达到 900 A/μm，实现了可媲美或超过最先进硅 MOSFET 的开态和亚阈值的性能。北京大学彭练矛团队报道了一种碳纳米管阵列晶体管[72]，利用碳管的弹道传输实现了高速晶体管的制备。碳纳米管的原子级尺寸使得单壁碳纳米管可作为电子和空穴的弹道导体。因此在未来的分子电子电路中，碳纳米管具有巨大的应用潜力。由于碳纳米管场效应晶体管已显示出超过硅基器件的性能指标，可以预测碳纳米管将在未来的电子器件中发挥关键作用。

2.2.2 电子散射

1. 碳纳米管中的散射过程

载流子在一维系统和多维系统中的散射具有明显差异。在一维系统中，载流子只能向前或向后散射，而在多维系统中，载流子可以在不同方向散射。此外，金属性单壁碳纳米管在满足动量和能量守恒的同时，表现出非常有限的用于后向散射的动量空间（由少量一维子带表示），因此即使在室温下金属性单壁碳纳米管中也会产生很大的平均自由程，这将有助于抑制后向散射[73]。

一般情况下，固体系统中的散射过程有两种：一种是静电势散射，如不改变散射粒子能量的杂质；另一种是声子等时变势散射，这是会导致能量和动量变化的非弹性散射。在量子力学中，存在这些散射势的情况下，散射涉及的粒子会从一种状态过渡到另一种状态。为了评估散射对输运性质的影响，需要找到存在散射势时的跃迁速率，这是后续散射之间的时间度量。费米的黄金定律就是为了达到这个目的。在费米黄金定律中，跃迁（散射）速率 W 可以通过以下方式计算：

$$W_{\mathrm{fi}} = \frac{2\pi}{\hbar}\left|V_{\mathrm{fi}}\right|^2 \delta(E_{\mathrm{f}} - E_{\mathrm{i}}) \tag{2.12}$$

其中，V_{fi} 是通过散射势将终态连接到初始态的矩阵元素，可关联到每个特定散射体的散射矩阵。

散射电位通常不随时间变化。载流子在缺陷或杂质处会发生散射，带电杂质产生的库仑电势，或中性缺陷产生的更复杂的短程电势都可以产生散射电势。虽然单壁碳纳米管有较高的结晶度，但它们不可避免地存在如五边形-七边形对或空位等不同类型的结构缺陷，以及沉积在表面的外来原子或化学物质等杂质。即使存在这些缺陷和杂质，室温下金属性单壁碳纳米管的平均自由程也会很大，这是因为单壁碳纳米管（尤其是扶手椅型单壁碳纳米管）的高度对称性抑制了后向散射[74, 75]。金属性单壁碳纳米管在费米能级上有两个交叉简并的一维子带，每个子带对应电子的不同运动方向（向左和向右），电子从一个子带移动到另一个子带时会产生后向散射，由于对称性，这两个一维子带相互正交但不混合，因此金属性单壁碳纳米管中的后向散射被显著抑制[74]。只要金属性单壁碳纳米管中的缺陷不显著干扰能带对称性，上述论点就可以成立，此时金属性单壁碳纳米管中的载流子具有较大的平均自由程。除此之外，单壁碳纳米管费米能级附近的波函数是非定域的，受到缺陷平均势能的影响，也将减少散射[75]。

各种缺陷对单壁碳纳米管输运性质的影响一直是许多理论研究的主题[76-79]，例如，五边形-七边形对以及硼和氮等杂质会影响金属性单壁碳纳米管的电学输运性质［图 2.13（a）］，但这些缺陷仅在远离费米能级处产生影响[76]，而另一种具有短程势的空位在费米能级附近也会影响输运［图2.13（b）］[76, 77]。例如，利用扫描隧道显微镜（STM）表征可以很好地分辨出原子尺度的缺陷，并且STM表征也可以准确地获得缺陷位置[80-84]。然而，由于碳纳米管器件缺陷的原子结构无法解析（单壁碳纳米管位于绝缘衬底上，STM无法表征），所以特定类型的缺陷与实际传输特性之间的关系很难通过实验研究揭示。虽然有报道称离子辐照会使碳纳米管产生空位缺陷并且对碳管电阻造成影响，但此类缺陷对传输特性的影响规律仍需深入研究[85]。

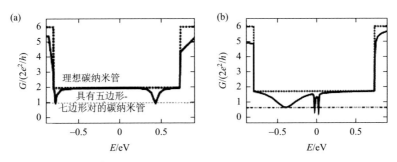

图2.13　五边形-七边形缺陷对（a）和点空位（b）对一个（10，10）扶手椅型单壁碳纳米管的影响

　　由于单壁碳纳米管中缺陷引起的散射被抑制，所以认为声子是散射的主要来源，尤其是在高温条件下。单壁碳纳米管中存在多种声子模式（图2.14），科研人员从理论和实验上对其进行了深入的研究[86, 87]。

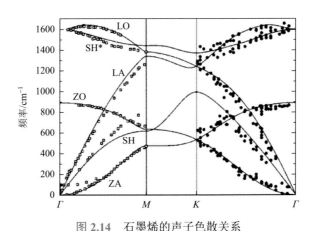

图2.14　石墨烯的声子色散关系

LO：纵向光学声子；LA：纵向声学声子；SH：水平剪切声子；ZO：光学声子；ZA：声学声子

　　声子散射是一种非弹性散射，要求电子和声子结合并保持动量和能量守恒。由于动量空间和对称性的限制，单壁碳纳米管中存在三种满足动量和能量守恒的

电子-声子后向散射过程（图 2.15）。第一种是低能声学声子散射，其散射过程涉及小的动量和能量变化 [图 2.15（a）]。另外两个散射过程分别是需要大能量变化（150～180 meV）的高能光学声子散射 [图 2.15（b）]，以及需要大动量变化及小能量变化的区域边界声子散射 [图 2.15（c）]。声子散射主要是载流子对声子的发射或吸收。在低场（V_{DS}）下，因为电子没有足够的能量与高能声子相互作用，声学声子散射 [图 2.15（a）] 是唯一的散射过程，在这种情况下，电阻与温度成反比，因为散射率由可用声子的数量决定，而声学声子的数量与温度成正比[88]。考虑到能量较高的情况下（与室温相比，k_BT 约 25 meV），光学和区域边界声子在室温下不存在，因此这种情况下仅存在电子的声子发射 [图 2.15（b）和（c）]。

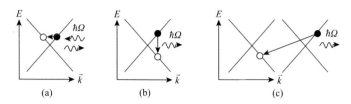

图 2.15　金属性单壁碳纳米管中允许的电子后向散射过程

（a）声学声子；（b）光学声子；（c）带能量 $\hbar\Omega$ 的区域边界声子

在高 V_{DS} 下，电子可获得足够的能量来发射光学和区域边界声子，从而产生电子的后向散射。只要高能声子散射的平均自由程远小于单壁碳纳米管的长度，我们就可以假设，当电子获得足够的能量来发射高能声子时其立即进行反向散射。在一个方向上运动的电子与在相反方向上运动的电子的稳态布居数的能量差为 $\Delta E = \hbar\Omega$（对应于声子能量）。因此，电子携带的净电流由式（2.13）给出：

$$I_0 = (4e / h)\hbar\Omega \qquad (2.13)$$

结合高能声子的能量 $\hbar\Omega$ 约 0.16 eV，可得 I_0 约 25 μA，这解释了为什么金属性单壁碳纳米管（长度 >100 nm）的饱和电流在 20～25 μA 之间。Yao 等首次报道了这种饱和电流 [图 2.16（a）][6]，并将得到的结果与基于玻尔兹曼输运方程的数值计算进行拟合，找到了光学声子散射的平均自由程 $l_{pb} = 10$ nm。后来有两个不同的实验[89,90]系统地描述了不同长度金属性单壁碳纳米管在低偏压和高偏压下的电流-电压特性。通过测量不同长度单壁碳纳米管和 Pd 的欧姆接触 [图 2.17（b）][89]，或使用镀金 AFM 尖端点接触单壁碳纳米管 [图 2.16（c）][90]，以得到不同长度碳纳米管的饱和电流。如图 2.16（b）和（c）所示，两个实验中观察到了类似的 I_{DS}-V_{DS} 特性，在高偏压下短纳米管（<100 nm）的电流没有达到饱和，几乎呈线性增加，但斜率与低偏压区不同。这种非饱和、高偏压现象可能是因为短纳米管的长度接近高能声子散射的平均自由程，因此并非所有电子的能量损失都传递

给了光学声子和区域边界声子。一维金属性单壁碳纳米管的电阻率 ρ 可以写成散射平均自由程l的函数，通过扩展 Landauer 公式可得[91]：

$$\rho = (h / 4e^2)(1 / l) \tag{2.14}$$

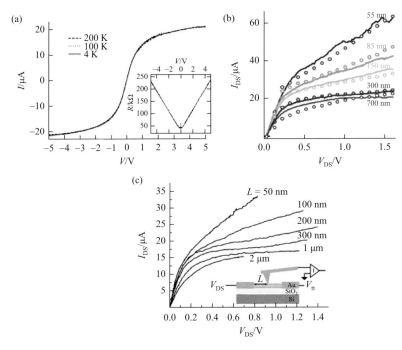

图 2.16 电子通过金属性单壁碳纳米管从低偏压区到高偏压区的传输：（a）长度为 1 μm 碳纳米管在高偏压下的饱和电流，插图是 $R = \dfrac{V}{I}$ 与偏压的对比图；（b，c）不同长度金属性单壁碳纳米管的电流-电压特性，插图是测量的示意图

V：偏压；I：电流；V_{DS}：源漏电压；I_{DS}：源漏电流；L：沟道长度；V_{tt}：终端电压

如图 2.16（b）和（c）所示，通过测量不同偏置状态下的微分电阻，可以推导出各种声子散射过程（如低能声子与高能声子）的平均自由程[89, 90]。由于将低偏压输运主要归因于声学声子散射，而高偏压输运主要归因于高能光学声子和区域边界声子，因此测量的每个偏压区的平均自由程可视为每种声子散射的平均自由程。测量发现低能声子散射平均自由程分别为约 300 nm[89]和 1.6 μm[90]，高能声子散射平均自由程在 10～15 nm 之间[6, 89, 90]。高能声子散射的平均自由程明显比低能声子散射的平均自由程短，表明高能声子的电子-声子耦合强度更高。低偏压下平均自由程的巨大差异可能是因为实验测量单壁碳纳米管的种类不同，或碳管中存在缺陷等额外的散射中心。如图 2.16（b）所示，较短的金属性单壁碳纳米

管的载流子电流可以超过 60 μA。此外，悬浮的单壁碳纳米管的最大电流要小得多 [图 2.17（b）]，这是由衬底散热不足的自热效应所导致，表明良好的散热性在高性能载流传输中非常重要[92]。

理论上，单壁碳纳米管中电子-声子散射的平均自由程可根据费米黄金定律 [式（2.12）] 计算，电子-声子耦合势可以用紧束缚方法或密度泛函理论计算。产生的高能光学和区域边界声子散射的平均自由程取决于计算的电子-声子耦合强度，范围为 30～150 nm [89-91, 93-95]，比实验测得的 10～15 nm [6, 89, 90] 长得多。造成这种差异的主要原因是非平衡高能声子布居和局部加热效应，因为热声子的产生时间比高能声子的热化时间快得多，所以会导致声子发射和电子后向散射吸收[92, 93, 96, 97]。这种效应对于悬浮的碳纳米管更为明显，但由于常用的 SiO$_2$ 衬底散热能力差，因此也会影响分布在衬底上碳纳米管的性能。在半导体单壁碳纳米管中，主要的散射机制也是低能和高能声子，并且已经在理论上进行了研究[95, 98-102]。由于半导体单壁碳纳米管中的感应电荷密度随栅极电压变化，散射速率也取决于栅极电压和其他子带[95, 98, 101, 102]。此外，在碳纳米管场效应晶体管中，金属接触可能是另一个散射源，这很大程度上取决于金属界面的肖特基结性质。

2. 散射对碳纳米管性能的影响

在室温下高纯度金属性单壁碳纳米管的主要散射机制是电子-声子散射。声学声子的散射在较小的源漏偏压下占主导地位[88, 90, 103]，而光学和区域边界声子的散射则在较大的偏置电压下对单根碳纳米管电流造成限制[6, 89, 90]。图 2.17 描述了在氮化物上非悬浮和悬浮段（约 0.5 μm 深的沟槽）金属性碳纳米管的 SEM 图像及在真空下测量的电流-电压特性。可见电流-电压特性曲线的斜率随着偏压的增大而减小，如果碳纳米管悬空，甚至可能为负值。Yao 等首先解释了在高电子能量下电阻的急剧增加及电流饱和[6]，即电子一旦具有接近光学声子能量的过剩能量，就会迅速发射声子。研究人员直接测量了声子极快的发射率[6, 90]（<0.1 ps），除最短的碳纳米管之外，这种发射过程将其他纳米管中的电流限制为小于 $I_{max} = (4e^2/h)(\hbar\omega_0/e)$ 约为 25 μA。在室温下，具有与光学声子平均自由程[6, 89, 90]（$l_{op} \approx 10$ nm）相当的短沟道（L 为 10～15 nm）的器件在高电场状态（V_{SD} 约 1.5 V）中表现出高达 110 μA 的持续电流[104]。

这种声子发射产生的过剩能量可能很大，会显著增加碳纳米管的温度，特别是对于悬浮的碳纳米管。产生的声子可以散射额外的电子，从而进一步增加电阻。对于悬浮的碳纳米管来说，这种效应非常强，会产生负微分电阻[92]，并且可以观察到与沿碳纳米管热流模型[92]非常吻合的特性。当温度上升到 1000 K 时，甚至会产生显著的光发射现象[105]。

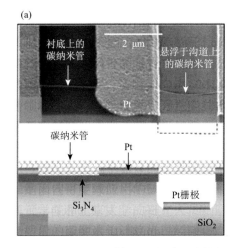

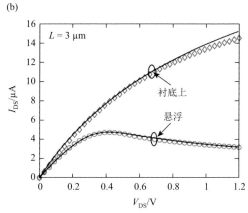

图 2.17 非悬浮和悬浮金属性碳纳米管的 SEM 图像（a）及在真空下的电流-电压特性（b）

研究表明，声子散射也限制了半导体性碳纳米管器件的性能。图 2.18 显示了具有良好接触的高纯度碳纳米管器件的线性电导的温度依赖性[106]。导通电阻随温度线性增长，表明声子的散射也随温度线性增长，迁移率 $\mu = (L^2/C_G)\mathrm{d}G/\mathrm{d}V_G$ 也表现出类似特性。通过对许多半导体器件的测量，得出以下导通时平均自由程和迁移率的近似表达式：

$$l_{\mathrm{ap}}(\mathrm{ON}) \approx 0.3\ \mu\mathrm{m} \cdot d_{\mathrm{t}}(\mathrm{nm})\frac{300\mathrm{K}}{T} \tag{2.15}$$

$$\mu_{\mathrm{ap}}(\mathrm{max}) \approx 1000\ \frac{\mathrm{cm}^2}{\mathrm{V}\cdot\mathrm{s}} \cdot (d_{\mathrm{t}}(\mathrm{nm}))^2 \frac{300\mathrm{K}}{T} \tag{2.16}$$

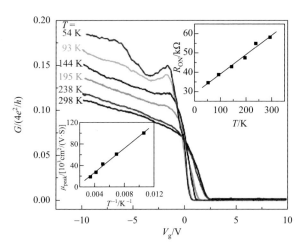

图 2.18 不同温度下 p 型半导体性碳纳米管晶体管的电导率和迁移率

V_{g}：栅电压；R_{ON}：导通电阻

峰值迁移率与纳米管直径的二次方相关，与理论预测一致$^{[95,\,101,\,107]}$。这种依赖性是有效质量和散射率随着直径的增加而降低造成的。

高纯度半导体性碳纳米管的迁移率非常高$^{[7,\,106,\,108\text{-}110]}$。对于图 2.18 中的器件，室温下 μ_{peak} 约 $15000\ \text{cm}^2/(\text{V}\cdot\text{s})$，在 $T=50\ \text{K}$ 时增长到大于 $100000\ \text{cm}^2/(\text{V}\cdot\text{s})$，远远超过硅 MOSFET 的迁移率，这极大激发了人们对碳纳米管晶体管的研究兴趣。

2.2.3　电接触

硅基 CMOS 技术于 20 世纪 60 年代首次推出，自 20 世纪 80 年代起成为主流集成电路技术，发展至今将达到性能极限，这激发了全球范围内开发新的替代技术的研究热情。基于碳纳米管的 CMOS 保持了场效应晶体管原理，但用碳纳米管取代传统硅材料时，由于硅体材料固有的费米能级钉扎，金属半导体接触后肖特基势垒高度的变化不直接依赖于金属功函数，很难形成欧姆接触。一维碳纳米管具有完美的晶体结构，且其表面不存在悬挂键，金属-碳纳米管界面处的费米能级钉扎效应较弱$^{[111]}$。这是因为在一维通道中，任何界面状态引起的电位变化在远离界面的区域中迅速衰减为零。因此，在金属-碳纳米管界面上形成的肖特基势垒比体材料中低得多。肖特基势垒高度主要由金属电极的费米能级与碳纳米管的价带或导带边缘位置之间的能量差决定$^{[112]}$。

1. 单根碳纳米管欧姆接触

形成欧姆接触是制造高性能场效应晶体管的先决条件。与传统半导体材料通过重掺杂形成欧姆接触的方法不同，碳纳米管上的欧姆接触只能依赖于选择功函数高或低的金属电极，形成零或负肖特基势垒。同时碳纳米管晶体管的极性是由沟道中选择性地将电子或空穴注入来实现的，由多数载流子类型控制$^{[113]}$。通过掺杂来控制碳纳米管的电子特性是困难的，半导体性碳纳米管不能使用传统方法如离子注入进行掺杂$^{[114\text{-}117]}$。因此，合适的金属电极对于研发高性能碳纳米管场效应晶体管尤为关键。如果使用具有高功函数的金属与碳纳米管接触，则电极的费米能级将接近碳纳米管的价带，空穴比电子更容易注入沟道，形成 p 型晶体管$^{[9,\,114\text{-}118]}$。另外，如果使用低功函数金属与碳纳米管接触，电极的费米能级将接近碳纳米管的导带，从而形成 n 型晶体管。尽管碳纳米管场效应晶体管的极性受接触电极功函数的影响，但功函数并不是决定金属-碳纳米管界面肖特基势垒的唯一因素。金属原子的键合构型与碳纳米管的润湿性会显著影响碳纳米管的运输行为。

金属性单壁碳纳米管的透明电学触点显示其为弹道导体，同时通过高质量半导体单壁碳纳米管的价带和导带的载流子传输也可能是弹道的，并且高 κ 介电层已可与碳纳米管场效应晶体管集成，这为实现基于分子电子材料的弹道场效应晶体管提供了机会。然而，早期的碳纳米管场效应晶体管主要通过将碳纳米管与铂[9]和金[118]接触来制造，所得场效应晶体管总是表现出 p 型特性，对于较大的负栅极偏压表现为开态。受限于半导体性碳纳米管的非理想接触，迄今为止制造的单壁碳纳米管场效应晶体管的一个共同特征是在碳纳米管-金属结处存在显著的肖特基势垒，产生巨大的接触电阻，由于热离子发射和隧穿涉及跨肖特基势垒的传输，开态电流随着势垒高度的增加呈指数级减小，严重限制了晶体管在开态下的电导，并降低了电流传输能力，而电流传输能力是评价器件性能的关键因素。

碳纳米管场效应晶体管的欧姆接触直到 2003 年才实现。斯坦福大学戴宏杰等发现 Pd 可以与碳纳米管形成良好的 p 型欧姆接触[11]，并在室温下实现了第一个弹道式碳纳米管场效应晶体管。Pd 是一种具有高功函数且与碳纳米管具有良好润湿性的贵金属，可抑制金属-碳纳米管接触处的势垒，消除通过纳米管价带运输的障碍（图 2.19）。使用 Pd 触点，p 型半导体性碳纳米管的"ON"状态表现出接近弹道传输极限的室温电导[11]。

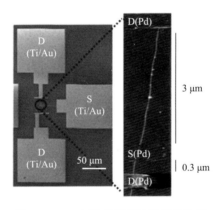

图 2.19　Pd 电极背栅碳纳米管晶体管

D：漏极；S：源极

具有 Pd 接触的碳纳米管场效应晶体管的传输特性取决于碳纳米管的直径 d 和长度 L。对于 $d<2\,nm$ 的碳纳米管，Pd 触点处的势垒高度明显较低，但消除它们更加困难，因为带隙与 $1/d$ 成正比。将碳纳米管通道长度减少到 300 nm，接触电阻降低最为明显，此时接近弹道传输。较长的碳纳米管会产生额外散射，但关于散射的精确特性难以捉摸，这可能是由结构缺陷、机械弯曲或化学不均匀性等所造成的。此后，研究人员发现 Rh 等其他金属也可与碳纳米管形成欧姆接触[119]，并实现了具有接近弹道传输极限的室温电导，从而彻底解决了碳纳米管场效应晶体管的 p 型欧姆接触问题。

与 p 型欧姆接触相比，碳纳米管场效应晶体管的 n 型欧姆接触更难实现，基于 n 型碳纳米管的零肖特基势垒的弹道运输碳纳米管场效应晶体管已成为限制碳基 COMS 发展的关键因素[120-125]。虽然 Al 和其他低功函数金属被用于接触碳纳米管，并观察到明显的 n 型场效应，但仍然存在较大的肖特基势垒[126, 127]。金属 Sc 具有合适的低功函数，可与 n 型碳纳米管形成共价键合，并且与碳纳米管具有出色的润湿性，与单壁碳纳米管的导带几乎完美接触，是制造 n 型碳纳米管场效应晶体管的理想电极材料。北京大学彭练矛课题组利用 Sc 接触制备了 n 型碳纳米管场效应晶体管[128]，在较大正向栅压时表现出导通状态和近弹道输运的高电导。导通状态下，由于低温声子散射减少而电导率增加，晶体管表现出典型的类似金属的温度依赖行为和近线性的输出特性曲线，这说明从 Sc 电极注入碳纳米管导带的电子实际上是无势垒的，即 Sc 与碳纳米管的 n 沟道形成欧姆接触，这与 Pd 构成的 p 型碳纳米管场效应晶体管中的欧姆接触具有最佳匹配，形成高性能反相器（图 2.20）。

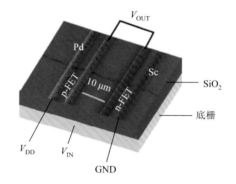

图 2.20　基于 Pd-Sc 电极实现欧姆接触的碳纳米管反相器

V_{IN}：输入电压；V_{DD}：工作电压；V_{OUT}：输出电压

　　半导体性碳纳米管在导带和价带之间具有几乎完全对称的能带结构，因此电子和空穴的有效质量基本相同。这种能带结构对称性原则上可能会导致 n 型和 p 型场效应晶体管具有相同的电子和空穴迁移率并表现出类似的性能，这是实现完美 CMOS 性能所必需的。碳纳米管场效应晶体管的极性控制可通过选择电极材料来实现，即选择 p 型碳纳米管场效应晶体管中的 Pd 电极和 n 型碳纳米管场效应晶体管的 Sc 电极，从而产生无掺杂的近弹道 CMOS 技术。Pd 电极的费米能级与碳纳米管的价带对齐良好，提供接近弹道输运特征的 p 型导电通道。对于 Sc 接触式碳纳米管，Sc 电极的费米能级与碳纳米管的导带对齐良好，提供接近弹道的 n 型沟道电导和较大的导通电流。这种欧姆接触工艺基于碳纳米管无掺杂 CMOS 技术工作原理，预计这些原理对其他一维半导体仍然有效，如具有小直径的半导体纳米线。

　　尽管 Sc 是 n 型碳纳米管场效应晶体管的理想电极金属，但其过高的价格和稀缺性将阻碍未来大规模应用。科研人员用金属 Y 代替 Sc 作为触点制备出碳纳米管场效应晶体管，并与 Sc 接触式碳纳米管场效应晶体管的性能进行比较，发现 Y 接触碳纳米管场效应晶体管在许多方面优于 Sc 接触[129]。由于 Y 具有极高的成本效益和广泛的工业应用场景，预计 Y 接触式器件将更适合制造大规模集成的纳米电子电路。

2. 碳纳米管薄膜欧姆接触

碳纳米管纯化技术发展迅速，目前已可实现高纯度半导体性碳纳米管溶液的规模化制备[130-132]，因此利用网状碳纳米管薄膜制备薄膜晶体管受到广泛关注[133]。碳纳米管薄膜是由大量碳纳米管平行排布或随机搭接组成的平面网状结构，其电学性能主要受到交叉搭接节点数目的影响。此外，薄膜中金属性与半导体性碳纳米管的比例以及薄膜中单根碳管的直径、长度、管束大小等均会影响薄膜的导电性。

利用碳纳米管薄膜制备器件的工艺相对简单，采用碳纳米管溶液沉积方法，将基底放入碳纳米管分散液中静置或者水浴加热一定时间，即可得到均匀的碳纳米管薄膜。此外，通过在基底表面旋涂碳纳米管溶液分散剂，也可得到大面积均匀的碳纳米管薄膜。日渐成熟的碳纳米管成膜方法与主流微纳加工工艺兼容，有效解决了碳纳米管的取向和位置难以控制的问题[134-136]。同时，在室温下制备的碳纳米管薄膜具有稳定的化学性质，不与空气发生反应，可在 450℃以下保持稳定[137]。应用碳纳米管薄膜制备晶体管克服了现有薄膜晶体管制备工艺中对基底材料和工艺温度的限制，扩展了加工温度范围而不会损伤器件性能。与传统晶体管相比，碳纳米管薄膜晶体管具有更高的迁移率和良好的电流开关特性，最有可能率先应用于集成电路、逻辑芯片等碳基微纳电子领域。

上文已经描述了关于单根碳纳米管器件的电学接触性能，但大面积宏观碳纳米管薄膜的导电性与单根碳纳米管有较大区别。用于分离和提纯的分散剂广泛覆盖于碳纳米管表面，这些附着物增加了薄膜导通的电阻。薄膜中碳纳米管手性的差异和直径的分布不均，使得薄膜的电学性能难以预估。不同结构碳纳米管形成的交叉节点等诸多复杂因素导致碳纳米管薄膜的电学性质相较于单根碳纳米管存在显著差异。

根据前文单根碳纳米管器件欧姆接触性能的分析，功函数较高的金属如 Pd 与碳纳米管接触后接近价带位置[9]，且 Pd 与碳纳米管的浸润性良好，因此相对于碳纳米管价带几乎无势垒，形成理想的 p 型欧姆接触。而 Au 电极相较于 Pd 而言，其与碳纳米管的接触浸润性稍差一些[118]，在靠近界面处形成较薄的隧穿层及近欧姆接触。低功函数金属与碳纳米管形成肖特基接触，Ti 的功函数因位于碳纳米管带隙中间位置，理论上与碳纳米管形成双极型接触。其他金属如 Al 的功函数更接近碳纳米管的导带，但由于沟道中的碳纳米管吸附空气中的氧气和水蒸气形成 p 型掺杂，所以二者相对于价带都会存在较高势垒。

　　碳纳米管薄膜与金属电极的接触行为与单根碳纳米管类似。由于费米能级钉扎效应很弱，可以依照单根碳纳米管接触的调控方法，通过选择具有不同功函数的接触电极来调节金属-碳纳米管薄膜肖特基势垒的高度。北京大学彭练矛团队详细研究了 Pd、Au、Ti、Al 四种金属与碳纳米管薄膜的接触效应[133]，研究人员在硅基底上沉积碳纳米管薄膜，通过蒸镀不同类型的电极构成碳纳米管薄膜晶体管，探索不同功函数金属与薄膜接触的电学行为，发现 Pd 与碳纳米管薄膜形成优异的欧姆接触，Au 形成近似欧姆接触，而 Ti 和 Al 则形成肖特基接触（图 2.21）。

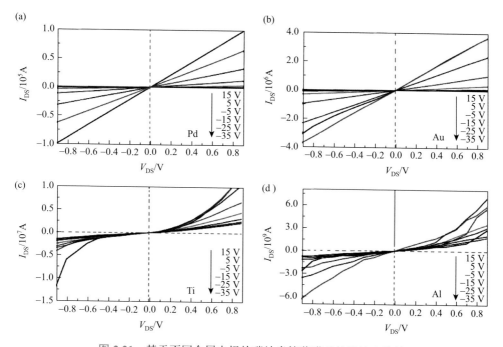

图 2.21　基于不同金属电极的碳纳米管薄膜晶体管输出特性

V_{DS}: 源漏电压; I_{DS}: 源漏电流

　　但是与单根碳纳米管晶体管特性不同，利用碳纳米管薄膜制备出的薄膜晶体管中包含了大量的碳纳米管，尽管薄膜均匀性较好，但其中半导体性碳纳米管的手性和直径并不完全相同，因此其电学行为比单根碳纳米管更复杂。分散于溶液中碳纳米管的直径主要分布在 1.4～1.6 nm，平均直径为 1.5 nm；金属电极将同时与多根碳纳米管搭接形成不同的接触类型，因而会依据电极实际接触的碳纳米管数目而造成整体开态电流的波动。如前所述，高功函数电极 Pd 和 Au 与多根碳纳米管之间均有良好接触，因而应用在碳纳米管薄膜电极时几乎不形成势垒，因此使用这两种电极制备的碳纳米管薄膜晶体管的电流波动范围较小。而对于使用低功函数 Ti 和 Al 两种电极构建的薄膜晶体管，除了电极实际搭接的单根碳纳米管数目因素以外，电极与每根碳纳米管之间都形成了肖特基接触，界面整体表现出明显的势垒高度，且碳纳米管直径的分布不均匀导致了相应势垒高度的波动性，这些累加的因素共同导致 Ti 和 Al 与碳纳米管薄膜接触后整体器件性能的波动。

尽管金属种类是影响碳纳米管薄膜晶体管电学特性的直接因素，但偏压也可间接影响具有不同电极接触类型的晶体管性能。在低偏压下，Ti、Al 电极由于存在肖特基势垒引入的接触电阻，导致晶体管的开态电流较小；随着偏压的增加，载流子会逐渐越过势垒实现导通，达到较高开态电流值，可接近 Pd、Au 电极条件下的欧姆接触水平。一般而言，变温测量可以得到接触界面的具体肖特基势垒高度值，这是因为随着温度的降低，越过肖特基势垒从电极进入沟道中的载流子减少导致电流下降，针对电流-电压特性可以提取出有效的势垒高度。但对于碳纳米管薄膜晶体管而言，由于沟道中碳纳米管间相互搭接形成不计其数的交叉节点，在温度降低时，交叉结间的电导率将会显著下降，这使得导电行为发生明显变化。综合考虑这两种因素的影响，无法通过单一变温电学测量得到碳纳米管薄膜与金属电极间肖特基势垒的高度。

在碳纳米管薄膜晶体管中，电极接触特性是保证器件性能的关键因素，同时器件结构、栅介质等因素也会对器件的有效迁移率产生影响，但对沟道材料的本征迁移率影响很小。具有良好欧姆接触的薄膜晶体管，如使用 Pd 触点的晶体管迁移率最接近碳纳米管薄膜的本征迁移率，而使用 Ti 和 Al 触点的器件受到接触界面肖特基势垒的影响，其有效迁移率远小于碳纳米管薄膜的本征迁移率。通过有效的器件设计、合理的电极选择，未来有望获得高性能的碳纳米管薄膜晶体管。

3. 碳纳米管的整流行为

通过选择不同功函数的金属可与碳纳米管形成欧姆接触或肖特基接触，这种无掺杂的技术手段使得碳纳米管产生整流行为，同时可以将电子学和光电子学结合在一起，形成一个更高效的集成系统，在应用于光电二极管时具有独特优势。

Uchino 等利用 Pd 接触电极[138]，详细研究了碳纳米管/硅异质结的电学特性（图 2.22），观察到直径为 1.2～2.0 nm 的碳纳米管与 n 型硅衬底的整流特征，理想因子为 1.1～2.2，并利用电流-电压温度依赖性估算出肖特基势垒高度为 0.3～0.5 eV，揭示了碳纳米管/硅二极管的整流行为。

二极管是现代信息处理和通信系统最基本的组成部分。然而，二极管的小型化成为发光二极管、光电探测器和太阳能电池等光电子器件小型化的瓶颈，使集成电子和光子电路面临巨大挑战。具有纳米级沟道长度的碳纳米管为解决这一难题带来了希望，北京大学彭练矛等利用 Pd 和 Sc 电极制备碳纳米管二极管，将沟道长度缩小到 50 nm 以下（图 2.23），器件显示出良好的整流特性和光伏响应[139]。作为基本构件，这种微小的光电二极管可用于纳米级整流器、光电探测器、光源和高效光伏器件等。

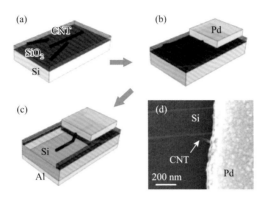

图 2.22　碳纳米管/硅异质结示意图

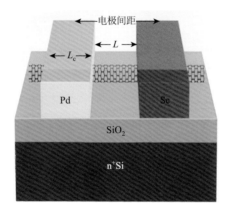

图 2.23　单壁碳纳米管光电二极管

L_c：接触宽度；L：沟道长度；n^+Si：重掺杂硅

　　另外，接触势垒在控制晶体管传输特性方面也发挥着重要作用，利用不对称触点（如一侧欧姆触点和另一侧肖特基触点）可以构造栅极可逆整流二极管[140, 141]，利用碳纳米管晶体管沟道双极性行为可构造肖特基势垒碳纳米管晶体管[115]。清华大学范守善等在肖特基势垒晶体管的基础上开发了一种具有可重构整流特性的碳纳米管晶体管（图 2.24），通过栅极调制将双极性碳纳米管沟道在 p 型和 n 型之间转换以实现正向和反向整流的切换[142]。在不同栅压下，空穴和电子只能通过更窄的势垒从漏极注入通道，这使晶体管具有可重构的整流行为，并基于此制作了半波整流器，有效地扩展了基于碳纳米管的多功能器件。

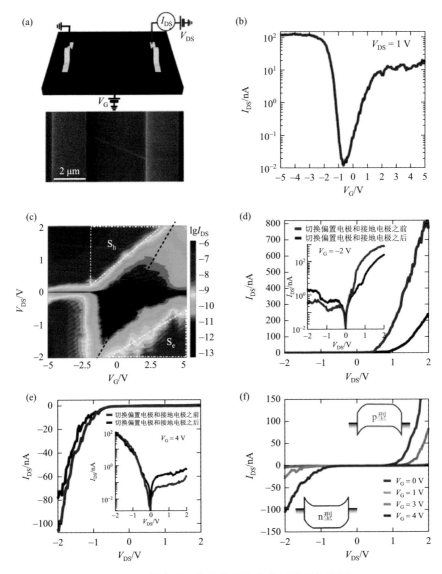

图 2.24　具有可重构整流行为的碳纳米管晶体管

V_G：栅极电压；V_{DS}：源漏电压；I_{DS}：源漏电流

2.2.4　掺杂技术

　　掺杂技术是指用杂质原子部分取代碳纳米管卷曲石墨烯片层中的碳原子以改变其本征属性。碳元素在自然界中分布广泛，可与大多数金属和非金属原子结合成键。碳纳米管掺杂主要包括原位掺杂和后处理掺杂两种方式。前者通过在碳纳米管的生长过程中引入掺杂原子，直接生长得到掺杂的碳纳米管；后者则是对碳纳米管进行后续改性处理实现掺杂。通过掺杂可以有效调控碳纳米管的结构与性能，得到金属性、半导体性富集的碳纳米管。

　　研究人员通过调节单壁碳纳米管的生长条件，如气氛、碳源、温度、催化剂成分及形貌、原位氧气刻蚀、紫外光辐照等，可直接制备出高纯度的半导体性单壁碳纳米管[143-145]，而金属性单壁碳纳米管可控制备的报道相对较少。究其原因，一方面，金属性和半导体性单壁碳纳米管的原始比例约为 1∶2，半导体性的起始比例高于金属性；另一方面，金属性单壁碳纳米管的化学反应活性高于半导体性，在弱氧化气氛如少量的水蒸气和氧气中容易被优先刻蚀，所以获得金属性单壁碳纳米管的难度更高。研究表明异质原子掺杂可以改变碳纳米管的电子结构从而改变其导电属性。由于 N、B 原子和 C 原子大小相近，所以比较容易实现碳纳米管的掺杂，并在引起较小结构缺陷的情况下改变其电子结构。值得注意的是，具有理想结构的碳纳米管呈化学惰性，引入异质原子还可增加碳纳米管的活性位点以提高其化学活性，并促进改性后的碳纳米管在复合材料、传感和催化等领域的应用。

1. 碳纳米管的掺杂方式

　　由于 B 原子比 C 原子少一个电子，当 B 原子取代碳纳米管中的 C 原子时，周围三个 C 原子会与其连接形成共价键。在 N 掺杂碳纳米管中，N 原子与 C 原子存在两种成键方式：即一个 N 原子取代一个 C 原子后与邻近的三个 C 原子连接成共价键；或者 N 原子取代 C 原子后在原位置形成一个空位缺陷，N 原子与两个 C 原子形成共价连接。当 N 掺杂碳纳米管的成键方式为第一种即三键构型时，碳纳米管上多出一个电子，容易与电子受体型分子发生反应。当 N 掺杂碳纳米管的成键方式为第二种即双键构型时，N 原子掺杂位置、掺杂量的差异会导致碳纳米管不同的电学行为，表现出 p 型或 n 型半导体特征。一般而言，虽然原子掺杂几乎没有改变单壁碳纳米管的形貌特征，但是会影响多壁碳纳米管的形貌。通过原位掺杂方式对碳纳米管进行 N 掺杂，其管状结构仍然可以保持，但呈现出"竹节状"特征。

　　掺杂碳纳米管制备方法包括电弧法、激光法和化学气相沉积（CVD）法等。电弧法最早被用于掺杂碳纳米管的合成，1994 年，Stephan 等以石墨作为阴极[146]、B 填充的石墨作为阳极，在 N_2 气氛下起弧放电制备出 BN 双掺杂碳纳米管。2002 年，Droppa 等采用电弧放电技术在 N_2、He 混合气氛中使用铁镍钴催化剂制备出 N 掺杂单壁碳纳米管束[147]。1997 年，Iijima 团队首次采用激光烧蚀法以 BN 为掺杂源在氮气中合成了 BN 双掺杂碳纳米管[148]，并根据化学成分的轴向和径向分布以及形态变化的详细表征提出了一种新的生长机制。Terrones 等采用激光刻蚀方法在硅基钴催化剂薄膜上裂解氨基二氯三吖嗪[149]，定向生成了 N 掺杂的碳纳米管。Sen 等在高温还原条件下[150]，对含 N 杂芳烃进行热解，高效制备出 N 掺杂碳纳米管。与电弧法和激光烧蚀法相比，CVD 制备工艺相对简单，且易于实现规模化制备，因而成为制备掺杂碳纳米管的主流方法。清华大学梁吉等以 Fe_3O_4 纳米颗粒为催化剂[151]、B_2H_6 为硼源、甲烷为碳源，通过电子回旋共振化学气相沉积在多孔硅上合成出 B 掺杂碳纳米管。清华大学魏飞等采用层状的 Fe-Mo/蛭石催化剂载体[152]，通入氨气作为氮源，于高温下在流化床中稳定、批量制备出 N 掺杂碳纳米管阵列（图 2.25），并促进其在电化学、催化、能量转换和存储方面的应用。北京大学邹如强等制备的一种 BN 共掺杂碳纳米管包覆纳米芽状方硒钴矿型 $CoSe_2$ 材料[153]，作为电池负极材料展现出了高容量和高倍率性能。

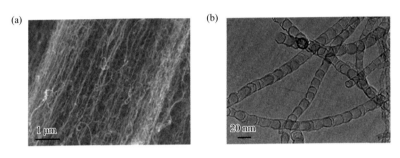

图 2.25   氮掺杂碳纳米管的微观形貌

近年来，碳纳米管的 P、S 掺杂研究也取得了较大进展（图 2.26）。P 原子可与石墨层中的 C 原子结合，但与 B 或 N 原子掺杂方式不同，P 原子的 3p 轨道是 sp^3 杂化，P—C 键由 P 的 3p 轨道和 C 的 2p 轨道重叠形成，产生较大晶格失配。S 原子掺杂也会产生类似的问题，使得石墨原子平面发生明显的晶格畸变，同时也增强了碳纳米管的反应活性。中国石油大学（北京）宁国庆等采用后处理工艺[154]，将 CVD 合成的多壁碳纳米管与硫酸镁混合，通过高温煅烧制备出 S 掺杂碳纳米管，并将其稳定地分散在水中形成水性导电浆料，用作锂离子电池正极的导电添加剂，其表现出优异的电化学性能。上海交通大学张亚非等采用石墨电弧放电方法[155]，成功合成出 S 掺杂的半导体单壁碳纳米管。Cruzsilva 等使用二茂铁、三苯基膦和苄胺的混合溶液[156]，结合喷雾热解通过 CVD 合成了 PN 双掺杂的多壁碳纳米管阵列。Maciel 等将三苯基膦作为磷源添加到二茂铁溶液中[157]，采用 CVD 制备出高热导率的 P 掺杂单壁碳纳米管。

掺杂原子在碳纳米管中有限的原子比仍是有待解决的问题，随着新型合成工艺的研发及高效掺杂源的探索，未来有望制备出高掺杂量、多掺杂类型且可控的碳纳米管材料。

(a) 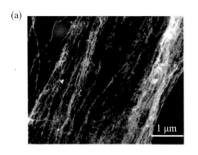　(b)

1 μm　20 nm

图 2.26　S 掺杂碳纳米管的微观形貌

2. 碳纳米管掺杂技术的应用

掺杂作为调控碳纳米管性质的有效手段，衍生出的多种新颖结构与特性正引起研究者的关注。受到引入杂质原子的影响，碳纳米管的表面电子结构及费米能级会发生变化，因而表现出不同于本征碳纳米管的电学、热学和力学特性等，可广泛应用于场发射源、锂离子电池、复合材料以及催化领域。

N 元素的引入可以增加碳纳米管的电子态密度，使得开启电场强度降低一半，从而表现出更优异的场发射性能。Doytcheva 等在 800 K 的高温下测量了单根 N 掺杂多壁碳纳米管的场发射性能[158]，电流-电压特性和能谱表征显示出类似于金属的场发射行为。在碳纳米管尖端引入更大的 N 掺杂浓度，可以使费米能级附近的电子结构出现峰值，有望进一步提高场发射效率。

Endo 等研究发现 B 掺杂碳纳米管是理想的锂离子电池电极材料[159]，N 掺杂碳纳米管的可逆容量也高于普通的多壁碳纳米管。中国石油大学（北京）宁国庆等发现 S 掺杂碳纳米管可以稳定地分散在水中[154]，形成水性导电浆料连续的导电网络，并表现出优异的电化学性能、良好的循环稳定性，这提供了一种使用水作为溶剂制备高性能锂离子电池正极的简单方法，从而降低了生产成本并提高了安全性。

掺杂碳纳米管可应用于高性能复合材料。聚合物材料由于具有良好的塑性和较低的成本，在许多工艺过程和工程系统中均得到应用。改善聚合物材料性能的常见方法之一是使用填料。由于碳纳米管独特的物理化学特性，将碳纳米管添加到聚合物基体中可赋予其优异的性能。单壁碳纳米管的杨氏模量可达万亿帕斯卡，添加碳纳米管可显著提高聚合物的机械性能。制备高性能复合材料的关键因素是碳纳米管与聚合物的相互结合力，具有完美结构的多壁碳纳米管呈现出化学惰性，因此界面结合力较弱；而掺杂碳纳米管的表面具有更活泼的化学性质，与聚合物结合时表现出更强的作用力。Fragneaud 等利用原子转移自由基聚合方法[160]，将聚苯乙烯"嫁接"到 N 掺杂多壁碳纳米管的外表面，并利用其制备出具有优异力学性能的聚合物复合材料。

　　掺杂碳纳米管还表现出良好的催化活性。美国戴顿大学戴黎明等发现与普通的碳纳米管相比[161]，垂直排列的含 N 碳纳米管具有更高的电催化活性、更低的过电位、更弱的交叉效应和更好的操作稳定性。掺杂后碳纳米管的表面作用力增强，使得催化剂可以均匀分散在其外表面并具有较高的长期稳定性。在掺 N 碳纳米管中，N 原子的引入使其周围的 C 原子显正电性，因而掺 N 碳纳米管对氧化还原反应具有催化活性，并且这种技术手段可以应用于多种其他高效催化剂的设计和开发。基于碳纳米管掺杂开发的化学修饰和手性改造展现出巨大的应用潜力。

参 考 文 献

[1] Baughman R H，Zakhidov A A，de Heer W A. Carbon nanotubes-the route toward applications. Science，2002，297（5582）：787-792.

[2] de Volder M L，Tawfick S H，Baughman R H，et al. Carbon nanotubes：present and future commercial applications. Science，2013，339（6119）：535-539.

[3] Zhang Z，Peng J，Zhang H. Low-temperature resistance of individual single-walled carbon nanotubes：a theoretical estimation. Applied Physics Letters，2001，79（21）：3515-3517.

[4] Zhou C W，Kong J，Dai H J. Electrical measurements of individual semiconducting single-walled carbon nanotubes of various diameters. Applied Physics Letters，2000，76（12）：1597-1599.

[5] Zhou C W，Kong J，Dai H J. Intrinsic electrical properties of individual single-walled carbon nanotubes with small band gaps. Physical Review Letters，2000，84（24）：5604-5607.

[6] Yao Z，Kane C L，Dekker C. High-field electrical transport in single-wall carbon nanotubes. Physical Review Letters，2000，84（13）：2491-2494.

[7] Durkop T，Getty S A，Cobas E，et al. Extraordinary mobility in semiconducting carbon nanotubes. Nano Letters，2004，4（1）：35-39.

[8] Lin Y M，Appenzeller J，Chen Z H，et al. High-performance dual-gate carbon nanotube FETs with 40-nm gate length. IEEE Electron Device Letters，2005，26（11）：823-825.

[9] Tans S J，Verschueren R M，Dekker C. Room-temperature transistor based on a single carbon nanotube. Nature，1998，393（6680）：49-52.

[10] White C T，Todorov T N. Carbon nanotubes as long ballisticconductors. Nature，1998，393（6682）：240-242.

[11] Javey A，Guo J，Wang Q，et al. Ballistic carbon nanotube field-effect transistors. Nature，2003，424（6949）：654-657.

[12] Fischer J E，Dai H，Thess A，et al. Metallic resistivity in crystalline ropes of single-wall carbon nanotubes. Physical Review B，1997，55（8）：4921-4924.

[13] Langer L，Bayot V，Grivei E，et al. Quantum transport in a multiwalled carbon nanotube. Physical Review Letters，1996，76（3）：479-482.

[14] Ebbesen T W，Lezec H J，Hiura H，et al. Electrical conductivity of individual carbon nanotubes. Nature，1996，382（6856）：54-56.

[15] Dai H J，Wong E W，Lieber C M. Probing electrical transport in nanomaterials conductivity of individual carbon nanotubes. Science，1996，272（5261）：523-526.

[16] Frank S，Poncharal P，Wang Z L，et al. Carbon nanotube quantum resistors. Science，1998，280（5370）：1744-1746.

[17] Zhao J J，Xie R H. Electronic and photonic properties of doped carbon nanotubes. Journal of Nanoscience and

Nanotechnology，2003，3（6）：459-478.

[18]　Lee R S，Kim H J，Fischer J E，et al. Conductivity enhancement in single-walled carbon nanotube bundles doped with K and Br. Nature，1997，388（6639）：255-257.

[19]　Lee R S，Kim H J，Fischer J E. Transport properties of a potassium-doped single-wall carbon nanotube rope. Physical Review B，2000，61（7）：4526-4529.

[20]　Bockrath M，Hone J，Zettl A，et al. Chemical doping of individual semiconducting carbon-nanotube ropes. Physical Review B，2000，61（16）：10606-10608.

[21]　Kong J，Zhou C，Yenilmez E，et al. Alkaline metal-doped n-type semiconducting nanotubes as quantum dots. Applied Physics Letters，2000，77（24）：3977-3979.

[22]　Zhang D，Yang J，Li Y. Spectroscopic characterization of the chiral structure of individual single-walled carbon nanotubes and the edge structure of isolated graphene nanoribbons. Small，2013，9（8）：1284-1304.

[23]　Sfeir M Y，Wang F，Huang L M，et al. Probing electronic transitions in individual carbon nanotubes by Rayleigh scattering. Science，2004，306（5701）：1540-1543.

[24]　Bachilo S M，Strano M S，Kittrell C，et al. Structure-assigned optical spectra of single-walled carbon nanotubes. Science，2002，298（5602）：2361-2366.

[25]　Weisman R B，Bachilo S M，Tsyboulski D. Fluorescence spectroscopy of single-walled carbon nanotubes in aqueous suspension. Applied Physics A，2004，78（8）：1111-1116.

[26]　Reich S，Thomsen C，Robertson J. Exciton resonances quench the photoluminescence of zigzag carbon nanotubes. Physical Review Letters，2005，95（7）：077402.

[27]　Wang B W，Jiang S，Zhu Q B，et al. Continuous fabrication of meter-scale single-wall carbon nanotube films and their use in flexible and transparent integrated circuits. Advanced Materials，2018，30（32）：1802057.

[28]　Dresselhaus M S，Dresselhaus G，Eklund P C. Science of Fullerenes & Carbon Nanotubes. San Diego：Academic Press，1996.

[29]　Yakobson B I，Smalley R E. Fullerene nanotubes：C1,000,000 and Beyond. American Scientist，1997，85：324-337.

[30]　Dresselhaus M S，Dresselhaus G，Eklund P C. Carbon nanotubes. Physics World，1998，11（1）：33-38.

[31]　Lu J P. Elastic properties of carbon nanotubes and nanoropes. Physical Review Letters，1997，79（7）：1297-1300.

[32]　Cornwell C F，Wille L T. Elastic properties of single-walled carbon nanotubes in compression. Solid State Communications，1997，101（8）：555-558.

[33]　Cornwell C F，Wille L T. Critical strain and catalytic growth of single-walled carbon nanotubes. Journal of Chemical Physics，1998，109（2）：763-767.

[34]　Hernández E，Bernier P，Rubio A. Elastic properties of C and $B_xC_yN_z$ composite nanotubes. Physical Review Letters，1998，80（20）：4502-4505.

[35]　Treacy M M J，Ebbesen T W，Gibson J M. Exceptionally high Young's modulus observed for individual carbon nanotubes. Nature，1996，381（20）：678-680.

[36]　Krishnan A，Dujardin E，Ebbesen T W，et al. Young's modulus of single-walled nanotubes. Physical Review B，1998，58（20）：14013-14019.

[37]　Wong E W，Sheehan P E，Lieber C M. Nanobeam mechanics：elasticity，strength，and toughness of nanorods and nanotubes. Science，1997，277（5334）：1971-1975.

[38]　Salvetat J P，Briggs G D，Bonard J M，et al. Elastic and shear moduli of singlewalled carbon nanotube ropes. Physical Review Letters，1999，82（5）：944-947.

[39]　Poncharal P，Wang Z L，Ugarte D，et al. Electrostatic deflections and electromechanical resonances of carbon

nanotubes. Science，1999，283（5407）：1513-1516.

[40] Wang Z L，Poncharal P，de Heer W A. Measuring physical and mechanical properties of individual carbon nanotubes by *in situ* TEM. Journal of Physics and Chemistry of Solids，2000，61（7）：1025-1030.

[41] Nardelli M B，Yakobson B I，Bernholc J. Brittle and ductile behavior in carbon nanotubes. Physical Review Letters，1998，81（21）：4656-4659.

[42] Samsonidze G G，Samsonidze G G，Yakobson B I. Kinetic theory of symmetry-dependent strength in carbon nanotubes. Physical Review Letters，2002，88（6）：065501.

[43] Yu M F，Lourie O，Dyer M J，et al. Strength and breaking mechanism of multiwalled carbon nanotubes under tensile load. Science，2000，287（5453）：637-640.

[44] Yu M F，Files B S，Arepalli S，et al. Tensile loading of ropes of single wall carbon nanotubes and their mechanical properties. Physical Review Letters，2000，84（24）：5552-5555.

[45] Zhang R，Wen Q，Qian W，et al. Superstrong ultralong carbon nanotubes for mechanical energy storage. Advanced Materials Interfaces，2011，23（30）：3387-3391.

[46] Bai Y X，Zhang R F，Ye X，et al. Carbon nanotube bundles with tensile strength over 80 GPa. Nature Nanotechnology，2018，13（7）：589-595.

[47] Mingo N，Broido D. Carbon nanotube ballistic thermal conductance and its limits. Physics Review Letters，2005，95（9）：096105.

[48] Balandin A A. Thermal properties of graphene and nanostructured carbon materials. Nature Materials，2011，10（8）：569-581.

[49] Choi T Y，Poulikakos D，Tharian J，et al. Measurement of the thermal conductivity of individual carbon nanotubes by the four-point three-ω method. Nano Letters，2006，6（8）：1589-1593.

[50] Hone J，Whitney M，Piskoti C，et al. Thermal conductivity of single-walled carbon nanotubes. Physical Review B，1999，59（4）：2514-2516.

[51] Yamamoto T，Watanabe S，Watanabe K. Low-temperature thermal conductance of carbon nanotubes. Thin Solid Films，2004，464-465：350-353.

[52] Pettes M T，Shi L. Thermal and structural characterizations of individual single-，double-，and multi-walled carbon nanotubes. Advanced Functional Materials，2009，19（24）：3918-3925.

[53] Berber S，Kwon Y K，Tománek D. Unusually high thermal conductivity of carbon nanotubes. Physical Review Letters，2000，84（20）：4613-4616.

[54] Zhong H，Lukes J R. Interfacial thermal resistance between carbon nanotubes：molecular dynamics simulations and analytical thermal modeling. Physical Review B，2006，74（12）：125403.

[55] Yao Z，Wang J S，Li B，et al. Thermal conduction of carbon nanotubes using molecular dynamics. Physical Review B，2005，71（8）：085417.

[56] Che J W，Çagin T，Goddard III W A. Thermal conductivity of carbon nanotubes. Nanotechnology，2000，11（2）：65-69.

[57] Zhang W，Zhu Z Y，Wang F，et al. Chirality dependence of the thermal conductivity of carbon nanotubes. Nanotechnology，2004，15（8）：936-939.

[58] Kim P，Shi L，Majumdar A，et al. Thermal transport measurements of individual multiwalled nanotubes. Physical Review Letters，2001，87（21）：215502.

[59] Yu C，Shi L，Yao Z，et al. Thermal conductance and thermopower of an individual single-wall carbon nanotube. Nano Letters，2005，5（9）：1842-1846.

[60]　Fujii M，Zhang X，Xie H，et al. Measuring the thermal conductivity of a single carbon nanotube. Physical Review Letters，2005，95（6）：065502.

[61]　Pop E，Mann D，Wang Q，et al. Thermal conductance of an individual single-wall carbon nanotube above room temperature. Nano Letters，2006，6（1）：96-100.

[62]　Choi T Y，Poulikakos D，Tharian J，et al. Measurement of thermal conductivity of individual multiwalled carbon nanotubes by the 3-ω method. Applied Physics Letters，2005，87（1）：013108.

[63]　Li Q，Liu C，Wang X，et al. Measuring the thermal conductivity of individual carbon nanotubes by the Raman shift method. Nanotechnology，2009，20（14）：145702.

[64]　Marconnet A M，Panzer M A，Goodson K E. Thermal conduction phenomena in carbon nanotubes and related nanostructured materials. Reviews of Modern Physics，2013，85（3）：1295-1326.

[65]　Datta S. Electronic Transport in Mesoscopic Systems. New York：Cambridge University Press，1997.

[66]　Imry Y. Introduction to Mesoscopic Physics. New York：Oxford University Press，1997.

[67]　Landauer R. Conductance from transmission：common sense points. Physica Scripta，1992，T42：110-114.

[68]　Natori K. Ballistic/quasi-ballistic transport in nanoscale transistor. Applied Surface Science，2008，254（19）：6194-6198.

[69]　Hazeghi A，Krishnamohan T，Wong H S P. Schottky-barrier carbon nanotube field effect transistor modeling. 6th IEEE Conference on Nanotechnology，2006：238-241.

[70]　Oh S H，Monroe D. Analytic description of short-channel effects in fully-depleted double-gate and cylindrical, surrounding-gate MOSFETs. IEEE Electron Device Letters，2000，21（9）：445-447.

[71]　Brady G J，Way A J，Safron N S，et al. Quasi-ballistic carbon nanotube array transistors with current density exceeding Si and GaAs. Science Advances，2016，2（9）：e1601240.

[72]　Liu L，Han J，Xu L，et al. Aligned，high-density semiconducting carbon nanotube arraysfor high-performance electronics. Science，2020，368（6493）：850-856.

[73]　Mceuen P L，Fuhrer M S，Park H. Single-walled carbon nanotube electronics. IEEE Transactions on Nanotechnology，2002，1（1）：78-85.

[74]　Ando T，Nakanishi T. Impurity scattering in carbon nanotubes-absence of back scattering. Journal of the Physical Society of Japan，1998，67（5）：1704-1713.

[75]　Ajayan P M. Nanotubes from carbon. Chemical Reviews，1999，99（7）：1787-1800.

[76]　Choi H J，Ihm J，Louie S G，et al. Defects，quasibound states，and quantum conductance in metallic carbon nanotubes. Physical Review Letters，2000，84（13）：2917-2920.

[77]　Igami M，Nakanishi T，Ando T，et al. Conductance of carbon nanotubes with a vacancy. Journal of the Physical Society of Japan，1999，68（3）：716-719.

[78]　Kostyrko T，Bartkowiak M，Mahan G D. Reflection by defects in a tight-binding model of nanotubes. Physical Review B：Condensed Matter，1999，59（4）：3241-3249.

[79]　Mceuen P L，Bockrath M，Cobden D H，et al. Disorder，pseudospins，and backscattering in carbon nanotubes. Physical Review Letters，1999，83（24）：5098-5101.

[80]　Ishigami M，Choi H J，Aloni S，et al. Identifying defects in nanoscale materials. Physical Review Letters，2004，93（19）：196803.

[81]　Kim H，Lee J，Kahng S J，et al. Direct observation of localized defect states in semiconductor nanotube junctions. Physical Review Letters，2003，90（21）：216107.

[82]　Lee S，Kim G，Kim H，et al. Paired gap states in a semiconducting carbon nanotube：deep and shallow levels.

Physical Review Letters，2005，95（16）：166402.

[83]　Ouyang M，Huang J L，Cheung C L，et al. Atomically resolved single-walled carbon nanotube intramolecular junctions. Science，2001，291（5501）：97-100.

[84]　Venema L C，Janssen J W，Buitelaar M R，et al. Spatially resolved scanning tunneling spectroscopy on single-walled carbon nanotubes. Physical Review B，2000，62（8）：5238-5244.

[85]　Gómez-Navarro C，de Pablo P J，Gómez-Herrero J，et al. Tuning the conductance of single-walled carbon nanotubes by ion irradiation in the Anderson localization regime. Nature Materials，2005，4（7）：534-539.

[86]　Dubay O，Kresse G. Accurate density functional calculations for the phonon dispersion relations of graphite layer and carbon nanotubes. Physical Review B，2003，67（3）：035401.

[87]　Dresselhaus M S，Eklund P C. Phonons in carbon nanotubes. Advances in Physics，2000，49（6）：705-814.

[88]　Kane C L，Mele E J，Lee R S，et al. Temperature-dependent resistivity of single-wall carbon nanotubes. Europhysics Letters，1998，41（6）：683-688.

[89]　Javey A，Guo J，Paulsson M，et al. High-field quasiballistic transport in short carbon nanotubes. Physical Review Letters，2004，92（10）：106804.

[90]　Park J Y，Rosenblatt S，Yaish Y，et al. Electron-phonon scattering in metallic single-walled carbon nanotubes. Nano Letters，2004，4（3）：517-520.

[91]　Kittel C. Introduction to Solid State Physics. 8th ed. New York：Maruzen，2005.

[92]　Pop E，Mann D，Cao J，et al. Negative differential conductance and hot phonons in suspended nanotube molecular wires. Physical Review Letters，2005，95（15）：155505.

[93]　Lazzeri M，Piscanec S，Mauri F，et al. Electron transport and hot phonons in carbon nanotubes. Physical Review Letters，2005，95（23）：236802.

[94]　Mahan G D. Electron-optical phonon interaction in carbon nanotubes. Physical Review B，2003，68（12）：125409.

[95]　Perebeinos V，Tersoff J，Avouris P. Electron-phonon interaction and transport in semiconducting carbon nanotubes. Physical Review Letters，2005，94（8）：086802.

[96]　Kuroda M A，Cangellaris A，Leburton J P. Nonlinear transport and heat dissipation in metallic carbon nanotubes. Physical Review Letters，2005，95（26）：266803.

[97]　Lazzeri M，Mauri F. Coupled dynamics of electrons and phonons in metallic nanotubes：current saturation from hot-phonon generation. Physical Review B，2006，73（16）：165419.

[98]　d'Honincthun H C，Galdin-Retailleau S，Sée J，et al. Electron-phonon scattering and ballistic behavior in semiconducting carbon nanotubes. Applied Physics Letters，2005，87（17）：172112.

[99]　Guo J. A quantum-mechanical treatment of phonon scattering in carbon nanotube transistors. Journal of Applied Physics，2005，98（6）：063519.

[100]　Guo J，Lundstrom M. Role of phonon scattering in carbon nanotube field-effect transistors. Applied Physics Letters，2005，86（19）：193103.

[101]　Pennington G，Goldsman N. Semiclassical transport and phonon scattering of electrons in semiconducting carbon nanotubes. Physical Review B，2003，68（4）：045426.

[102]　Verma A，Kauser M Z，Ruden P P. Ensemble Monte Carlo transport simulations for semiconducting carbon nanotubes. Journal of Applied Physics，2005，97（11）：114319.

[103]　Appenzeller J，Martel R，Avouris P，et al. Optimized contact configuration for the study of transport phenomena in ropes of single-wall carbon nanotubes. Applied Physics Letters，2001，78（21）：3313-3315.

[104]　Javey A，Qi P，Wang Q，et al. Ten-to 50-nm-long quasi-ballistic carbon nanotube devices obtained without

complex lithography. Proceedings of the National Academy of Sciences，2004，101（37）：13408-13410.

[105] Mann D，Kato Y K，Kinkhabwala A，et al. Electrically driven thermal light emission from individual single-walled carbon nanotubes. Nature Nanotechnology，2007，2（1）：33-38.

[106] Zhou X，Park J Y，Huang S，et al. Band structure，phonon scattering，and the performance limit of single-walled carbon nanotube transistors. Physical Review Letters，2005，95（14）：146805.

[107] Suzuura H，Ando T. Phonons and electron-phonon scattering in carbon nanotubes. Physical Review B，2002，65（23）：235412.

[108] Shim M，Javey A，Kam N W，et al. Polymer functionalization for air-stable n-type carbon nanotube field-effect transistors. Journal of the American Chemical Society，2001，123（46）：11512-11513.

[109] Rosenblatt S，Yaish Y，Park J，et al. High performance electrolyte gated carbon nanotube transistors. Nano Letters，2002，2（8）：869-872.

[110] Li S，Yu Z，Rutherglen C，et al. Electrical properties of 0.4 cm long single-walled carbon nanotubes. Nano Letters，2004，4（10）：2003-2007.

[111] Léonard F，Tersoff J. Role of Fermi-level pinning in nanotube Schottky diodes. Physical Review Letters，2000，84（20）：4693-4696.

[112] Zhang Z Y，Wang S，Peng L M. High-performance doping-free carbon-nanotube-based CMOS devices and integrated circuits. Chinese Science Bulletin，2012，57（2-3）：135-148.

[113] Wang S，Zhang Z Y，Ding L，et al. A doping-free carbon nanotube CMOS inverter-based bipolar diode and ambipolar transistor. Advanced Materials，2008，20（17）：3258-3262.

[114] Heinze S，Tersoff J，Martel R，et al. Carbon nanotubes as Schottky barrier transistors. Physical Review Letters，2002，89（10）：106801.

[115] Martel R，Derycke V，Lavoie C，et al. Ambipolar electrical transport in semiconducting single-wall carbon nanotubes. Physical Review Letters，2001，87（25）：256805.

[116] Wind S J，Appenzeller J，Avouris P. Lateral scaling in carbon-nanotube field-effect transistors. Physical Review Letters，2003，91（5）：058301.

[117] Appenzeller J，Knoch J，Derycke V，et al. Field-modulated carrier transport in carbon nanotube transistors. Physical Review Letters，2002，89（12）：126801.

[118] Yaish Y，Park J Y，Rosenblatt S，et al. Electrical nanoprobing of semiconducting carbon nanotubes using an atomic force microscope. Physical Review Letters，2004，92（4）：046401.

[119] Kim W，Javey A，Tu R，et al. Electrical contacts to carbon nanotubes down to 1 nm in diameter. Applied Physics Letters，2005，87（17）：173101.

[120] Javey A，Wang Q，Ural A，et al. Carbon nanotube transistor arrays for multistage complementary logic and ring oscillators. Nano Letters，2002，2（9）：929-932.

[121] Liu X L，Lee C H，Zhou C W. Carbon nanotube field-effect inverters. Applied Physics Letters，2001，79（20）：3329-3331.

[122] Derycke V，Martel R，Appenzeller J，et al. Carbon nanotube inter-and intramolecular logic gates. Nano Letters，2001，1（9）：453-456.

[123] Chen Z H，Appenzeller Z H，Lin Y M，et al. An integrated logic circuit assembled on a single carbon nanotube. Science，2006，311（5768）：1735.

[124] Cao Q，Kim H，Pimparkar N，et al. Medium-scale carbon nanotube thin-film integrated circuits on flexible plastic substrates. Nature，2008，454（7203）：495-500.

[125] Ryu K M，Badmaev A，Wang C，et al. CMOS-analogous wafer-scale nanotube-on-insulator approach for submicrometer devices and integrated circuits using aligned nanotubes. Nano Letters，2009，9（1）：189-197.

[126] Javey A，Wang Q，Kim W，et al. Advancements in complementary carbon nanotube field-effect transistor. IEEE Electron Devices Meeting Technical Digest，2003，741-744.

[127] Nosho Y，Ohno Y，Kishimoto S，et al. n-Type carbon nanotube field-effect transistors fabricated by using Ca contact electrodes. Applied Physics Letters，2005，86（7）：073105.

[128] Zhang Z Y，Liang X L，Wang S，et al. Doping-free fabrication of carbon nanotube based ballistic CMOS devices and circuits. Nano Letters，2007，7（12）：3603-3607.

[129] Ding L，Wang S，Zhang Z Y，et al. Y-contacted high-performance n-type single-walled carbon nanotube field-effect transistors: scaling and comparison with Sc-contacted devices. Nano Letters，2009，9（12）：4209-4214.

[130] Hersam M. Progress towards monodisperse single-walled carbon nanotubes. Nature Nanotechnology，2008，3（7）：387-394.

[131] Arnold M，Green A，Hulvat J，et al. Sorting carbon nanotubes by electronic structure using density differentiation. Nature Nanotechnology，2006，1（1）：60-65.

[132] Tu X，Manohar S，Jagota A，et al. DNA sequence motifs for structure-specific recognition and separation of carbon nanotubes. Nature，2009，460（7252）：250-253.

[133] 夏继业，董国栋，田博元. 碳纳米管薄膜晶体管中的接触电阻效应. 物理化学学报，2016，32（4）：1029-1035.

[134] Cao X，Chen H，Gu X，et al. Screen printing as a scalable and low-cost approach for rigid and flexible thin-film transistors using separated carbon nanotubes. ACS Nano，2014，8（12）：12769-12776.

[135] Wang C，Chien J，Takei K，et al. Extremely bendable，high-performance integrated circuits using semiconducting carbon nanotube networks for digital，analog，and radio-frequency applications. Nano Letters，2012，12（3）：1527-1533.

[136] Wang C，Takei K，Takahashi T，et al. Carbon nanotube electronics-moving forward. Chemical Society Reviews，2013，42（7）：2592-2609.

[137] 邹红玲，杨延莲，武斌. CVD 法制备单壁碳纳米管的纯化与表征. 物理化学学报，2002，18（5）：409-413.

[138] Uchino T，Shimpo F，Kawashima T，et al. Electrical transport properties of isolated carbon nanotube/Si heterojunction Schottky diodes. Applied Physics Letters，2013，103（19）：193111.

[139] Xu H T，Wang S，Zhang Z Y，et al. Length scaling of carbon nanotube electric and photo diodes down to sub-50 nm. Nano Letters，2014，14（9）：5382-5389.

[140] Li X X，Fan Z Q，Liu P Z，et al. Gate-controlled reversible rectifying behaviour in tunnel contacted atomically-thin MoS_2 transistor. Nature Communications，2017，8（1）：970.

[141] Avsar A，Marinov K，Marin E G，et al. Reconfigurable diodes based on vertical WSe_2 transistors with van der Waals bonded contacts. Advanced Materials，2018，30（18）：1707200.

[142] Lu G T，Wei Y，Li X Z，et al. Reconfigurable carbon nanotube barristor. Advanced Functional Materials，2022，32（11）：2107454.

[143] Yu B，Liu C，Hou P X，et al. Bulk synthesis of large diameter semiconducting single-walled carbon nanotubes by oxygen-assisted floating catalyst chemical vapor deposition. Journal of the American Chemical Society，2011，133（14）：5232-5235.

[144] Qiu H X，Maeda Y，Akasaka T. Facile and scalable route for highly efficient enrichment of semiconducting single-walled carbon nanotubes. Journal of the American Chemical Society，2009，131（45）：16529-16533.

[145] Hong G，Zhang B，Peng B H，et al. Direct growth of semiconducting single-walled carbon nanotube array. Jounal

of the American Chemical Society，2009，131（41）：14642-14643.

[146] Stephan O，Ajayan P M，Colliex C，et al. Doping graphitic and carbon nanotube structures with boron and nitrogen. Science，1995，266（5191）：1683-1685.

[147] Droppa R，Hammer P，Carvalho A，et al. Incorporation of nitrogen in carbon nanotubes. Journal of Non-Crystalline Solids，2002，302（1）：874-879.

[148] Zhang Y，Gu H，Suenaga K，et al. Heterogeneous growth of B-C-N nanotubes by laser ablation. Chemical Physics Letters，1997，279（5-6）：264-269.

[149] Terrones M，Grobert N，Olivares J，et al. Controlled production of aligned-nanotube bundles. Nature，1997，388（6637）：52-55.

[150] Sen R，Satishkumar B，Govindaraj A，et al. Nitrogen-containing carbon nanotubes. Journal of Materials Chemistry，1997，7（12）：2335-2337.

[151] Wang Z，Yu C，Ba D，et al. Influence of the gas composition on the synthesis of boron-doped carbon nanotubes by ECR-CVD. Vacuum，2007，81（5）：579-582.

[152] Huang J，Zhao M，Zhang Q，et al. Efficient synthesis of aligned nitrogen-doped carbon nanotubes in a fluidized-bed reactor. Catalysis Today，2012，186（1）：83-92.

[153] Tabassum H，Zhi C X，Hussain T，et al. Encapsulating Trogtalite CoSe$_2$ nanobuds into BCN nanotubes as high storage capacity sodium ion battery anodes. Advanced Energy Materials，2019，9（39）：1901778.

[154] Qi C，Ma X，Ning G，et al. Aqueous slurry of S-dopcd carbon nanotubes as conductive additive for lithium ion batteries. Carbon，2015，92：245-253.

[155] Li Z，Wang L，Su Y J，et al. Semiconducting single-walled carbon nanotubes synthesized by S-doping. Nano-Micro Letters，2009，1（1）：9-13.

[156] Cruzsilva E，Cullen D A，Gu L，et al. Heterodoped nanotubes：theory，synthesis，and characterization of phosphorus-nitrogen doped multiwalled carbon nanotubes. ACS Nano，2008，2（3）：441-448.

[157] Maciel L，Delgado J，Pimenta M A，et al. Boron，nitrogen and phosphorous substitutionally doped single-wall carbon nanotubes studied by resonance Raman spcctroscopy. Physica Status Solidi，2009，246（11-12）：2432-2435.

[158] Doytcheva M，Kaiser，Verheijen M A，et al. Electron emission from individual nitrogen-doped multi-walled carbon nanotuhes. Chemical Phvsics Letters，2004，396（1-3）：126-130.

[159] Endo M，Kim Y A，Hayashi T，et al. Vapor-grown carbon fibers（VGCFs）：basic poperties and their ballery applications. Carbon，2001，39（9）：1287-1297.

[160] Fragneaud B，Masenelli-Varlot K，Gonzalez-Montiel A，et al. Efficient coating of N-doped carbon nanotubes with polystyrene using atomic transfer radical polymerization. Chemical Physics Letters，2006，419（4-6）：567-573.

[161] Gong K，Du F，Xia Z，et al. Nitrogen-doped carbon nanotube arrays with high electrocatalytic activity for oxygen reduction. Science，2009，323（5915）：760-764.

第3章

碳纳米管及器件制备技术

碳纳米管的物理化学性质是由其管壁层数、结晶性、直径、长度和手性等结构特征所决定的。针对不同的应用需求，对碳纳米管的结构和性能也有不同的要求。随着全球科技的迅猛发展，诸如 5G 应用、人工智能及大数据等新兴技术对集成电路的要求越来越高，摩尔定律对传统集成电路的发展指导作用日趋减弱。以单壁碳纳米管为代表的低维纳米碳材料可望在未来新型电子器件的发展中发挥重要作用。获得高性能碳纳米管基电子器件的关键在于获得结构和性能均一的碳纳米管材料，并发展与之匹配的器件构筑方法与工艺。本章将重点介绍面向器件应用的碳纳米管可控制备、表征及其器件制备方法。

3.1 ▶ 碳纳米管的制备

碳纳米管可以看作是由石墨烯卷曲而成的一维中空管状结构，根据构成管壁的碳层数可分为单壁碳纳米管和多壁碳纳米管。其中，具有更小直径和更强纳米尺度效应的单壁碳纳米管是于 1993 年采用电弧放电方法首次制备获得[1, 2]。

随着制备和表征技术的发展，碳纳米管被发现具有优异的力学、电学、热学、光学、磁学和化学性质[3]，这激发了研究人员对其潜在应用的探索。然而，碳纳米管的性能在很大程度上受其纯度、直径、导电属性和手性等的影响。单壁碳纳米管手性结构的微小变化，就会引起其电子输运性质的显著改变，即表现为金属性或半导体性，且半导体性单壁碳纳米管的带隙与其直径成反比。一般情况下，直接生长的单壁碳纳米管为金属性与半导体性的混合物，这严重制约了其在半导体器件领域的应用。在高性能碳纳米管器件应用需求的推动下，研究人员发展了碳纳米管可控制备方法，获得了特定结构的碳纳米管，并阐释其结构调控机理。

3.1.1 制备方法概述

在碳纳米管的结构被精确解析之前，碳纳米管已在合成碳纤维[4]及电弧法制备富勒烯[5]的样品中被观察到，为早期碳纳米管的合成提供了宝贵经验。在此基础上，发展并形成了制备碳纳米管的主要方法：激光烧蚀法、电弧放电法和化学气相沉积（CVD）法。

激光烧蚀法制备碳纳米管是由 Kroto 和 Smalley 等在模拟星际尘埃中合成富勒烯时发展起来的[6]。即在惰性气氛中利用连续或脉冲激光烧蚀球形石墨，被高能激光分解后形成的产物在气体中聚集冷却，最后在冷却收集器上获得单壁碳纳米管。该方法实现了在 3000 K 高温下合成高质量单壁碳纳米管，但所制备的样品中混有石墨等杂质，即使经过提纯仍难以完全去除。

电弧放电法是早期制备碳纳米管的主要方法之一，Krätschmer 和 Huffman 等首先利用该方法合成了富勒烯[7]。Iijima 在透射电镜下观察电弧法制备产物的过程中发现了碳纳米管[5]。电弧法装置包含两个互相靠近的电极，通过在两个电极之间施加电压诱导电极间气体放电，从而产生高温电弧，碳质阳极被加热升华后生成碳纳米管。后续研究表明，在阳极石墨中加入金属催化剂可生长单壁碳纳米管。与激光烧蚀法相比，该方法具有更高的合成温度，所得产物为高结晶度的单壁碳纳米管；通过改变电极间距、角度、阳极中掺杂金属种类和含量、气体组成和压力等参数，可实现对碳纳米管产物结构的调控。中国科学院金属研究所成会明等设计了一种半连续氢弧放电法[8]，制备出定向碳纳米管绳和薄膜宏观体，并有效提高了单壁碳纳米管的质量和产量。近期，研究者通过在电弧法中引入磁场[9]、电场[10]等调控碳纳米管的排列，减小碳纳米管的管束尺寸，有望制备出可直接用于构筑高性能电子器件的单壁碳纳米管。

CVD 法合成碳纳米管是基于催化分解碳氢有机化合物合成碳纤维技术发展而来的[11]。Joseyacaman 等率先以 Fe 纳米颗粒作为催化剂[12]，以乙炔为碳源，在700℃制备出了长度达 50 μm 的碳纳米管。成会明等提出一种浮动催化剂化学气相沉积法[13]，利用惰性气体或氢气为载气携带易挥发的二茂铁，在高温区分解形成铁纳米颗粒催化剂，并催化分解气态碳源生长单壁碳纳米管。与激光烧蚀和电弧法相比，CVD 法的生长温度相对较低，所得碳纳米管纯度也较高。可通过调节生长温度、碳源种类、浓度、催化剂种类和尺寸等参数调控所生长碳纳米管的结构，该方法对所生长碳纳米管的结构可控性更强，是目前碳纳米管制备领域应用最广泛的方法。按照催化剂引入方式的不同，CVD 法可分为以下三类。

（1）表面生长法。该方法将催化剂纳米颗粒分散于平整的基底表面［图 3.1（a）］，载气携带易分解的烷烃、烯烃或小分子醇类作为碳源，碳源在一定温度及压力下分解，从而生长出不同形态的碳纳米管。当低密度的催化剂纳米颗粒分散于特定基底（如暴露特定晶面的石英、蓝宝石、氧化镁等）上时，在合适的 CVD 条件下，可以获得平行排布的碳纳米管阵列［图 3.1（b）］[14]；当低密度的催化剂纳米颗粒分散于普通基底（如硅片）上时，可生长出无序的碳纳米管网络［图 3.1（c）］；当高密度的催化剂纳米颗粒分散于特定基底（覆盖氧化铝等作为阻挡层）时，可以实现垂直于基底表面碳纳米管垂直阵列的高效生长［图 3.1（d）］。结合对催化剂的组分、结构、尺寸、基底台阶及 CVD 工艺条件等的调控，可实现对碳纳米管密度、长度、取向、直径、导电属性及手性等结构和性质的控制，满足不同类型器件的使用需求。表面生长法中催化剂的制备过程与碳纳米管的生长过程相对独立，从而提高了该方法的可控性。表面生长法获得的碳纳米管具有一定的取向性，一般呈单根分散状态，可直接用于构筑纳米电子器件。

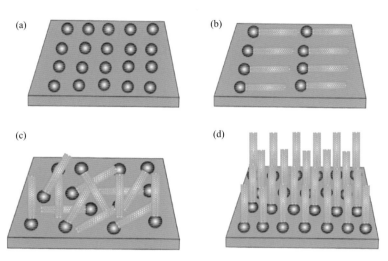

图 3.1 表面生长法制备不同形貌碳纳米管的示意图：（a）分散于基底表面的催化剂纳米颗粒；（b）碳纳米管水平阵列；（c）碳纳米管网络；（d）碳纳米管垂直阵列

（2）浮动催化剂化学气相沉积（FCCVD）法。如图 3.2 所示，采用易挥发的金属有机化合物作为催化剂前驱体，通过载气携带进入 CVD 系统，经分解、碰撞形成纳米颗粒，进而催化裂解气相碳源并形核生长碳纳米管。采用该方法可直接获得高质量的单壁碳纳米管薄膜、绳、纤维、泡沫等宏观体，为探索其在柔性显示、能量存储与转换、催化和传感等方面的应用奠定了材料基础[15]。在 FCCVD

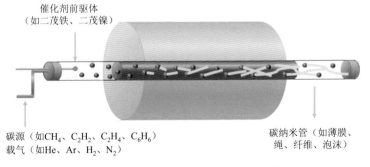

图 3.2 FCCVD 法制备碳纳米管示意图

法中，催化剂纳米颗粒的形成过程和碳纳米管的生长同步进行，提高了高质量碳纳米管的生长效率，但在高温生长过程中催化剂纳米颗粒的可控性有待进一步提高。

（3）担载法。该方法是将一定浓度的过渡金属盐类化合物作为催化剂前驱体担载于多孔载体中进行氧化还原热处理，获得分散于载体表面的纳米颗粒作为催化剂，并利用易分解气态碳源，在相对较低的温度下生长碳纳米管。担载法制备的催化剂纳米颗粒与载体间的相互作用较强，同时具有较好的分散性、均匀性及稳定性，在相对较低的生长温度（<800℃）下可宏量制备亚纳米直径、窄手性分布的单壁碳纳米管[16]。该方法生长的样品通常为载体与碳纳米管混合的粉末，且因较低的生长温度导致碳纳米管的结晶度不高，分离和提纯过程也会进一步影响碳纳米管的本征结构与性能。

3.1.2　生长机理

经过三十多年的发展，碳纳米管的制备已经从实验室走向工业化生产。然而，碳纳米管的生长是一个非常复杂的化学反应过程，关于碳纳米管的生长机制仍在持续深入探讨之中，其中碳原子如何自组装并形成纳米级的管状结构、催化剂纳米颗粒在碳纳米管形核生长过程中发挥何种作用、气态碳源如何在纳米颗粒的作用下转变成固态的碳纳米管等关键问题仍不明晰。为了更好地控制碳纳米管的生长过程，实现结构均一的碳纳米管可控生长，准确揭示和深入理解碳纳米管的生长机理十分重要。

早期研究认为，CVD 过程中碳纳米管的生长遵循气-液-固（vapor-liquid-solid，V-L-S）生长机理[17]。该机制最初是在探究硅晶须的生长过程中发现和提出的，后来 Baker 等[18]将该理论应用于过渡金属纳米颗粒生长碳纤维的过程。V-L-S 机制生长碳纳米管的过程一般可以分为四个步骤：①催化剂催化分解或裂解碳源（CO、CH_4、C_2H_2、C_2H_4、C_2H_5OH、C_6H_6 等），形成碳原子或者活性碳物种 C_xH_y；②碳源分解产生的碳经吸附和体相扩散进入液态催化剂纳米颗粒；③碳在作为"模板"的催化剂纳米颗粒中达到过饱和后析出，形成"碳帽"；④持续分解的碳源进入催化剂与碳纳米管的界面使碳帽隆起，并继续生长碳纳米管。

随着研究的不断深入，研究者发现不仅过渡金属 Fe、Co、Ni 可以作为碳纳米管生长的催化剂，非金属氧化物 SiO_x[19, 20]、高熔点金属氧化物（Al_2O_3[20]、TiO_2[21, 22]、ZnO[22]、ZrO_2 等）等也可以作为催化剂生长碳纳米管，并由此提出了气-固-固（V-S-S）生长机制。与 V-L-S 机制不同，以 V-S-S 机制生长碳纳米管的过程中，催化剂纳米颗粒保持固态，分解的碳源没有体相扩散及在催化剂中过饱和析出，而是在固态纳米颗粒催化剂经表面扩散后组装形成碳纳米管。

通过上述两种碳纳米管生长机理分析可以看出，催化剂是影响碳纳米管结构与性能的决定性因素。与传统意义上改变化学反应速率的催化剂不同，CVD 过程中生长碳纳米管的催化剂纳米颗粒还发挥"模板"的作用，即为碳纳米管生长提供形核位点。因此，CVD 所生长碳纳米管的直径一般小于或等于催化剂纳米颗粒的直径。

　　根据纳米颗粒与其所生长碳纳米管之间的尺寸关系，人们提出了两种碳纳米管生长模式[23]：当所生长的碳纳米管直径与催化剂纳米颗粒的尺寸相近时，为切线生长模式 [图 3.3 (a)]；当所生长的碳纳米管直径小于催化剂纳米颗粒尺寸时，为垂直生长模式 [图 3.3 (b)]。因此，控制催化剂纳米颗粒保持均一的尺寸，并使其以固定模式形核生长，对于获得直径均一的碳纳米管至关重要。另外，根据催化剂纳米颗粒与所生长的碳纳米管的相对位置关系，碳纳米管生长也可以分为两种模式[24]，即催化剂纳米颗粒位于碳纳米管顶端的顶部生长模式 [图 3.3 (c)] 和催化剂纳米颗粒位于碳纳米管底端的底部生长模式 [图 3.3 (d)]。通常来说，当催化剂纳米颗粒与基底的相互作用较强时，碳纳米管以底部生长模式形核生长，所生长碳纳米管的长度较短；当催化剂纳米颗粒与基底的相互作用较弱时，碳纳米管基于顶部生长模式形核生长，由于排除了基底的干扰，因此可以获得超长的碳纳米管。因此，为满足不同类型器件对碳纳米管长度的要求，可选择与基底具有适当相互作用的催化剂生长碳纳米管。

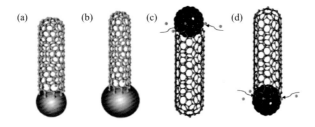

图 3.3　碳纳米管的形核生长模式：(a) 切线生长模式；(b) 垂直生长模式；(c) 顶部生长模式；(d) 底部生长模式

　　常压 CVD 的反应温度一般为 500~1200℃，高温环境易导致催化剂纳米颗粒团聚长大，从而影响所得碳纳米管的结构均一性。低压 CVD 可降低碳源的分解温度，在一定程度上抑制催化剂纳米颗粒的团聚长大。研究表明，在 270℃下，分别以 Rh 和乙醇为催化剂和碳源，通过低压 CVD 可生长出窄手性分布的单壁碳纳米管[25]。此外，碳源的分解还受到温度及催化剂种类的影响：充足的碳源可确保碳纳米管快速生长；过量的碳源则使产物中含有一定量的无定形碳；倘若碳源严重过量，则会造成催化剂被碳包覆而失活。综上，CVD 法生长碳纳米管的三个关键因素包括催化剂、温度和碳源，这些因素又相互影响，共同决定了所制备碳纳米管的结构和物性。

研究人员也在探寻新的方法和技术手段，以突破 CVD 过程中温度、催化剂和碳源的相互依赖关系。与"外延生长"方法类似，有学者利用与碳纳米管具有相同或相近结构的纳米碳材料作为"种籽"或"模板"，在一定温度下实现碳纳米管的生长[26]。例如，以开口的 C_{60}[27]、短切的碳纳米管[28,29]、碳环[30]、有机大分子[31]等作为"种籽"，实现了特定结构碳纳米管的生长；将富勒烯、石墨烯纳米带等填充到碳纳米管腔内，利用其"限域效应"生长出特定手性结构的单壁碳纳米管[32]。该方法借助了生物学中"克隆"的思路，实现了碳纳米管的可控生长，为低维纳米材料的可控制备提供了新思路，但其较低的生长效率制约了规模化应用。总的来说，这种以纳米碳材料作为"模板"的制备方法，在一定程度上省略了碳纳米管的形核过程，避免了因使用金属催化剂纳米颗粒所造成的结构不一致。

3.1.3　可控制备的研究进展

随着对碳纳米管生长机制理解的深入及其制备技术方法的进步，已逐渐实现了碳纳米管产量、纯度、质量、管壁层数的控制，推动了碳纳米管的产业化应用，特别是在能量存储与转换材料以及结构与功能复合材料等领域。然而，碳纳米管在电子器件领域的应用研究进展则相对缓慢，这主要是由于对单壁碳纳米管的导电属性（金属性/半导体性）和手性的控制仍具有挑战性。IBM 的 Franklin 等指出，针对场效应晶体管沟道材料的应用需求，单壁碳纳米管要具备替代单晶硅的潜力，必须满足两个条件：①半导体性单壁碳纳米管的纯度＞99.99%；②平行排列单根分散的单壁碳纳米管的密度达 125 根/μm[33]。因此，碳纳米管导电属性的精确调控一直是本领域的研究热点和难点问题，研究人员提出了直接可控生长和后处理分离两种技术途径。

1. 直接可控生长

直接生长法是在 CVD 过程中对催化剂（尺寸、组成、原子排列方式）和基底等热力学因素及碳源（组成、浓度）、温度和生长时间等动力学因素进行调控，实现特定密度、长度、直径、导电属性及手性碳纳米管的制备。

1）直径控制

半导体性单壁碳纳米管的直径与其带隙成反比[34]，直径大小会直接影响碳纳米管与电极的电学接触，从而影响器件的电学性能[35]。催化剂纳米颗粒在碳纳米管形核生长过程中发挥着"模板"作用，其尺寸直接影响所生长碳纳米管的直径。由于化学气相沉积法生长碳纳米管直径小于或等于催化剂纳米颗粒的直径，因此，获得尺寸均一的催化剂纳米颗粒是生长窄直径分布碳纳米管的必要前提。

杜克大学刘杰等用一种含 Fe 和 Mo 的分子团簇作为催化剂前驱体，制备出尺寸均一的 $Fe_{30}Mo_{84}$ 纳米团簇，利用其生长的单壁碳纳米管的直径分布在 0.70～1.5 nm

的较窄区域[36]；美国安捷伦实验室 Lu 等以含 Fe 和 Si 的聚苯乙烯嵌段共聚物为催化剂前驱体，制备了图形化单分散的 Fe 纳米颗粒催化剂，进而生长出亚纳米直径的单壁碳纳米管[37]；浦项科技大学的 Lee 等以色谱分离的多聚血红蛋白为催化剂前驱体，合成了窄直径分布的 Fe 纳米颗粒，并利用其生长出直径分布均一的单壁碳纳米管[38]；加利福尼亚大学周崇武等改进磁控溅射制备催化剂的方法，通过在基底上铺一层纳米球来提高纳米颗粒的均一性，所制备单壁碳纳米管的直径分布为（1.8±1.0）nm[39]；九州大学 Ago 等采用后处理技术提高催化剂的尺寸均一性[40]，通过真空热处理获得了尺寸分布变窄的 Fe 纳米颗粒，所生长的单壁碳纳米管中有 76%的直径分布在 1.3～1.4 nm 范围内。

需要指出的是，在化学气相沉积的高温反应环境下，金属纳米颗粒可能发生团聚长大，因此仅仅通过合成尺寸均匀的纳米颗粒还不足以实现碳纳米管的直径控制。为了提高催化剂纳米颗粒的高温稳定性，研究人员提出合成高温稳定的固态纳米颗粒或设计新型结构的催化剂。北京大学张锦等[41]采用含 Mo 的纳米团簇为前驱体，合成了一种 Mo_2C 纳米颗粒催化剂，生长出直径均一的单壁碳纳米管平行阵列，实现了表面生长法制备亚纳米直径的碳纳米管。成均馆大学 Park 等[42]设计了一种"夹心"结构催化剂，在两层 Al_2O_3 中夹着一层 Fe，经热处理后 Fe 移动到 Al_2O_3 表面形成分散的纳米颗粒；通过改变热处理时间调控 Fe 纳米颗粒的尺寸分布，最终实现直径可调单壁碳纳米管的生长。

中国科学院金属研究所刘畅等提出了一种异质外延生长碳纳米管的方法，利用经等离子活化的 h-BN 作为"种籽"[43]，生长出直径为 h-BN（002）面间距整数倍的单壁碳纳米管。第一性原理计算表明，碳纳米管与打开的 h-BN（002）晶面可自发成键（图 3.4）。该方法丰富了碳纳米管的外延生长理论，为精确调控碳纳米管的直径提供了新思路，但仍需增加可生长碳纳米管的活性位点数量，从而提高其生长效率。

催化剂的尺寸在一定程度上决定了碳纳米管的直径，然而化学气相沉积过程中的温度、碳源及压力等条件也会影响单壁碳纳米管的结构。研究表明，低温生

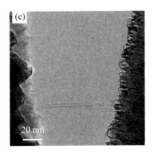
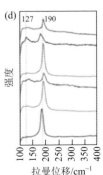

(a) 原始样品　生长轴线　5 nm

(b) 等离子体处理　BN(002)　5 nm

(c) 20 nm

(d) 强度　127　190　拉曼位移/cm^{-1}

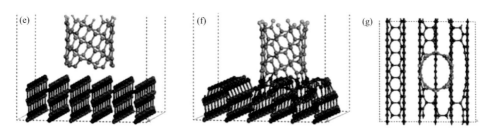

图 3.4 h-BN 异质外延生长单壁碳纳米管：（a，b）生长单壁碳纳米管的"种籽"h-BN；（c）所生长单壁碳纳米管的 TEM 照片；（d）所生长单壁碳纳米管的 633 nm 激光波长拉曼光谱；（e～g）第一性原理模拟单壁碳纳米管的异质外延生长[43]

长条件有利于窄直径分布的小直径单壁碳纳米管的生长[44]。降低碳纳米管的生长温度以保持催化剂纳米颗粒的稳定性，是获得亚纳米直径、结构均一碳纳米管的重要策略。

2）导电属性控制

根据石墨片层卷曲方式的不同，单壁碳纳米管可以表现为金属性或半导体性。在通常制备获得的单壁碳纳米管中，约 1/3 为金属性，2/3 为半导体性。这严重限制了单壁碳纳米管在纳电子器件领域的应用，高纯度半导体性或金属性碳纳米管的可控制备至关重要。为此，研究人员发展了多种单一导电属性的单壁碳纳米管的控制生长方法，大体可归纳为催化剂设计和选择性刻蚀两类（图 3.5）。

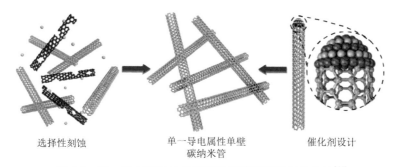

选择性刻蚀　　　　　单一导电属性单壁　　　　　催化剂设计
　　　　　　　　　　　碳纳米管

图 3.5 单一导电属性的单壁碳纳米管的可控制备方法[45]

通过催化剂设计，调控纳米颗粒的形貌、组分、缺陷及与载体的相互作用等，可影响碳纳米管的形核生长过程，最终选择性生长出金属性或者半导体性单壁碳纳米管。美国 Honda 研究所的 Harutyunyan 等[46]在热处理 Fe 纳米颗粒的气氛中引入 He 与 H_2O，抑制纳米颗粒熟化，并使其边缘变得锐利，选择性生长出金属性单壁碳纳米管。张锦等[47]根据不同金属催化裂解碳源方式的不同，设计了双金属催化剂用于半导体性单壁碳纳米管的可控生长。其原因是当催化剂纳米颗粒中含有 Ru 或 Pd 时，碳源分解产生的 O_{ads} 可抑制金属性碳纳米管的生长。北京大学李彦等[48]以可储存氧的 CeO_2 为催化剂载体，在化学气相沉积过程中抑制金属性碳纳米管生长，获得了纯度为 95% 的半导体性单壁碳纳米管。中国科学院苏州纳米技术与纳米仿生研究所姚亚刚等[49]利用 CeO_2 可释放氧的特性，以其为载体制备了 CoPt 双金属催化剂，生长出半导体性单壁碳纳米管平行阵列。

当碳纳米管中残留金属催化剂颗粒时，所构筑的电子器件性能可能会受到影响。为此，研究人员发展了氧化物催化剂，并通过调控催化剂氧缺陷或氧含量，控制生长出单一导电属性的单壁碳纳米管。张锦等[22]通过控制碳纳米管形核生长过程中的 C/H 比，使 TiO_2 催化剂中具有适量的氧缺陷，生长了纯度高于 95% 的半导体性单壁碳纳米管的平行阵列。同时，该方法具有普适性，以同样方法处理 ZnO、ZrO、Cr_2O_3 等金属氧化物也具有类似的催化效果。刘畅等[50]通过调节热处理气氛及升温速率，调控 SiO_x 纳米颗粒的尺寸分布和氧含量，在不同化学气相沉积条件下选择性生长出半导体性（>91%）和金属性（>80%）单壁碳纳米管。并以金属性碳纳米管作为源漏电极、半导体性碳纳米管作为沟道材料，直接构筑出性能优异的全碳纳米管薄膜晶体管（图 3.6），为应用于半导体电子器件的碳纳米管可控生长提供了新思路。

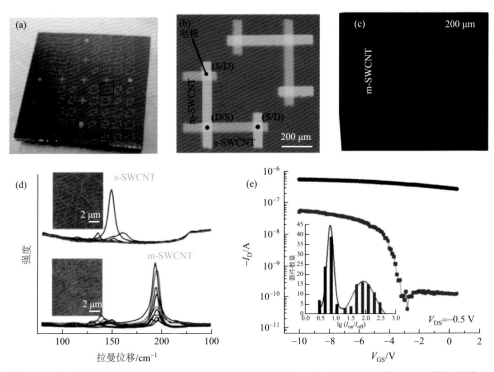

图 3.6　SiO_x 可控生长单一导电属性的单壁碳纳米管：（a～c）全碳纳米管薄膜晶体管的结构及微观形貌；（d）不同导电属性的碳纳米管的 SEM 照片及其 633 nm 波长激光的拉曼光谱；（e）全碳纳米管薄膜晶体管的性能[50]

s-SWCNT：半导体性单壁碳纳米管；m-SWCNT：金属性单壁碳纳米管

　　通过催化剂设计，单一导电属性的单壁碳纳米管的控制生长研究已取得了一定进展，但该方法的制备效率仍有待提高。另外，基于金属性与半导体性单壁碳纳米管化学反应活性差异，研究人员提出了原位刻蚀方法，在碳纳米管形核生长过程中引入具有一定化学活性的刻蚀剂，选择性去除高化学反应活性的单壁碳纳米管，从而实现半导体性或金属性碳纳米管的富集。目前已报道的原位刻蚀剂包括 H_2 等离子体[51, 52]、CH_4 等离子体[53]、CH_3OH[54]、异丙醇[55]、H_2O[56-60]、O_2[61, 62]、NH_3[63]、H_2[64,65]等。也有研究表明，在制备出单壁碳纳米管样品的基础上，通过引入 SO_3[66]、NO_2[67]、NiO[68]等刻蚀剂进行后处理，可以获得单一导电属性富集的碳纳米管。

　　研究表明，H_2O 可以刻蚀无定形碳以防止催化剂失活，从而提高碳纳米管的生长效率[69]。研究者以 H_2O 为刻蚀剂选择性生长半导体性的单壁碳纳米管[56,57,60]，并优化了选择性刻蚀反应条件。H_2O 作为刻蚀剂选择性刻蚀金属性单壁碳纳米管需满足以下三个条件：①对金属性单壁碳纳米管的刻蚀速率大于对半导体性单壁碳纳米管的刻蚀速率；②水蒸气的浓度小于发生刻蚀的临界浓度，浓度过高会降低单壁碳纳米管的产率；③对金属性单壁碳纳米管的刻蚀速率大于其生长速率。由于引入水蒸气刻蚀会导致碳纳米管平行阵列的密度降低，因此他们提出了一种生长-刻蚀-再生长的策略，使半导体性单壁碳纳米管平行阵列的密度高达 10 根/μm[60]。Li 等在探讨了单壁碳纳米管的直径对 H_2O 刻蚀的影响的基础上[59]，以 FeW 双金属纳米颗粒为催化剂，生长出直径均一的单壁碳纳米管，通过 H_2O 原位刻蚀将半导体性单壁碳纳米管的纯度提高至 95%。

　　刘畅与成会明等将 O_2 刻蚀剂引入浮动催化剂化学气相沉积系统[62]，制备出半导体性单壁碳纳米管薄膜，半导体性单壁碳纳米管的平均直径为 1.6 nm，纯度＞90%。由于 O_2 的化学性质非常活泼，易与碳纳米管反应而破坏其本征结构，研究人员又发展了一种化学反应活性较低的 H_2 刻蚀剂[64]，在高温条件下 H_2 经金属纳米颗粒催化分解形成的氢自由基可优先刻蚀金属性单壁碳纳米管[70,71]，获得了高质量的半导体性单壁碳纳米管薄膜。进而利用半导体性单壁碳纳米管薄膜构建出薄膜晶体管和生物传感器，并表现出良好的器件性能。在此基础上，进一步通过优化载气（He、H_2）组分和流量[65]生长了小直径半导体性和大直径金属性的碳纳米管，利用 H_2 刻蚀剂选择性去除高化学反应活性的小直径、半导体性单壁碳纳米管，获得了纯度为 88% 的金属性单壁碳纳米管薄膜。

　　为进一步提高半导体性碳纳米管结构和性能的均一性，研究人员提出了一种催化剂设计与选择性刻蚀相结合的方法［图 3.7（a）］，制备出高纯度、窄带隙分布、高质量的半导体性单壁碳纳米管[72]。首先采用化学自组装方法合成了单分散、尺寸均一的部分碳包覆 Co 纳米颗粒［图 3.7（b）］，其中部分包覆的碳层既可使碳纳米管以"垂直"模式形核，又能抑制金属纳米颗粒团聚；进而利用该催化剂生长出窄直径分布的单壁碳纳米管，在此基础上以 H_2 为刻蚀剂选择性去除化学活泼性更高的金属性碳纳米管，获得了窄带隙分布的半导体性单壁碳纳米管 [图 3.7（c）、（d）]。该方法制备的半导体性单壁碳纳米管具有高质量、高纯度（＞95%）和窄带隙分布（约 0.08 eV）等特点，以其作为沟道材料构筑的薄膜晶体管器件表现出大电流开关比和高载流子迁移率等性能。

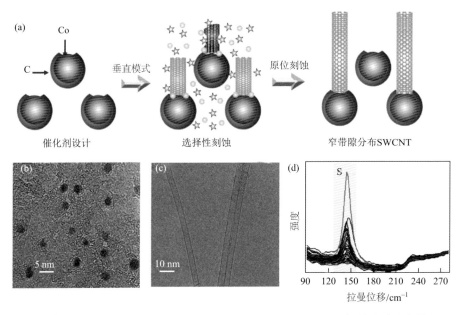

图 3.7　部分碳包覆 Co 纳米颗粒催化剂可控生长窄带隙分布的半导体性单壁碳纳米管：（a）可控生长示意图；（b）部分碳包覆 Co 催化剂透射电镜照片；（c）可控生长碳纳米管的透射电镜照片；（d）碳纳米管 532 nm 波长激光的拉曼光谱[72]

采用气相刻蚀方法制备单一导电属性的单壁碳纳米管，选择具有合适化学活性的刻蚀剂是关键。当所用刻蚀剂的化学活性过高时，会对所制备的单壁碳纳米管结构造成破坏，影响器件性能；当刻蚀剂的化学活性偏低时，则无法获得高纯度、单一导电属性的单壁碳纳米管。此外，利用不同导电属性单壁碳纳米管结构及化学活性的差异，在化学气相沉积过程中引入电场[73]、紫外光辐照[74]等手段，可抑制特定导电属性单壁碳纳米管的生长，从而实现选择性刻蚀的效果。

3）手性控制

单壁碳纳米管的手性控制极具挑战性，研究人员发展了动力学控制、基底和催化剂设计等方法，控制生长窄手性分布的单壁碳纳米管。Kato 等在等离子增强化学气相沉积制备过程中，利用不同手性碳纳米管生长速率的差异，采用程序控制单壁碳纳米管的生长时间，实现了（7，6）和（8，4）手性的碳纳米管可控生长。但由于生长时间较短，所制备的单壁碳纳米管的长度仅为纳米尺度，无法用于电子器件的构筑[75]。Ishigami 等通过基底调控提出了一种生长不同手性碳纳米管的方法[76]，发现蓝宝石基底的 A 面和 R 面可以选择性生长窄手性分布的单壁碳纳米管，然而其反应机理仍有待深入研究。Resasco 与 Weisman 等制备了负载型 CoMo 催化剂[77]，直接生长出（6，5）和（7，5）占优的窄手性分布的单壁碳纳米管。此后，研究人员陆续报道了 CoSO$_4$/SiO$_2$[78-80]、FeCu/MgO[81, 82]、CoPt/SiO$_2$[83]、Co/MgO[84]、Co/MCM-41[85]、Co/TUD-1[86]等负载型催化剂，实现选择性生长窄手性分布的单壁碳纳米管。此类催化剂所生长单壁碳纳米管一般具有大手性角和亚纳米直径，但存在生长温度偏低、结晶性较差、管束多以及与载体混合等问题，一定程度上限制了其在器件领域中的应用。

催化剂的组分对所生长单壁碳纳米管的手性具有重要影响[87-90]，凯斯西储大学的 Sankaran 等通过常压微等离子体分解金属有机物，合成了不同比例的 Ni$_x$Fe$_{1-x}$ 催化剂，系统研究了催化剂成分对单壁碳纳米管的手性、导电属性和生长效率的影响。以不同组分的 Ni$_x$Fe$_{1-x}$ 纳米颗粒为催化剂，在保持其他生长条件不变的情况下，发现 Ni$_{0.27}$Fe$_{0.73}$ 在 600℃时可生长（6，5）和（8，3）手性富集的单壁碳纳米管。针对实验结果开展了理论模拟[90]，结果表明不同 NiFe 比例的纳米颗粒的晶体结构决定了其以"外延生长"特定手性的单壁碳纳米管[26, 91]，从而建立了催化剂原子排列方式与其所生长碳纳米管之间的结构关系，为碳纳米管手性控制提供了新思路。

李彦等以含 W 的团簇为前驱体制备了 W 基双金属纳米颗粒催化剂[92]，在 1030℃生长出（12，6）手性的单壁碳纳米管。在透射电镜下观察发现高温热处理可使催化剂合金颗粒的（0012）晶面占优，并生长垂直于该晶面的（12，6）碳纳米管。所生长碳纳米管的结构一致性高，拉曼光谱表征表明（12，6）手性单壁碳纳米管的含量高达 92%。通过改变 WCo 催化剂的处理条件，又获得了（116）晶面的 WCo 纳米合金颗粒，生长出了纯度为 80%的（16，0）单壁碳纳米管[93]。通过在催化剂处理及生长碳纳米管过程中加入适量的 H$_2$O，可获得（0010）晶面占优的 WCo 合金纳米颗粒，进而选择性生长出纯度为 98.6%的（14，4）单壁碳纳米管，且半导体性碳纳米管的纯度达到了 99.8%[94]。这些研究结果表明，有针对性地选择在高温下能够保持特定晶体结构的合金纳米颗粒催化剂，可望实现单壁碳纳米管的手性控制生长。

基于热力学与动力学调控相结合的研究策略，张锦等采用单分散、尺寸均一以及可在高温下保持固态的 Mo$_2$C 和 WC 纳米颗粒为催化剂[95]，并利用其具有与（2m，m）碳纳米管对称性相匹配晶面的结构特点，通过调控化学气相沉积中的碳氢比，选择性生长出（12，6）和（8，4）手性的单壁碳纳米管。理论研究表明，热力学控制的低对称性催化剂与（2m，m）型单壁碳纳米管具有最低的匹配能量，且该手性角的碳纳米管具有最快的生长速率，有利于选择性生长出单一手性的碳纳米管。

除了新型金属催化剂设计，研究人员还提出了一种以碳纳米管片段为"模板"的"克隆"生长方法。张锦等[29]和周崇武等[28, 96]研究组分别利用短切的单壁碳纳米管作为"种籽","克隆"生长出与"母体"具有相同手性的单壁碳纳米管[97]。瑞士联邦材料科学与技术研究所的 Fasel 等使用一种 $C_{96}H_{54}$ 有机大分子作为"种籽",将其分散在（111）晶面的 Pt 基底上，经催化脱氢形成碳帽后，生长出（6，6）手性的单壁碳纳米管[98]。由于该方法在低压、低温条件下能提供的碳源量有限，因此所制备的碳纳米管长度仅有几十纳米。

4）密度及长度控制

单壁碳纳米管的排布密度在一定程度上决定了电子器件的集成度。选择性刻蚀方法可以获得半导体性单壁碳纳米管的平行阵列，但是刻蚀过程中必然会造成碳纳米管密度降低。刘杰等[60]提出利用 H_2O 去除催化剂条带区域内杂乱单壁碳纳米管，再进行重复生长的方法，从而提高阵列中碳纳米管的密度，获得了大面积、高质量、密度达 10 根/μm 的半导体单壁碳纳米管平行阵列。

张锦等设计出一种"特洛伊"催化剂[99]，用于直接生长高密度单壁碳纳米管的平行阵列 [图 3.8（a）]。经长时间的高温处理，Fe_2O_3 被"埋入"与其具有相似晶格结构的蓝宝石基底中；在化学气相沉积过程中，Fe_2O_3 缓慢从基底释放出来，在反应气氛中被还原形成 Fe 纳米颗粒，进而催化生长出单壁碳纳米管 [图 3.8（b）、（c）]。采用该方法获得了密度为 130 根/μm 的碳纳米管的平行阵列 [图 3.8（d）]。通过在基底表面分散一定量的 Mo，进一步优化了"特洛伊"催化剂的结构及成分，从而提高了 Fe 催化剂释放过程中的稳定性，获得了密度为 160 根/μm 的大面积碳纳米管的平行阵列[100]。在制备过程中，采用可分解出含 H 自由基的甲醇作为刻蚀剂，抑制金属性单壁碳纳米管的生长，从而获得了密度高达 100 根/μm 的半导体性单壁碳纳米管平行阵列[101]。这些研究进展表明，通过设计缓慢释放的"特洛伊"催化剂，可显著提高单壁碳纳米管平行阵列的密度。

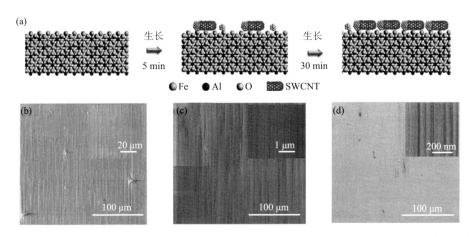

图 3.8 "特洛伊"催化剂生长高密度单壁碳纳米管平行阵列：（a）可控生长示意图；生长时间分别为 5 min（b）、10 min（c）及 30 min（d）的单壁碳纳米管 SEM 照片

单壁碳纳米管作为一种典型的准一维纳米材料，具有大长径比。采用 CVD 制备碳纳米管的长度通常在微米量级；通过提高催化剂的反应活性，可获得厘米级长度的单壁碳纳米管及少壁碳纳米管。清华大学李群庆等采用单分散于硅基底表面的 FeMo 催化剂和乙醇碳源，生长出长度为 18.5 cm 的单壁碳纳米管，其生长速率可达 40 μm/s[102]。电子输运的性能测量结果表明，利用同一根单壁碳纳米管构筑出不同器件，表现出很好的一致性。清华大学魏飞等通过调控化学气相沉积条件实现碳纳米管的顶端生长模式且保持催化剂纳米颗粒的活性，生长出超长的碳纳米管［图 3.9（a）］[103, 104]。通过"移动炉体"的方法获得了长度为 55 cm 的少壁碳纳米管，其生长速率可达 5 mm/min ［图 3.9（b）～（d）］。在 CVD 过程中进一步引入声辅助，生长出长度达 100 mm 的单色单壁碳纳米管团，所构筑单根碳纳米管场效应晶体管的电流开关比为 $10^3 \sim 10^{6[105]}$。通过设计层流方形反应器，实现了气流场和温度场的精准控制，进而优化恒温区结构将催化剂失活概率降至百亿分之一，在 7 片 4 in（1 in = 2.54 cm）硅晶圆表面成功生长出超长碳纳米管的平行阵列，碳纳米管的长度达 650 mm。利用所得碳纳米管阵列作为沟道材料构建了场效应晶体管器件，其电流开关比为 10^8，迁移率达到 4000 cm^2/(V·s)以上，电流密度为 14 A/m^2，首次展现出超长碳纳米管平行阵列优异的电学性能[106]。利用带隙锁定生长速度方法，实现了高纯半导体性碳纳米管（99.9999%）的可控制备，为制备结构完美、高纯半导体性碳纳米管平行阵列这一难题提供了一种全新的技术路线，为发展新一代高性能碳基集成电子器件奠定了材料基础。

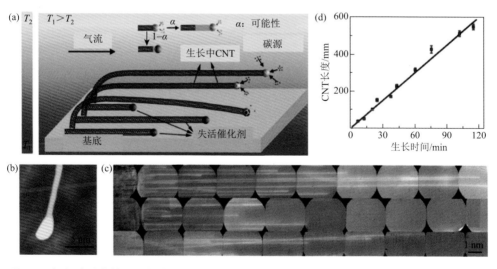

图 3.9　超长碳纳米管的可控生长：（a）顶部生长超长碳纳米管的示意图；（b）碳纳米管顶端与催化剂相连部分的 AFM 照片；（c）超长碳纳米管的 SEM 照片；（d）碳纳米管平均长度与生长时间之间的关系

综上所述，化学气相沉积方法操作过程简单、能耗低、可控性强，可直接生长出高质量、结构均一的单壁碳纳米管。但由于纳米尺度催化剂可控制备问题尚未彻底解决，获得外延生长所需"模板"仍然存在困难，生长效率偏低以及单一导电属性/手性单壁碳纳米管的可控生长机理尚有待阐明，目前直接生长获得的单一导电属性/手性单壁碳纳米管尚无法应用于高性能碳基集成电路等器件。

2. 后处理分离

后处理分离法是获得单一导电属性/手性碳纳米管的另一类方法，即利用不同导电属性/手性碳纳米管物理化学性能的差异进行分离纯化，可批量分离出高纯度、导电属性/手性均一的单壁碳纳米管。

电烧蚀方法是利用金属性与半导体性碳纳米管导电性的差异将金属性碳纳米管烧蚀短路的一种方法。利用碳纳米管为沟道材料筑构场效应晶体管，在碳纳米管两端施加一定的电压，金属性碳纳米管优先被烧蚀而短路[106, 107]。为进一步扩大不同导电属性的单壁碳纳米管的导电性差异，研究人员在碳纳米管表面包覆有机物，提高了金属性碳纳米管的电烧蚀效率[108]。利用不同导电属性的单壁碳纳米管与聚合物分子官能团的不同相互作用，张锦等借助胶带剥离[109]和超声分离方法[110]获得了单一导电属性的单壁碳纳米管平行阵列。伊利诺伊州立大学 Rogers 等[111]则利用微波辐射的方法去除平行阵列中的金属性碳纳米管，获得了大面积、高纯度（>99.9925%）的半导体性单壁碳纳米管的平行阵列，该方法与器件构筑工艺具有很好的兼容性。

将单壁碳纳米管分散于含有表面活性剂的溶液中，利用不同导电属性或手性碳纳米管与表面活性剂的不同相互作用可实现其导电属性分离。美国西北大学的 Hersam 等将不同结构的表面活性剂与不同直径的单壁碳纳米管结合，采用密度梯度离心工艺获得了窄直径分布的单壁碳纳米管［图 3.10（a）］[112]。通过进一步优化离心方法，发展了非线性密度梯度离心[113]和重复正交的密度梯度离心[114]等方法，实现了不同手性的单壁碳纳米管的分离提纯。日本国家科学技术研究所的 Kataura 等发明了凝胶色谱方法[115-117]，利用不同手性单壁碳纳米管与凝胶作用力的差异，经多次分离获得了宏量的单一手性的单壁碳纳米管［图 3.10（b）］。杜邦公司的 Zheng 等[118, 119]则利用 DNA 与不同手性结构的单壁碳纳米管的相互作用，将碳纳米管分散于含 DNA 的溶液中，利用层析色谱分离得到了单一手性的单壁碳纳米管。为了实现规模化和连续化分离单一手性碳纳米管，该研究组又发展了液相萃取法[120]［图 3.10（c）］，进一步提高了分离的效率。

近期，北京大学研究人员发展出一种全新的提纯和自组装方法[121]，制备出高密度、高纯度半导体性碳纳米管阵列，首次实现了性能超越同等栅长硅基 CMOS 技术的晶体管和集成电路，展现出碳纳米管电子器件的优势。采用多次聚合物

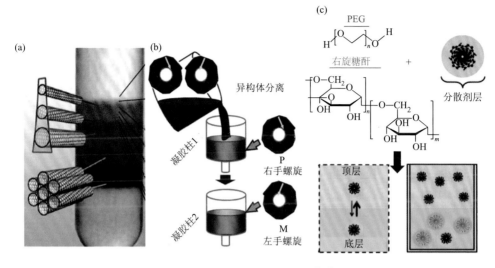

图 3.10　碳纳米管的分离方法：（a）密度梯度离心法[112]；（b）凝胶色谱法[117]；
（c）液相萃取法[120]

分散和提纯技术得到超高纯度碳纳米管溶液，并结合维度限制自排列法，在 4 in 基底上制备出密度为 120 根/μm、半导体性纯度高达 99.99995%、直径分布在（1.45±0.23）nm 的碳纳米管阵列，从而满足超大规模碳管集成电路的需求。基于这种材料构建出的 100 nm 栅长碳纳米管晶体管的峰值跨导及饱和电流分别达到 0.9 mS/μm 和 1.3 mA/μm，室温下亚阈值摆幅为 90 mV/dec；五阶环形振荡器电路成品率超过 50%，最高振荡频率达到 8.06 GHz，超越相似尺寸的硅基 CMOS 器件和电路性能。该项工作突破了长期以来阻碍碳纳米管电子器件发展的瓶颈，首次在实验上显示出碳纳米管电子器件和集成电路较传统技术的性能优势，为推进碳基集成电路的实用化奠定了基础。

3.2　碳纳米管的结构表征

碳纳米管是由 sp^2 杂化的碳原子构成的独特一维中空管状结构，研究人员发展和建立了多种解析碳纳米管结构的方法。本节将针对与碳纳米管电子器件性能关联紧密的单壁碳纳米管的结构特征，分类简述相关表征方法的原理、适用性及优缺点，为不同器件中碳纳米管的结构表征提供指导与借鉴。

3.2.1　形貌

碳纳米管的长度和平行阵列排列密度在一定程度上决定了电子器件的尺寸和

集成度。碳纳米管的微观结构如直径、壁数、结晶性等决定了带隙、导电性及电子输运能力等性质。通过表征方法确定碳纳米管的长度、密度、直径、结晶性等结构信息，对碳纳米管电子器件的设计和构筑至关重要。

1. 长度

典型碳纳米管的轴向长度一般在微米量级，其径向尺寸在纳米尺度，在光学显微镜下无法直接观察到单根单壁碳纳米管。利用 SEM 可以观察到微米到纳米尺度材料的形貌，极细的电子束扫描样品表面使其产生二次电子，不同高度的样品表面产生二次电子的强度不同，经光电倍增管和放大器转变为电信号，调控荧光屏上电子束的强度从而显示与电子束同步的扫描图像而获得样品的形貌。

碳纳米管与一般纳米材料的表征方法稍有不同。当观察无法搭接形成导电网络的碳纳米管样品时，需要将其分散于导电性较差的平整基底上，将 SEM 的电压调至 0.5～2.0 kV 以增加碳纳米管与基底产生二次电子强度的差别；当观察碳纳米管网络或阵列等宏观体时，则需要调节 SEM 的电压在 5.0～10.0 kV，利用碳纳米管的高导电性成像。因此，SEM 观察无法确定单壁碳纳米管的直径大小，也无法确定是单根碳纳米管还是多根组成的管束，但对于其在微米级尺度的长度表征是准确的。一般场发射 SEM 无法观察到长度在纳米尺度的单壁碳纳米管，而氦离子 SEM 可以实现[98]。

SEM 表征需要高真空环境，魏飞等发明了一种光学显微镜下观察碳纳米管的方法[122]。在超长碳纳米管上沉积具有强可见光散射效应的 TiO$_2$ 纳米颗粒，在常压下即可用光学显微镜观察到碳纳米管，实现了对碳纳米管的短切、转移及器件构筑等操作的可视化。但该方法引入的 TiO$_2$ 纳米颗粒会影响碳纳米管器件性能。清华大学姜开利等利用瑞利散射中的界面偶极增强效应，在光学显微镜下观察到了有颜色的单壁碳纳米管[123]。改进光源为连续激光光源后，可在光学显微镜中实现不同颜色，即不同手性单壁碳纳米管的分辨。该方法不仅实现了碳纳米管的常压可视化，且为高效分辨单壁碳纳米管的手性提供了新思路。

2. 直径

典型单壁碳纳米管的直径在 0.4～2.0 nm 范围内，利用 AFM 和 TEM 可以精确观测碳纳米管直径。AFM 是将对微弱力极敏感的微悬臂一端固定，另一端有一微小的针尖与样品表面轻接触。由于针尖尖端的原子与样品表面原子间存在极微弱的排斥力，在扫描时控制这个力恒定，带有针尖的微悬臂将对应于针尖与样品表面原子间作用力的等位面，而在垂直于样品的表面方向起伏运动。利用光学检测或隧道电流检测法，记录微悬臂对应于扫描各点的位置变化。将碳纳米管分散于平整基底上，通过测量其高度即可获得其直径。

TEM 技术是把经加速的电子束聚焦到非常薄的样品上，电子与样品中的原子碰撞而改变方向，从而产生立体角散射。散射角的大小与样品的密度和厚度相关，形成明暗不同的影像，影像经放大和聚焦后在成像器上显示出来，从而观察到样品的形貌。通过具有高分辨率的 TEM 表征和观察，可准确解析出碳纳米管的精细结构。

此外，拉曼光谱也是一种间接表征单壁碳纳米管直径的方法。拉曼振动吸收对应于振动能级间的跃迁，使拉曼位移与振动能级间的能量差直接相关。单壁碳纳米管的量子限域效应使其能带结构存在系列的电子态密度极大值，即范霍夫奇点（van Hove singularity，v_{HS}），入射激光的能量与 v_{HS} 之间的跃迁能量匹配时发生共振拉曼散射，显著增强拉曼信号强度[124-126]。单壁碳纳米管的呼吸模是由碳纳米管中碳原子的集体径向运动引起的[127]，在 $80 \sim 400 \ cm^{-1}$ 范围内产生共振增强信号，不同波长的激光可引起不同直径碳纳米管的径向共振。单壁碳纳米管呼吸模的峰位（ω_{RBM}）与其直径（d_t）成反比，单根单壁碳纳米管的直径与呼吸模的关系为：$d_t = 248/\omega_{RBM}$[128] 或 $d_t = 235.9/(\omega_{RBM}-5.5)$[129]。

3. 结晶性和纯度

基于碳纳米管具有完美晶体结构，理论预测表明了碳纳米管具有诸多优异性。然而，实际制备的碳纳米管中通常含有大量的缺陷与杂质，这使得目前实验测得碳纳米管的诸多性能远低于理论预测值。因此，准确表征碳纳米管中缺陷与杂质的含量尤为重要。

拉曼光谱中 $1350 \ cm^{-1}$ 左右的 D-band 来源于石墨片层中空位、原子取代及其他缺陷；$1600 \ cm^{-1}$ 左右的 G-band 来自石墨片层的面内分子切向振动；通过计算两者相对强度的比值（G/D），可获得碳纳米管的纯度和缺陷信息。G/D 比值越高，说明碳纳米管的缺陷越少，碳纳米管纯度越高。通过热重分析，在空气或氧气气氛下进行程序升温，可以观察到碳纳米管的质量变化。碳纳米管质量减小最快的温度对应于其集中抗氧化温度，该温度越高说明其结构稳定性越高、结晶性越好。利用热重实验后灰烬质量计算催化剂的含量，从而可以确定碳纳米管的纯度。

对于不同方法所生长的碳纳米管，表征其结晶性和纯度的方法也不相同。拉曼光谱方便快捷，具有一定的普适性，但只能表征样品的部分区域，对拉曼激光波长等设备的依赖使其无法定量。热重分析可反映整个样品的信息，但需要样品量相对较大，无法表征表面生长的碳纳米管。

4. 面密度

碳纳米管平行阵列的密度常以单位宽度（微米）内碳纳米管的根数来表示，

而碳纳米管网络或者垂直阵列则以单位面积内碳纳米管的根数来表示。密度较低的碳纳米管样品的密度，可以直接通过扫描电镜观察统计，但是扫描电镜无法分辨所观察到的碳纳米管是一根还是一束，其准确性不高。密度较高的平行阵列和网络则可以通过原子力显微镜观察，但其对高密度碳纳米管平行阵列的表征受分辨率限制。高密度的碳纳米管垂直阵列，需要经透射电镜表征碳纳米管的壁数和直径后经称重拟合来计算[130]。

3.2.2 导电属性

直接合成的单壁碳纳米管一般是半导体性与金属性的混合物，这在很大程度上影响了其在半导体器件中的应用。如何定量确定样品中半导体性及金属性碳纳米管的含量是碳纳米管表征中的重点和难点。

1. 拉曼光谱

单壁碳纳米管区别于其他低维纳米碳材料的特征主要有两点：①在低频波段（80～300 cm^{-1}）形成呼吸模，当激光能量与碳纳米管的跃迁能匹配时会发生共振拉曼散射，利用其能量与呼吸模峰位对应 Kataura plots[131]中的位置可分辨单壁碳纳米管的手性，进而确定其导电属性。②由于石墨层卷曲及径向周期性边界条件导致碳纳米管的 G-band 劈裂，其峰形也可以用来判定其导电属性[125, 132]。金属性与半导体性单壁碳纳米管 G-band 的差别主要来自 G$^-$峰线型，金属性碳纳米管的 G$^-$展宽增大为 Breit-Wigner-Fano（BWF）线型，而半导体性单壁碳纳米管的 G$^-$则为洛伦兹线型[133]。通过拉曼光谱表征可以方便快捷地分辨出在基底上或器件中碳纳米管的导电属性，但在定量表征大量样品时，需要使用连续能量波长的激光才能激发样品中所有碳纳米管的呼吸模[134]。

2. 吸收光谱

吸收光谱可定量测定某一导电属性或手性单壁碳纳米管的纯度[130]。对单壁碳纳米管电子结构的理论计算表明，其电子态密度都拥有尖锐的 v_{HS}，费米面之上的 v_{HS} 按照能量从高到低的顺序标记为 c_1，c_2，c_3，$\cdots$，费米面之下的 v_{HS} 按照能量由高到低的顺序可标记为 v_1，v_2，v_3，$\cdots$，当电子在 v_{HS} 之间跃迁时，发生光子的发射或者吸收。根据电子跃迁的选择定律，v_i 到 c_i 能级的电子跃迁只能由轴向偏振的光子激发，对应的能量记为 E_{ii}^S 或者 E_{ii}^M [135, 136]。利用对应吸收光谱中 E_{ii}^S 和 E_{ii}^M 吸收峰的面积，可定量计算金属性或半导体性单壁碳纳米管的含量[137-139]。

采用吸收光谱表征时，一般需要先将单壁碳纳米管单分散于重水溶液中。表面法生长的单壁碳纳米管样品量相对较少，采用吸收光谱进行表征时通常采用两种方法：一是在透明的石英基底上生长单壁碳纳米管，进而直接进行吸收光谱测试；二是在硅片上进行多次生长，然后通过刻蚀基底或者超声分离将单壁碳纳米管转移至溶液中进行测试。但是，两种方法所获得吸收光谱的峰值都很弱，无法排除基底和无定形碳等杂质的干扰。对宏量碳纳米管样品进行吸收光谱表征时，需要先将其分散成单根碳纳米管的溶液，通过判断 E_{ii}^S 和 E_{ii}^M 吸收峰归属，计算不同导电属性碳纳米管的吸收峰面积，确定不同导电属性碳纳米管的纯度。另外，由于溶剂在高频波段有强吸收，利用吸收光谱表征大直径（＞1.8 nm）碳纳米管的导电属性存在一定的困难。

　　研究人员也在尝试发展简单快捷的方法，实现表面法生长单壁碳纳米管导电属性的有效表征。姜开利等在单壁碳纳米管平行阵列的两端蒸镀电极后在扫描电镜下观察，根据单壁碳纳米管导电性不同引起的亮度差异可判定其导电属性[140]。深入研究表明，电极与不同带隙单壁碳纳米管之间的肖特基势垒不同，导致其在扫描电镜中碳纳米管靠近电极处变亮部分的长短不同，由此可以判断半导体性单壁碳纳米管的带隙大小[141]。

3.2.3　手性

　　单壁碳纳米管的手性是由其直径和手性角共同决定的。不同手性碳纳米管的直径差别最小可为亚埃尺度，且手性角在 0°～30°范围内变化，研究人员发展了多种表征单壁碳纳米管手性的方法。

1. 电子衍射

　　电子衍射可以精确分辨单根单壁碳纳米管手性[142, 143]。当电子束照射到单壁碳纳米管上时，部分电子会被碳原子散射，各散射电子束之间互相干涉形成衍射图案，对衍射花样进行校正和测量确定碳纳米管的手性指数。电子衍射分析对单壁碳纳米管样品的要求较高，需要一定范围内单根、孤立碳纳米管且无杂质残留。此方法辨认碳纳米管手性的精度高，但存在样品转移困难、低效、耗时等问题。该表征对设备要求较高，需要较低电压（低剂量电子束辐射）和高分辨率透射电镜，过高的电压会破坏碳纳米管本征结构而造成手性指数改变。

2. 荧光光谱

　　荧光光谱是利用电子在能带间跃迁发射荧光[137, 144, 145]的原理，不同能带结构的单壁碳纳米管会发射不同波长的光，由此根据吸收光和发射荧光的波长共同确认其手性。为避免半导体性碳纳米管能带上的电子被金属性单壁碳纳米管能量弛豫出去，要求单壁碳纳米管在溶液中保持单根分散。因此，该方法适于表征宏观量的样品，其缺点是只能表征半导体性单壁碳纳米管，金属性碳纳米管没有带隙不会发射荧光。另外，分散于基底上的碳纳米管也无法用荧光光谱表征，因为基底会使基底表面的单壁碳纳米管发生荧光猝灭。

3. 扫描隧道显微镜

扫描隧道显微镜是通过探测探针和表面之间隧穿电流的大小，观察表面上单原子级别的起伏。扫描隧道显微镜可以识别单壁碳纳米管局部区域的原子像，经误差修正计算确认单壁碳纳米管的手性指数[146, 147]。但该表征方法对样品要求苛刻，需单壁碳纳米管表面绝对洁净且分散在原子级平整的导电基底上。

此外，研究人员还发明了一些简单快捷的辨认碳纳米管手性的方法。例如，加利福尼亚大学伯克利分校王枫等发展了一种光学显微镜下辨认器件中单根单壁碳纳米管手性的方法[148]。该方法以超连续激光作为光源，在偏振显微镜下实现了碳纳米管手性指数的辨认。姜开利等则利用界面偶极子增强界面散射效应，以超连续激光作为光源，观察到了不同手性的单壁碳纳米管具有不同的颜色，实现了碳纳米管手性的快捷、高通量表征[124]。

综上，表征单壁碳纳米管结构的多种方法各有优缺点，要全面、准确反映碳纳米管的结构信息一般需要多种表征技术相结合。随着碳纳米管可控制备技术的发展，建立起可精准、高效、可靠表征碳纳米管手性与导电属性的方法具有重要意义和价值。

3.3　碳纳米管器件制备

3.3.1　光刻工艺

光刻工艺是半导体制造工艺中最重要的一部分，其本质是将掩膜版上的图形转移到目标衬底上的复制过程，在这个过程中，光照、光刻胶、对准曝光系统以及显影装置，都是光刻工艺所必需的设备与材料。由于光刻胶是光敏材料，如果将其暴露在一般的光照条件下，光刻胶会与光发生反应而导致失效，因此光刻工艺需要在特定的环境下进行。另外，灰尘对电路中的器件性能会产生较大的影响，因此光刻工艺须在无尘的环境中进行。而且在光刻成像的过程中，对环境的清洁度要求更加严格，因为任何灰尘颗粒，都会导致图形缺陷。

光刻工艺通常可分为以下几个步骤：衬底表面预处理、涂胶、软烘烤、对准曝光、后烘烤、显影、清除残胶、硬烘烤、去胶（图 3.11）。

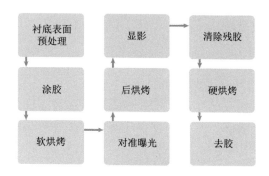

图 3.11　光刻工艺流程

1. 衬底表面预处理

在涂覆光刻胶之前，需要对衬底表面进行脱水烘焙处理，目的是形成干燥表面，以提高光刻胶在衬底表面的黏附能力。使用六甲基二硅氮烷（HMDS）可以干燥表面，使晶圆由亲水性转变为疏水性，表面上的液体会形成小滴，有利于光刻胶黏附。

HMDS 涂覆一般有三种方式：沉浸式、旋转式和蒸气式。沉浸式涂覆是将晶圆沉浸在液体中的方法，这种方式只能手动操作，且容易在涂覆过程中在晶圆表面引入污染物。旋转式涂覆是利用高速旋转的方式将 HMDS 均匀涂覆在晶圆表面，这种做法的优势是可以和旋涂光刻胶一起进行。蒸气式涂覆是指晶圆在充满氮气的环境中加热，当环境温度达到 150℃时，将反应室抽成真空，此时打开蒸气阀门，通过负压将 HMDS 蒸气吸入反应室中，可以显著降低用量，具有良好的黏附寿命。

2. 涂胶

涂胶工艺是在晶圆表面涂覆一层均匀的、没有缺陷的光刻胶薄膜。光刻胶是由感光树脂、增感剂和溶剂三种主要成分组成的光敏材料。光刻胶的主要评价指标包括灵敏度、对比度、分辨率、抗刻蚀性、黏附性和表面张力等。灵敏度是指光刻胶对电子作用反应的敏感程度，一般由单位面积上的电荷量表示；对比度是指光刻胶从曝光区域到非曝光区域过渡的陡度，对比度越高，形成的图形侧壁越陡峭，分辨率越高；分辨率是指解析光刻胶掩膜表面相邻图形特征的能力，一般用关键尺寸来衡量分辨率，形成的关键尺寸越小，光刻胶的分辨率越好；抗刻蚀性是指当光刻胶作为后续工艺的掩膜层时，光刻胶需要具有较好的耐化学腐蚀和抗干法刻蚀能力，才能在后续的工艺中保护衬底表面；黏附性是衡量光刻胶流动特性的参数，黏附性随着光刻胶中的溶剂的减少而增加，高黏附性会增加光刻胶涂覆后的厚度；表面张力是指液体中将表面分子拉向液体主体内的分子间吸引力，光刻胶具有较小的表面张力、较好的流动性，可以均匀覆盖在样品表面。

光刻胶的厚度一般在 0.5～1.5 μm 之间，目前常用的是旋转涂覆。首先将光刻胶滴在晶圆表面的中心区域，通过高速旋转使光刻胶均匀覆盖在晶圆表面。影响光刻胶厚度的两个主要因素是光刻胶的黏度以及旋转涂覆的转速，光刻胶的黏度在出厂时就已确定，因此主要通过调整旋转涂覆的转速对光刻胶厚度进行调控。除了常用的高速旋转的涂覆方法外，光刻胶还可以通过喷涂的方法涂覆到衬底表面。

3. 软烘烤

软烘烤的目的是蒸发掉光刻胶中的部分有机溶剂，使光刻胶表面固化。溶剂的存在会对后续的工艺产生干扰，在曝光过程中，光刻胶中的溶剂也会吸收一部分光，从而对光敏感聚合物的化学反应产生影响。另外，溶剂的蒸发会使光刻胶与晶圆表面更好地黏附在一起。

软烘烤工艺的两个重要参数是烘烤时间和温度。这两个因素直接决定了曝光过程中图形的完整性以及后续刻蚀过程中光刻胶与晶圆表面的黏附性。不完全的烘烤会使曝光的图形不完整，在刻蚀过程中会造成光刻胶漂移。过量烘烤会使得光刻胶中的聚合物产生聚合反应，失去光敏特性，从而导致光刻胶失效。

4. 对准曝光

首先将掩膜版上的图形与晶圆进行对准，然后利用紫外光源曝光的方式将图形转移到光刻胶层上。光刻胶分为正型光刻胶和负型光刻胶，就光敏化学反应而言，受到光照，聚合物中的长链分子分解为短链分子的为正型光刻胶；反之，聚合物中的短链分子交联为长链分子的为负型光刻胶。短链分子聚合物可以溶解在显影液中，因此，对于正型光刻胶而言，受到曝光的区域会溶解在显影液中，未经曝光的区域得以保留；而负型光刻胶正好相反，受到曝光的区域得以保留，未经曝光的区域会溶解在显影液中。由于电路的制备由许多层组成，因此掩膜版设计不仅需要明确每层掩膜的作用，同时需要做好掩膜对准标记。层与层之间有明确的对应关系，在器件制备过程中需要依靠这种对准标记进行确认。

随着半导体工艺的进步，光刻技术也在不断地发展，从最初的接触式、接近式曝光逐渐发展到目前的投影式曝光，如图 3.12 所示。

接触式曝光可以真实地再现掩膜图形，要求掩膜版与光刻胶表面完全贴合，接触式曝光又可以分为硬接触曝光和软接触曝光。硬接触曝光就是在掩膜与涂有光刻胶的晶圆之间施加压力实现完全接触；通过调节掩膜与晶圆间的压力大小，也可以实现软接触曝光。接触式曝光会导致掩膜版损伤，掩膜版与光刻胶直接

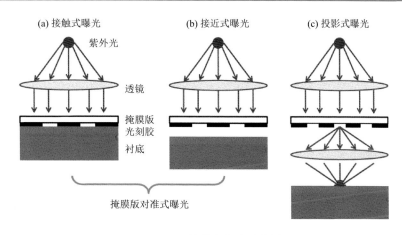

图 3.12　三种曝光方式示意图

接触，会使得掩膜版表面的铬层遭到破坏，同时部分光刻胶会黏附到掩膜版上，不但会缩短掩膜版的使用寿命，而且需要对其进行清洗，降低了生产效率。

将掩膜版与光刻胶表面留有一定的间隙可以解决上述问题，这种曝光称为接近式曝光。掩膜版与光刻胶之间的间隙会直接影响到曝光后图形的质量，间隙太大会由于光的衍射效应使图形的分辨率降低，间隙太小会在曝光过程中引入大量的工艺缺陷，使成品率很低。通过减小光波长以及缩短掩膜版与光刻胶之间的间距，可以有效提高曝光所得图形质量与分辨率。

现代集成电路工艺对图形分辨率以及工艺缺陷的控制都有很高的要求，因此接触式曝光与接近式曝光都已不再适用于当前的生产要求，投影式曝光技术已经成为目前光刻技术的主流。投影式曝光成像的原理为：曝光光源发出的光经过入射透镜系统，调制平面波光源入射到掩膜版上，发生衍射的光通过物镜系统再次发生衍射，在晶圆表面发生干涉成像。因此，投影式曝光的突出优点是：①晶圆与掩膜版不直接接触，避免了接触过程中产生的工艺缺陷。②掩膜版不易受到损坏，提高了掩膜版的使用寿命及利用率，同时避免了对掩膜版的频繁清洗，生产效率得到提高。

投影式曝光分为 1∶1 投影式曝光与缩小投影式曝光。1∶1 投影式曝光通过光学成像的方法将掩膜版上的图形投影到晶圆表面，图像质量完全取决于光学成像系统，与掩膜版和晶圆之间的距离无关，要求掩膜版上的图形与实际晶圆中的图形尺寸一致。随着集成电路特征尺寸的不断减小，1∶1 投影式曝光的掩膜版制作难度逐渐加大，缩小投影式曝光技术可有效解决这一难题。例如，5∶1 缩小投影式曝光中，掩膜版上图形尺寸是实际晶圆上图形尺寸的 5 倍，极大地降低了掩膜版的制作难度。缩小投影式曝光技术已经成为当今集成电路光刻工艺的主流技术。

5. 后烘烤

后烘烤的目的是消除驻波效应。由于光的干涉效应，光线照射到光刻胶与晶圆的界面会产生部分反射，反射光与入射光叠加会形成驻波，光能量在光刻胶中高低起伏摆动，同时光能量随着光刻胶层的深度增加而降低，这种摆动的直接后果是光刻胶图形的侧壁呈波纹状。如图 3.13 所示，曝光后烘烤的热量可以减弱因光的干涉效应产生的感光化合物的叠加效应，使其在曝光与未曝光的边界重新分布最后达到平衡，边界线条变得更加平滑。曝光后烘烤的时间和温度是由烘烤的方法、曝光的条件以及光刻胶的物化属性所决定。曝光后烘烤的第二个作用是增强曝光工艺的热稳定性，便于后续的显影工艺。另外，在涂胶前先在硅片表面涂覆一层抗反射涂层，或在涂胶后在胶表面加入抗反射剂，也可以有效减弱驻波效应。

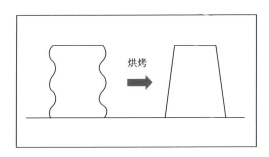

图 3.13　曝光后烘烤对驻波效应的改善示意图

6. 显影

晶圆完成曝光工艺后，电路图形以光刻胶的曝光区域与未曝光区域出现在晶圆上，通过对未聚合的光刻胶进行分解获得所需图案。通常使用的显影方法有三种：浸没法、喷淋法以及搅拌法。浸没法不需要特定的设备，把硅片浸没在显影液中一定时间后取出，再清洗掉表面残留的显影液；喷淋法是将显影液喷淋在高速旋转的硅片上，并同时完成清洗和干燥；搅拌法结合了浸没法和喷淋法，首先在硅片表面覆盖一层显影液，并保持一段时间，再将硅片高速旋转，同时喷淋显影液，清洗和干燥也是在旋转过程中完成。喷淋法和搅拌法都需要特定的设备来完成显影工艺。

光刻胶在显影液中的溶解过程如下：首先，显影液中的水分子和羟基逐渐扩散到光刻胶树脂分子的间隙中；然后，树脂分子链上的苯酚基团在羟基环境下发生去角质化反应，并被显影液中的四甲基氢氧化铵中和；最后，随着越来越多的苯酚基团参与反应，树脂分子逐渐溶解在显影液中。显影工艺不良会直接导致器件开孔尺寸不准确,或者开孔的侧面向内凹陷。在一定情况下,显影不充分会在孔内留下一层光刻胶。

7. 清除残胶

显影过后会在硅片表面残留一层非常薄的光刻胶层。在曝光图形的深宽比较高时,这种遗留残胶的现象尤为明显。由于图形较深,显影液在对图形底部显影时难以充分显影,这层残胶虽然只有几纳米厚,但依旧会对后续工艺产生影响,因此需要对残胶进行去除。去除残胶的过程是在显影后把硅片放在等离子清洗机中进行。

8. 硬烘烤

硬烘烤是通过加热使光刻胶更牢固地黏附在硅片上,使光刻胶进一步脱水和聚合,从而增强光刻胶的抗刻蚀性。硬烘烤的最低温度由光刻胶图案边缘和晶圆表面发生良好的黏附温度决定,最高温度由光刻胶的流动点而定。光刻胶由于具有类似塑料的高分子聚合物性质,当加热温度过高时,光刻胶会变软并且可以流动,易导致光刻胶边缘厚度增加,图案尺寸会发生改变。

9. 去胶

在完成曝光与显影工艺后,需要将剩余的光刻胶从晶圆表面去除。去除光刻胶的方法主要有湿法和干法两种。湿法是使用各种酸碱类溶液以及有机溶剂将其溶解。干法是借助氧等离子清洗机、反应离子刻蚀机等设备将光刻胶刻蚀去除。

3.3.2　印刷制备

印刷制备是一种基于传统印刷技术构筑电子器件的技术,在大面积、柔性化与低成本方面具有较大的优势。开发印刷电子产品的重要性,不仅因为它代表了一个快速增长的市场,还因为它代表了电子制造的范式转变,将为信息技术的发展创造新的空间和机遇。本节主要对印刷工艺的原理、设备以及在印刷电子行业中的应用进行介绍。

1. 喷墨印刷

喷墨印刷是目前最主要的无版数字化非接触式印刷技术之一,其基本工作原理是根据计算机的指令将油墨从微细的喷嘴直接沉积到承印物上的指定位置,从而形成预先设计好的图案(图 3.14)[149],已经应用于薄膜晶体管、光学元件、有机发光二极管等领域[150-153]。法国格勒诺布尔综合理工学院 Denneulin 等通过将羧基功能化的单壁碳纳米管与 PEDOT:PSS 混合,制备出分散性和导电性优异的油墨，并采用喷墨打印的方式制备出成膜性和导电性良好的混合电极[154]；中国科学院苏州纳米技术与纳米仿生研究所的科研人员通过喷墨打印 p 型碳纳米管和 n 型氧化铟实现了具有抗辐射特性和低功耗的 CMOS 场效应晶体管[155]，并采用树突状大分子分选的半导体性单壁碳纳米管制成喷墨印刷顶栅和背栅薄膜晶体管[156]，载流子迁移率高达 57 cm^2/(V·s)，开关比达到 10^6。

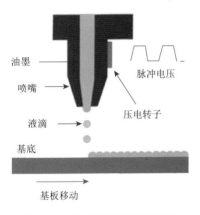

图 3.14 喷墨印刷原理示意图

喷墨打印基本上可分为连续喷墨与断续喷墨两种方式[157]。其中，连续喷墨的墨液由压电驱动器推压从液槽中以连续流形式喷出，在重力场作用下连续液流变成断续液滴，通过电荷加载系统使这些液滴带上电荷，然后通过偏转电极将其引导落在打印表面指定位置。断续喷墨是直接产生液滴并将液滴喷射到打印表面。连续喷墨打印的装置简单，成本低，但形成的液滴较大，直径一般在 50～500 μm。断续喷墨打印的分辨率取决于喷墨头的喷嘴尺寸、墨液的黏度和表面张力等因素。喷嘴直径一般在 10 μm 左右，但形成的液滴直径通常为喷嘴直径的 2 倍。

要成功地实现高分辨率喷墨打印，一方面取决于喷墨液体的性质，另一方面取决于被打印表面的性质。喷墨液体必须有足够低的黏度，以保证能够顺利从喷嘴喷出形成液滴；喷墨液滴必须能够迅速在打印表面干燥、附着牢固，但又不能在喷嘴口处干燥，堵塞喷嘴；喷墨液滴在打印表面应保持液滴原来的直径而不过分扩散增大。打印表面如果是亲水性，则有利于液滴的吸收和迅速干燥，但同时也会造成液滴迅速扩散，降低打印分辨率。因此喷墨打印分辨率一般在数十微米以上。防止液滴扩散和提高打印分辨率的方法之一是通过其他光刻技术在打印表面形成疏水隔离区，有效阻断液滴的横向扩散，将打印液滴限制在所设计范围内[158]。但这种技术要求借助光刻等微纳加工技术才能实现，增加了工艺复杂性及难度。另一种方案是缩小喷嘴尺寸，但喷嘴尺寸的减小会增大墨液的喷出阻力，并加剧了喷嘴堵塞的风险。

气流喷射打印的原理是在一个腔体内先将打印墨水通过超声振动或高压气流搅动的方式进行雾化。雾化墨滴通过高压气流由喷嘴喷出，在喷出的瞬间同时有高压气流在喷嘴出口处形成一个环形气压场，对喷出的雾状气流进行气体动力学聚焦，形成一个柱状液滴流。这种起雾方式可以对打印的墨水量进行精确控制，高压气流喷射方式降低了对墨水黏度的限制，而气体动力学聚焦作用可以获得更精细的打印图形。但气流喷射打印方法也有不足之处，雾化墨滴经高压气流喷出后会在打印图形周围形成一些散落点，使打印图形的边缘不够清晰。

实际上，喷墨打印只是一种制图手段，油墨将直接决定所制作图形的结构与功能，因此功能性油墨的持续开发对于该领域的进步至关重要。为了能够进行喷墨打印，油墨材料必须能够呈现液态，并且具有较低的黏度。某些高分子材料可以直接被有机溶剂溶解和稀释成为喷墨材料；无机材料如陶瓷或金属可以研磨成粉末，然后与胶合液体混合形成流体状态作为喷墨材料[157]；纳米颗粒或碳纳米管都可以用这种方式制成喷墨打印的液体[159]，在电流体动力学效应下实现印刷，并且可以保证图案具有足够精度。但需要注意的是，由混合溶液形成的喷墨打印图形在干燥后会有偏析现象，即混合溶液中的溶剂一旦蒸发后其中有效物质并不一定均匀覆盖打印区域。这种偏析效应与打印衬底表面的性质有很密切的关系。

除了喷墨打印，传统印刷方法如丝网印刷、凹版印刷、柔版印刷以及纳米压印技术等都可以归类为印刷加工方法。例如，丝网印刷技术早已在晶硅太阳能电池产业普遍应用。太阳能电池板的前电极就是用丝网印刷银浆制备的。在对图形分辨率与精度要求不高的应用场合，用印刷取代传统曝光、显影、刻蚀等加工方法不但具有简单、低成本，以及可以在大面积和柔性衬底上加工的特点，而且是一种绿色环保的加工方法。印刷电子正发展成为一种低成本制造电子器件的新兴产业技术。

2. 丝网印刷

直接印刷是一种高容量的印刷工艺，可以将图案从承载图案的母版上面复制到其他基材表面，因此每次印刷图案都是相同的，适应于具有相同信息的大批量印刷。根据膜版的性质，直接印刷可分为丝网印刷、凹版印刷和柔版印刷等。

丝网印刷是印刷电子产业中最简单、应用最广泛的印刷方法。母版是一个网版，由框架、织物网版和织物网版上的膜版组成，其在控制最终图案分辨率和薄膜厚度方面都起着重要作用。用于丝网印刷的油墨黏度高，首先将其覆盖住网版，并在网版下方放置基材。刮板在网版上移动，对油墨覆盖的筛网施加压力，使其穿透图案区域沉积在基材上（图3.15）[160]。丝网印刷分辨率通常较低，一般高于 100 μm。

与其他印刷方法相比，丝网印刷的油墨可以用微米大小的固体材料配制，包括金属、碳和聚合物等；能够在平面或弯曲的基材上印刷图案；可以印刷不同种类的基板，包括易碎的晶圆；由于油墨具有高黏度，因此在印刷期间更容易控制油墨运动。丝网印刷已广泛应用于制备电子电路板、薄膜晶体管和显示器等多个领域中[161-163]。然而，也正是高黏油墨的需求导致添加剂增多，从而降低了油墨的导电性能，增大了印刷所得图案表面的粗糙度，限制了丝网印刷在构筑高精度电子器件中的使用。随着分辨率的提高和新型电子油墨的出现，丝网印刷也有望在大面积有机太阳能电池、传感器等电子器件中发挥重要作用[164-166]。英国格拉斯哥大学的科研人员利用银叉指电极，通过丝网印刷碳纳米管与聚二甲基硅氧

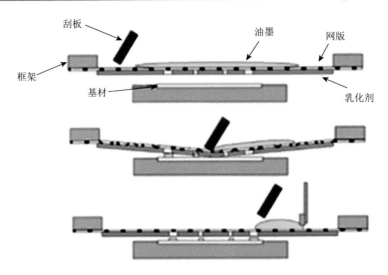

图 3.15　丝网印刷原理示意图

烷导电聚合物作为互联线,构建出高性能压力传感器,最低探测压力为 500 Pa[167];武汉大学的科研人员通过丝网印刷片状石墨、碳纳米管、聚二甲基硅氧烷混合薄膜构筑的柔性温度传感器,具有较低成本、高灵敏度与高稳定性等特性[168];武汉纺织大学 Sadi 等通过在单面导电棉织物上印刷碳纳米管,实现了应变传感、电加热和颜色改变功能[169]。

3. 凹版印刷

凹版印刷使用凹版复制图案,凹版以凹陷点的形式雕刻图案。在印刷之前,将凹版浸入油墨中,油墨被加载到凹陷点中,使用刮刀去除不在凹陷点中的多余油墨(图 3.16)[170]。印刷区域中包含的油墨通过压印辊与凹版接触,由于基材和油墨之间的黏合力而转移到基材表面。凹版印刷可以使用低黏度油墨,无需添加

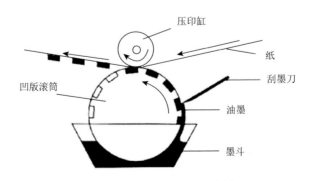

图 3.16　凹版印刷原理示意图

剂即可实现油墨的高纯度分散；通过卷对卷工艺可实现高通量印刷，可以精确控制油墨量；通过使用各种大小和深度的凹版单元，可有效调控图案厚度；金属凹版通常具有较长的工作寿命，可以生产数百万次，而印刷品不会导致图案劣化。凹版印刷的问题在于硬凹版无法直接在刚性基材上印刷图案，只有约 50 μm 的有限分辨率。另一个问题是如何管理印刷表面上的油墨移动，由于凹版上的图案区域是独立的单元形式，因此从单个单元转移到基材表面的油墨必须能够四处移动以形成均匀的薄膜。油墨和基材表面的特性在此过程中起着关键作用[171]。

　　目前，采用凹版印刷制备的电子器件包括场效应晶体管、太阳能电池、发光装置和多功能电路等[172-176]。南昌大学科研人员采用凹版印刷卷对卷工艺，制备出大面积柔性高导电性和高透光率的 PEDOT：PSS、碳纳米管复合电极，并取代氧化铟锡制备出一种聚合物-富勒烯太阳能电池[177]；韩国顺天第一大学与美国加利福尼亚大学伯克利分校的科研人员使用定制的卷对板凹版印刷工艺，制备出20 像素×20 像素的大面积碳纳米管有源矩阵背板[178]。其中还研究了凹版印刷的分辨率、成膜质量、低黏度油墨的使用和在刚性基材上印刷等工艺问题，然而，对凹版印刷进行详细研究较为困难，因为在此过程中的油墨运动比喷墨更难控制。

4. 凸版印刷

　　凸版印刷又称柔版印刷，可适用于柔性和刚性等多种基材。在印刷之前，基材清洁度对于避免印刷层污染至关重要，因此需要使用等离子技术对基材表面进行进一步改性，以改善印刷油墨的润湿性。在柔版印刷过程中，油墨被倒入网纹辊上，该辊包含大量具有特定体积的激光雕刻孔，油墨通过锋利的刮刀均匀地分布在网纹辊上。然后，光敏聚合物印版顶部的凸起图像与网纹辊接触，将油墨转移到基材上（图 3.17）[179, 180]。由于光敏聚合物印版的限制，凸版印刷的分辨率约为 10 μm。使用纳米多孔印版可以实现约 3 μm 的高分辨率。凸版印刷油墨的黏度通常为 50～200 cP（1 cP = 10^{-3} Pa·s），这种黏度的油墨更容易配制；凸版印刷板具有弹性，成本低廉且易于制作，可以在更广泛的基材上印刷油墨，包括刚性、柔性或粗糙的表面；凸版印刷易于获得具有平整边缘和光滑表面的薄印刷层。然而，凸版印刷与凹版印刷板相比，由于印版的弹性性质，在印刷压力下易发生变形，导致印版使用寿命较短。

　　凸版印刷是印刷电子产业中极具吸引力的一种制备方法，已实现场效应晶体管、太阳能电池以及显示器件中多种功能层的印刷制备[181-187]。北京市印刷电子工程技术研究中心的研究人员证明了

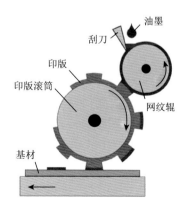

图 3.17　柔版印刷原理示意图

柔版印刷制备银-碳纳米管混合薄膜用作有机太阳能电池电极的可行性，比单纯银薄膜作为电极时具有更高转化率[188]。日本名古屋大学 Higuchi 等采用转移和高速柔版印刷相结合的工艺技术构建出高性能碳纳米管薄膜晶体管[180]，载流子迁移率高达 157 cm/(V·s)，开关比为 10^4，该技术还可以在刚性陶瓷表面上印刷导电图案。

3.3.3 其他技术

随着微纳加工技术的发展，加工尺寸不断缩小，加工技术种类也不断扩增，其目的是提高芯片上器件的集成度，提升芯片功能。除了传统意义上用于微纳加工工艺的光学光刻技术外，为了提高微纳加工分辨率和适用多种材料，多种适应于微纳米加工工艺的非光学光刻技术被相继研发，包括极紫外光刻技术、电子束光刻技术、离子束光刻技术和显微镜发光二极管光刻技术等。

1. 极紫外光刻技术

极紫外光刻是在紫外光刻技术的基础上发展而来的。伴随着微电子技术的蓬勃发展，人们一直在开发研究新技术缩小微电子加工线宽，以增加芯片容量。极紫外是波长为 13 nm 的光辐射，几乎可以被所有材料吸收，传统的折射式透镜成像已无法适用，因此所有光学元件包括掩膜本身都必须是反射式。在典型的极紫外曝光系统中，光源发出的极紫外辐射由一组反射镜收集并投射到反射式掩膜上。被反射的掩膜图形由另一组反射镜会聚缩小，然后投射到衬底上实现极紫外光刻胶的曝光。由此可见，极紫外曝光技术四个重要组成部分为极紫外光源、极紫外光学系统、极紫外掩膜与极紫外光刻胶。

极紫外光可以由等离子体激发和同步辐射源两种方法产生。作为集成电路生产应用的极紫外光源主要是等离子体源。按照等离子体产生的方式，这类极紫外光源又可分为激光等离子体源与气体放电等离子体源。开发极紫外光源的核心技术问题是如何提高它的辐射功率。目前极紫外光源的可用曝光功率在 10 W 的水平。而要实现每小时曝光 60 片硅片的生产能力，极紫外光源的可用曝光功率至少要达到 100 W 的水平。随着输出功率的提高还会产生其他一系列问题，如收集光学元件的污染和寿命问题等。

如前所述，极紫外波长在任何材料中都有极强的吸收。而极紫外光在任何单一材料的表面反射率也很低，采用多层膜反射镜是一种有效解决方案。多层膜反射镜是由两种不同材料交替沉积形成的膜系，交替膜厚的周期控制在极紫外的半波长左右。极紫外光波会在这种多层膜中形成谐振，形成反射峰值。目前，技术最成熟的多层膜系统是由钼和硅组成，其极紫外反射峰值恰好在 13 nm 波长左右。影响最大反射率的主要因素是薄膜沉积中形成的杂质和缺陷以及薄膜表面的粗糙度。

与极紫外光学元件一样，极紫外掩膜也必须是全反射式。极紫外掩膜由两部分组成。首先是掩膜基板，由在一种低热膨胀系数的材料上交替沉积的多层钼-硅薄膜构成。基板的平整度偏差必须低于 50 nm，并且无缺陷。然后在基板上沉积金属膜并用电子束曝光与刻蚀技术形成掩膜图形。金属层的功能是吸收极紫外光。因此，凡是有金属层覆盖的区域，极紫外光被吸收，而没有金属层覆盖的区域，极紫外光被反射。最后在硅片表面形成与掩膜图形一致的曝光图形。最困难的技术环节是掩膜审查和修补，掩膜基板中的缺陷尤其难以检测。分析表明，掩膜上 50 nm 大小的缺陷就会反映在最后的曝光图形上。由于镓离子注入形成对极紫外光的额外吸收，因此传统投影曝光掩膜修整所采用的聚焦离子束技术将不再适用于修整极紫外掩膜。极紫外掩膜缺陷通常是由聚焦电子束结合化学反应气体进行修补。

对极紫外光刻胶的要求是具有更高的灵敏度和更高的分辨率。更高灵敏度是因为极紫外的光源输出功率有限。但高灵敏度和曝光 50 nm 以下的图形带来了线条边缘粗糙度这一严重问题。目前，大多数化学放大光刻胶都难以同时满足高灵敏度和低线条边缘粗糙度的要求。

2. 电子束光刻技术

电子束光刻技术是利用聚焦电子束对衬底上的光刻胶进行曝光，通过显影获得精细图形结构的微纳加工技术。电子束光刻与传统的光学光刻技术工艺过程类似，都是在光刻胶薄膜上制作图形结构，然后显影获得所需图形。不同的是，电子束光刻在对光刻胶作用时是利用具有一定能量的聚焦电子束，光刻胶在受到电子束照射后，物理化学性质发生改变，在特定的显影试剂中能显示出良溶性或非良溶性。电子束光刻技术主要用于微纳米尺度的精细器件结构制备，在加工过程中不需要传统的掩膜版，也被称作电子束直写技术。

电子束光刻技术开始于 20 世纪 60 年代初，由德国图宾根大学的研究人员首先提出利用电子显微镜在薄膜上制作高分辨率的图形。1970 年法国汤姆逊公司首先成功研制出一台完善的电子束光刻系统。电子束光刻系统一般由电子光学部分、工件台部分、真空系统、图形发生器及控制电路、计算机控制系统和电力供应系统组成。其中，电子光学部分是电子束曝光的核心，用于形成和控制聚焦电子束，包括电子枪、透镜系统、束闸和偏转系统等。工件台部分用于放置样品，同时能实现对样品的精密移动、旋转和定位等功能。真空系统是为了实现并保持电子束作用于样品整个过程腔体的真空。真空室的性能好坏直接影响电子束曝光的性能稳定性和寿命。图形发生器是电子束曝光的关键部件，该部分起到了掩膜版的作用，同时也对计算机图形进行处理和控制转移。计算机控制系统主要用于数据处理、数据存储、数据传送、运行控制、状态检测和故障检测等。电力供应系统主要保障电子束曝光系统的电力使用。电子束曝光技术按照扫描方式划分，可以分成矢量扫描和光栅扫描；按照电子束的形成可分为高斯圆束和成形束。电子束曝光时所用到的光刻胶与光学光刻胶类似，也称作电子束抗蚀剂，作为被电子束照射并发生交联、降解的化学物质，一般是能够溶解于某些特定溶剂的有机物，也有的电子束光刻胶是无机物。

电子束是比光波波长短几个数量级的带电粒子，在曝光时电子束发生的衍射效应较弱，因此相对于光学光刻技术，其曝光分辨率较高，通常为 3～8 nm。电子束曝光的分辨率主要取决于电子相差、束斑尺寸、电子束光刻胶和电子束散射程度。相比于光学光刻，电子束光刻分辨率较高，制作图形更为精细，但是其效率远低于光学光刻技术，难以广泛应用于大规模器件制造中。主要原因在于电子束曝光速度受限于电子束加工移动速度、电子束源、数据传输速度、偏转系统速度、工件台性能、光刻胶性能等。电子束曝光的设备也较昂贵，维护和保养成本也高。为了提高电子束光刻技术在电子行业领域的应用，一些新型的电子束光刻技术被相继开发，如投影电子束曝光技术，具有很高的曝光分辨率和加工速度，适用于纳米级器件的批量生产；微光柱阵列电子束曝光，是将传统的电子光学系统微缩为微光柱，每个微光柱可以在一个小单元面内曝光，从而实现在大面积上的阵列曝光；反射电子束曝光，通过光学的反射利用图形发生器等独立地控制电子束曝光。

3. 离子束光刻技术

离子束光刻又称为聚焦离子束光刻，和电子束光刻技术类似，是利用聚焦的离子束对衬底上的光刻胶进行辐照曝光，获得图形结构的工艺技术。离子束中的离子比电子质量更大，在作用到固体材料表面时没有临近效应，离子在光刻胶中的散射范围也比电子束小得多，几乎没有背散射效应。另外光刻胶对离子束比对电子束敏感得多，可提高加工效率，是小批量器件加工与研究的有效技术手段。离子束曝光方式可以分为聚焦方式和掩膜方式。聚焦离子束投影曝光灵敏度极高且曝光深度可控。离子源发射的离子束具有非常好的平行性，焦深可达 100 μm，而光学曝光的焦深只有 1～2 μm。也就是说，硅片表面任何起伏在 100 μm 之内，离子束的分辨力基本不变，线条跨越硅片表面的起伏结构时其线宽没有任何变化。聚焦离子束投影曝光的另一个优点是通过控制离子能量可以控制离子的穿透深度，从而控制抗蚀剂的曝光深度。

聚焦的离子束在半导体行业中可用来切割纳米级结构、对光刻技术中的屏蔽板进行修补、制作透射电镜样品、分离和分析集成电路的各个元件、激活材料导电性等。

4. 显微镜发光二极管光刻技术

光刻技术普遍针对平面衬底进行加工，而对于非平面、曲面上的电子器件加工，传统的光刻技术较难获得足够完善的图案与加工精度，而显微镜发光二极管光刻技术则可以有效解决这一类难题。

显微镜发光二极管光刻系统是将显微镜和投影机结合为一体的光刻系统，由二极管发光光刻系统、显微镜观测系统构成，不需要光照就可以完成光刻图形化的投影式光刻设备。显微镜发光二极管光刻系统使用显微镜、二极管发光光源以及投影仪，即可把分辨率为微米级别的任意图形投影在涂覆光刻胶材料的衬底上进行光刻。光刻图形可以通过专用软件进行自由编辑，可在衬底上实现任意尺寸与形状电极的图形化，同时精度不受衬底表面形状的限制。显微镜曝光系统专门用于半导体电子器件光刻与形貌表征的科学研究，如场效应晶体管、薄膜晶体管、二极管、热电子晶体管等。显微镜发光二极管光刻系统无需事先制作掩膜版，利用显微镜物镜放大视野，可实现从精细图案到大面积的一次性曝光，相比于电子束光刻技术，可以极大地提高工作效率。

微纳加工技术在微纳米材料的制备、器件加工，尤其在电学、光学、磁学、声学等半导体器件研究领域发挥着重要作用。如今，随着芯片制造迈向 5 nm 节点，对半导体加工技术也提出了更高的要求，寻求大规模、高精度、高效的微纳技术是未来半导体器件领域的重要研究任务。实际上，除了上述技术外，诸如 X 射线光刻技术、纳米压印技术、激光加工技术等也在微纳加工技术领域中不断被探索与发展。

参 考 文 献

[1] Bethune D S，Kiang C H，Devries M S，et al. Cobalt-catalyzed growrh of carbon nanotubes with single-atomic-layerwalls. Nature，1993，363（6430）：605-607.

[2] Iijima S，Ichihashi T. Single-shell carbon nanotubes of 1-nm diameter. Nature，1993，363（6430）：603-605.

[3] Dresselhaus M S，Dresselhaus G，Saito R. Physics of carbon nanotubes. Carbon，1995，33（7）：883-891.

[4] Oberlin A，Endo M，Koyama T. Filamentous growth of carbon through benzene decomposition. Journal of Crystal Growth，1976，32（3）：335-349.

[5] Iijima S. Helical microtubules of graphitic carbon. Nature，1991，354（6348）：56-58.

[6] Kroto H W，Heath J R，Obrien S C，et al. C_{60}: buckminsterfullerene. Nature，1985，318（6042）：162-163.

[7] Krätschmer W，Lamb L D，Fostiropoulos K，et al. Solid C_{60}: a new form of carbon. Nature，1990，347（6291）：354-358.

[8] Liu C，Cong H T，Li F，et al. Semi-continuous synthesis of single-walled carbon nanotubes by a hydrogen arc discharge method. Carbon，1999，37（11）：1865-1868.

[9] Volotskova O，Fagan J A，Huh J Y，et al. Tailored distribution of single-wall carbon nanotubes from arc plasma synthesis using magnetic fields. ACS Nano，2010，4（9）：5187-5192.

[10]   Zhang Y L, Hou P X, Liu C, et al. De-bundling of single-wall carbon nanotubes induced by an electric field during arc discharge synthesis. Carbon, 2014, 74: 370-373.

[11]   Walker P L, Rakszawski J F, Imperial G R. Carbon formation from carbon monoxide-hydrogen mixtures over iron catalysts.2.Rates of carbon formation. Journal of Physical Chemistry, 1959, 63 (2): 140-149.

[12]   Joseyacaman M, Mikiyoshida M, RendonL, et al. Catalytic growth of carbon microtubules with fullerene structure. Applied Physics Letters, 1993, 62 (2): 202-204.

[13]   Cheng H M, Li F, Su G, et al. Large-scale and low-cost synthesis of single-walled carbon nanotubes by the catalytic pyrolysis of hydrocarbons. Applied Physics Letters, 1998, 72 (25): 3282-3284.

[14]   Kocabas C, Shim M, Rogers J A. Spatially selective guided growth of high-coverage arrays and random networks of single-walled carbon nanotubes and their integration into electronic devices. Journal of the American Chemical Society, 2006, 128 (14): 4540-4541.

[15]   Liu C, Cheng H M. Carbon nanotubes: controlled growth and application. Materials Today, 2013, 16 (1-2): 19-28.

[16]   Wang H, Yuan Y, Wei L, et al. Catalysts for chirality selective synthesis of single-walled carbon nanotubes. Carbon, 2015, 81: 1-19.

[17]   Wagner R S, Ellis W C. Vapor-liquid-solid mechanism of single crystal growth. Applied Physics Letters, 1964, 4 (5): 89.

[18]   Baker R T K, Harris P S, Thomas R B, et al. Formation of filamentous carbon from iron, cobalt and chromium catalyzed decomposition of acetylene. Journal of Catalysis, 1973, 30 (1): 86-95.

[19]   Liu B L, Ren W C, Gao L B, et al. Metal-catalyst-free growth of single-walled carbon nanotubes. Journal of the American Chemical Society, 2009, 131 (6): 2082-2083.

[20]   Huang S M, Cai Q R, Chen J Y, et al. Metal-catalyst-free growth of single-walled carbon nanotubes on substrates. Journal of the American Chemical Society, 2009, 131 (6): 2094-2095.

[21]   Zhang L L, Liu C, Liu B L, et al. Growth of tadpole-like carbon nanotubes from TiO_2 nanoparticles. Carbon, 2013, 55: 253-259.

[22]   Kang L X, Hu Y, Liu L L, et al. Growth of close-packed semiconducting single-walled carbon nanotube arrays using oxygen-deficient TiO_2 nanoparticles as catalysts. Nano Letters, 2015, 15 (1): 403-409.

[23]   Fiawoo M F, Bonnot A M, Amara H, et al. Evidence of correlation between catalyst particles and the single-wall carbon nanotube diameter: a first step towards chirality control. Physical Review Letters, 2012, 108(19): 195503.

[24]   Mattevi C, Wirth C T, Hofmann S, et al. In-situ X-ray photoelectron spectroscopy study of catalyst-support interactions and growth of carbon nanotube forests. The Journal of Physical Chemistry C, 2008, 112 (32): 12207-12213.

[25]   Maruyama T, Kozawa A, Saida T, et al. Low temperature growth of single-walled carbon nanotubes from Rh catalysts. Carbon, 2017, 116: 128-132.

[26]   Zhang F, Hou P X, Liu C, et al. Epitaxial growth of single-wall carbon nanotubes. Carbon, 2016, 102: 181-197.

[27]   Yu X C, Zhang J, Choi W, et al. Cap formation engineering: from opened C_{60} to single-walled carbon nanotubes. Nano Letters, 2010, 10 (9): 3343-3349.

[28]   Liu J, Wang C, Tu X M, et al. Chirality-controlled synthesis of single-wall carbon nanotubes using vapor-phase epitaxy. Nature Communications, 2012, 3: 1199.

[29]   Yao Y, Feng C, Zhang J, et al. "Cloning" of single-walled carbon nanotubes via open-end growth mechanism. Nano Letters, 2009, 9 (4): 1673-1677.

[30]　Omachi H，Nakayama T，Takahashi E，et al. Initiation of carbon nanotube growth by well-defined carbon nanorings. Nature Chemistry，2013，5（7）：572-576.

[31]　Liu B L，Liu J，Li H B，et al. Nearly exclusive growth of small diameter semiconducting single-wall carbon nanotubes from organic chemistry synthetic end-cap molecules. Nano Letters，2015，15（1）：586-595.

[32]　Lim H E，Miyata Y，Kitaura R，et al. Growth of carbon nanotubes via twisted graphene nanoribbons. Nature Communications，2013，4：2548.

[33]　Franklin A D. Electronic the road to carbon nanotube transistors. Nature，2013，498（7455）：443-444.

[34]　Saito R，Fujita M，Dresselhaus G，et al. Electronic-structure of chiral graphene tubules. Applied Physics Letters，1992，60（18）：2204-2206.

[35]　Chen Z H，Appenzeller J，Knoch J，et al. The role of metal-nanotube contact in the performance of carbon nanotube field-effect transistors. Nano Letters，2005，5（7）：1497-1502.

[36]　An L，Owens J M，Mcneil L E，et al. Synthesis of nearly uniform single-walled carbon nanotubes using identical metal-containing molecular nanoclusters as catalysts. Journal of the American Chemical Society，2002，124（46）：13688-13689.

[37]　Lu J Q，Kopley T E，Moll N，et al. High-quality single-walled carbon nanotubes with small diameter，controlled density，and ordered locations using a polyferrocenylsilane block copolymer catalyst precursor. Chemistry of Materials，2005，17（9）：2227-2231.

[38]　Kim H J，Seo S W，Lee J，et al. The synthesis of single-walled carbon nanotubes with narrow diameter distribution using polymerized hemoglobin. Carbon，2014，69：588-594.

[39]　Ryu K M，Badmaev A，Gomez L，et al. Synthesis of aligned single-walled nanotubes using catalysts defined by nanosphere lithography. Journal of the American Chemical Society，2007，129（33）：10104-10105.

[40]　Ago H，Ayagaki T，Ogawa Y，et al. Ultrahigh-vacuum-assisted control of metal nanoparticles for horizontally aligned single-walled carbon nanotubes with extraordinary uniform diameters. Journal of Physical Chemistry C，2011，115（27）：13247-13253.

[41]　Zhang S C，Tong L M，Hu Y，et al. Diameter-specific growth of semiconducting SWNT arrays using uniform Mo_2C solid catalyst. Journal of the American Chemical Society，2015，137（28）：8904-8907.

[42]　Song W，Jeon C，Kim Y S，et al. Synthesis of bandgap-controlled semiconducting single-walled carbon nanotubes. ACS Nano，2010，4（2）：1012-1018.

[43]　Tang D M，Zhang L L，Liu C，et al. Heteroepitaxial growth of single-walled carbon nanotubes from boron nitride. Scientific Reports，2012，2：971.

[44]　Wang W L，Bai X D，Xu Z，et al. Low temperature growth of single-walled carbon nanotubes：small diameters with narrow distribution. Chemical Physics Letters，2006，419（1-3）：81-85.

[45]　Liu C，Cheng H M. Controlled growth of semiconducting and metallic single-wall carbon nanotubes. Journal of the American Chemical Society，2016，138（21）：6690-6698.

[46]　Harutyunyan A R，Chen G G，Paronyan T M，et al. Preferential growth of single-walled carbon nanotubes with metallic conductivity. Science，2009，326（5949）：116-120.

[47]　Zhang S，Hu Y，Wu J，et al. Selective scission of C—O and C—C bonds in ethanol using bimetal catalysts for the preferential growth of semiconducting SWNT arrays. Journal of the American Chemical Society，2015，137（3）：1012-1015.

[48]　Qin X J，Peng F，Yang F，et al. Growth of semiconducting single-walled carbon nanotubes by using ceria as catalyst supports. Nano Letters，2014，14（2）：512-517.

[49] Tang L，Li T，Li C，et al. CoPt/CeO$_2$ catalysts for the growth of narrow diameter semiconducting single-walled carbon nanotubes. Nanoscale，2015，7（46）：19699-19704.

[50] Zhang L, Sun D M, Hou P X, et al. Selective growth of metal-free metallic and semiconducting single-wall carbon nanotubes. Advanced Materials，2017，29（32）：1605719.

[51] Zhang G Y，Qi P F，Wang X R，et al. Hydrogenation and hydrocarbonation and etching of single-walled carbon nanotubes. Journal of the American Chemical Society，2006，128（18）：6026-6027.

[52] Hassanien A，Tokumoto M，Umek P，et al. Selective etching of metallic single-wall carbon nanotubes with hydrogen plasma. Nanotechnology，2005，16（2）：278-281.

[53] Zhang G Y，Qi P F，Wang X R，et al. Selective etching of metallic carbon nanotubes by gas-phase reaction. Science，2006，314（5801）：974-977.

[54] Ding L，Tselev A，Wang J Y，et al. Selective growth of well-aligned semiconducting single-walled carbon nanotubes. Nano Letters，2009，9（2）：800-805.

[55] Che Y，Wang C，Liu J，et al. Selective synthesis and device applications of semiconducting single-walled carbon nanotubes using isopropyl alcohol as feedstock. ACS Nano，2012，6（8）：7454-7462.

[56] Ibrahim I，Kalbacova J，Engemaier V，et al. Confirming the dual role of etchants during the enrichment of semiconducting single wall carbon nanotubes by chemical vapor deposition. Chemistry of Materials，2015，27（17）：5964-5973.

[57] Zhou W，Zhan S，Ding L，et al. General rules for selective growth of enriched semiconducting single walled carbon nanotubes with water vapor as *in situ* etchant. Journal of the American Chemical Society，2012，134（34）：14019-14026.

[58] Li P，Zhang J. Sorting out semiconducting single-walled carbon nanotube arrays by preferential destruction of metallic tubes using water. Journal of Materials Chemistry，2011，21（32）：11815-11821.

[59] Li J H，Ke C T，Liu K H，et al. Importance of diameter control on selective synthesis of semiconducting single-walled carbon nanotubes. ACS Nano，2014，8（8）：8564-8572.

[60] Li J H，Liu K H，Liang S B，et al. Growth of high-density-aligned and semiconducting-enriched single-walled carbon nanotubes：decoupling the conflict between density and selectivity. ACS Nano，2014，8（1）：554-562.

[61] Yu B，Hou P X，Li F，et al. Selective removal of metallic single-walled carbon nanotubes by combined *in situ* and post-synthesis oxidation. Carbon，2010，48（10）：2941-2947.

[62] Yu B，Liu C，Hou P X，et al. Bulk synthesis of large diameter semiconducting single-walled carbon nanotubes by oxygen-assisted floating catalyst chemical vapor deposition. Journal of the American Chemical Society，2011，133（14）：5232-5235.

[63] Zhen Z，Jiang H，Susi T，et al. The use of NH$_3$ to promote the production of large-diameter single-walled carbon nanotubes with a narrow（*n*，*m*）distribution. Journal of the American Chemical Society，2011，133（5）：1224-1227.

[64] Li W S，Hou P X，Liu C，et al. High-quality，highly concentrated semiconducting single-wall carbon nanotubes for use in field effect transistors and biosensors. ACS Nano，2013，7（8）：6831-6839.

[65] Hou P X，Li W S，Zhao S Y，et al. Preparation of metallic single-wall carbon nanotubes by selective etching. ACS Nano，2014，8（7）：7156-7162.

[66] Zhang H L，Liu Y Q，Cao L C，et al. A facile，low-cost，and scalable method of selective etching of semiconducting single-walled carbon nanotubes by a gas reaction. Advanced Materials，2009，21（7）：813-816.

[67] Yu Q M，Wu C X，Guan L H. Direct enrichment of metallic single-walled carbon nanotubes by using NO$_2$ as oxidant to selectively etch semiconducting counterparts. Journal of Physical Chemistry Letters，2016，7（22）：4470-4474.

[68]　Li S S，Liu C，Hou P X，et al. Enrichment of semiconducting single-walled carbon nanotubes by carbothermic reaction for use in all-nanotube field effect transistors. ACS Nano，2012，6（11）：9657-9661.

[69]　Hata K，Futaba D N，Mizuno K，et al. Water-assisted highly efficient synthesis of impurity-free single-walled carbon nanotubes. Science，2004，306（5700）：1362-1364.

[70]　Talyzin A V，Luzan S，Anoshkin I V，et al. Hydrogenation，purification，and unzipping of carbon nanotubes by reaction with molecular hydrogen：road to graphane nanoribbons. ACS Nano，2011，5（6）：5132-5140.

[71]　Yu F，Zhou H，Yang H，et al. Preferential elimination of thin single-walled carbon nanotubes by iron etching. Chemical Communications，2012，48（7）：1042-1044.

[72]　Zhang F，Hou P X，Liu C，et al. Growth of semiconducting single-wall carbon nanotubes with a narrow band-gap distribution. Nature Communications，2016，7：11160.

[73]　Peng B H，Jiang S，Zhang Y Y，et al. Enrichment of metallic carbon nanotubes by electric field-assisted chemical vapor deposition. Carbon，2011，49（7）：2555-2560.

[74]　Hong G，Zhang B，Peng B H，et al. Direct growth of semiconducting single-walled carbon nanotube array. Journal of the American Chemical Society，2009，131（41）：14642-14643.

[75]　Kato T，Hatakeyama R. Direct growth of short single-walled carbon nanotubes with narrow-chirality distribution by time-programmed plasma chemical vapor deposition. ACS Nano，2010，4（12）：7395-7400.

[76]　Ishigami N，Ago H，Imamoto K，et al. Crystal plane dependent growth of aligned single-walled carbon nanotubes on sapphire. Journal of the American Chemical Society，2008，130（30）：9918-9924.

[77]　Bachilo S M，Balzano L，Herrera J E，et al. Narrow（n，m）-distribution of single-walled carbon nanotubes grown using a solid supported catalyst. Journal of the American Chemical Society，2003，125（37）：11186-11187.

[78]　Wang H，Wei L，Ren F，et al. Chiral-selective $CoSO_4/SiO_2$ catalyst for（9，8）single-walled carbon nanotube growth. ACS Nano，2013，7（1）：614-626.

[79]　Wang H，Goh K L，Xue R，et al. Sulfur doped Co/SiO_2 catalysts for chirally selective synthesis of single walled carbon nanotubes. Chemical Communications，2013，49（20）：2031-2033.

[80]　Wang H，Ren F，Liu C，et al. $CoSO_4/SiO_2$ catalyst for selective synthesis of（9，8）single-walled carbon nanotubes：effect of catalyst calcination. Journal of Catalysis，2013，300：91-101.

[81]　He M S，Liu B L，Chernov A I，et al. Growth mechanism of single-walled carbon nanotubes on iron-copper catalyst and chirality studies by electron diffraction. Chemistry of Materials，2012，24（10）：1796-1801.

[82]　He M S，Chernov A I，Fedotov P V，et al. Predominant（6，5）single-walled carbon nanotube growth on a copper-promoted iron catalyst. Journal of the American Chemical Society，2010，132（40）：13994-13996.

[83]　Liu B L，Ren W C，Li S S，et al. High temperature selective growth of single-walled carbon nanotubes with a narrow chirality distribution from a CoPt bimetallic catalyst. Chemical Communications，2012，48（18）：2409-2411.

[84]　He M，Chernov A I，Fedotov P V，et al. Selective growth of SWNTs on partially reduced monometallic cobalt catalyst. Chemical Communications，2011，47（4）：1219-1221.

[85]　Wei L，Bai S H，Peng W K，et al. Narrow-chirality distributed single-walled carbon nanotube synthesis by remote plasma enhanced ethanol deposition on cobalt incorporated MCM-41 catalyst. Carbon，2014，66：134-143.

[86]　Wang H，Wang B，Quek X Y，et al. Selective synthesis of（9，8）single walled carbon nanotubes on cobalt incorporated TUD-1 catalysts. Journal of the American Chemical Society，2010，132（47）：16747-16749.

[87]　Chiang W H，Sankaran R M. Linking catalyst composition to chirality distributions of as-grown single-walled carbon nanotubes by tuning Ni_xFe_{1-x} nanoparticles，Nature Materials，2009，8（11）：882-886.

[88] Chiang W H, Sankaran R M. The influence of bimetallic catalyst composition on single-walled carbon nanotube yield. Carbon, 2012, 50 (3): 1044-1050.

[89] Chiang W H, Sakr M, Gao X P A, et al. Nanoengineering Ni_xFe_{1-x} catalysts for gas-phase, selective synthesis of semiconducting single-walled carbon nanotubes. ACS Nano, 2009, 3 (12): 4023-4032.

[90] Dutta D, Chiang W H, Sankaran R M, et al. Epitaxial nucleation model for chiral-selective growth of single-walled carbon nanotubes on bimetallic catalyst surfaces. Carbon, 2012, 50 (10): 3766-3773.

[91] Reich S, Li L, Robertson J. Control the chirality of carbon nanotubes by epitaxial growth. Chemical Physics Letters, 2006, 421 (4-6): 469-472.

[92] Yang F, Wang X, Zhang D Q, et al. Chirality-specific growth of single-walled carbon nanotubes on solid alloy catalysts. Nature, 2014, 510 (7506): 522-524.

[93] Yang F, Wang X, Zhang D Q, et al. Growing zigzag (16, 0) carbon nanotubes with structure-defined catalysts. Journal of the American Chemical Society, 2015, 137 (27): 8688-8691.

[94] Yang F, Wang X, Si J, et al. Water-assisted preparation of high-purity semiconducting (14, 4) carbon nanotubes. ACS Nano, 2017, 11: 186-193.

[95] Zhang S C, Kang L X, Wang X, et al. Arrays of horizontal carbon nanotubes of controlled chirality grown using designed catalysts. Nature, 2017, 543 (7644): 234-238.

[96] Liu B L, Liu J, Tu X M, et al. Chirality-dependent vapor-phase epitaxial growth and termination of single-wall carbon nanotubes. Nano Letters, 2013, 13 (9): 4416-4421.

[97] Wang Y H, Kim M J, Shan H W, et al. Continued growth of single-walled carbon nanotubes. Nano Letters, 2005, 5 (6): 997-1002.

[98] Sanchez-Valencia J R, Dienel T, Groning O, et al. Controlled synthesis of single-chirality carbon nanotubes. Nature, 2014, 512 (7512): 61-64.

[99] Hu Y, Kang L X, Zhao Q C, et al. Growth of high-density horizontally aligned SWNT arrays using Trojan catalysts. Nature Communications, 2015, 6: 6099.

[100] Kang L X, Hu Y, Zhong H, et al. Large-area growth of ultra-high-density single-walled carbon nanotube arrays on sapphire surface. Nano Research, 2015, 8 (11): 3694-3703.

[101] Kang L X, Zhang S C, Li Q W, et al. Growth of horizontal semiconducting SWNT arrays with density higher than 100 tubes/μm using ethanol/methane chemical vapor deposition. Journal of the American Chemical Society, 2016, 138 (21): 6727-6730.

[102] Wang X S, Li Q Q, Xie J, et al. Fabrication of ultralong and electrically uniform single-walled carbon nanotubes on clean substrates. Nano Letters, 2009, 9 (9): 3137-3141.

[103] Zhang R F, Zhang Y Y, Wei F. Horizontally aligned carbon nanotube arrays: growth mechanism, controlled synthesis, characterization, properties and applications. Chemical Society Reviews, 2017, 46 (12): 3661-3715.

[104] Wen Q, Zhang R F, Qian W Z, et al. Growing 20 cm long DWNTs/TWNTs at a rapid growth rate of 80-90 μm/s. Chemistry of Materials, 2010, 22 (4): 1294-1296.

[105] Zhu Z X, Wei N, Xie H H, et al. Acoustic-assisted assembly of an individual monochromatic ultralong carbon nanotube for high on-current transistors. Science Advances, 2016, 2 (11): e1601572.

[106] Collins P C, Arnold M S, Avouris P. Engineering carbon nanotubes and nanotube circuits using electrical breakdown. Science, 2001, 292 (5517): 706-709.

[107] Li J H, Franklin A D, Liu J. Gate-free electrical breakdown of metallic pathways in single-walled carbon nanotube crossbar networks. Nano Letters, 2015, 15 (9): 6058-6065.

[108] Otsuka K，Inoue T，Chiashi S，et al. Selective removal of metallic single-walled carbon nanotubes in full length by organic film-assisted electrical breakdown. Nanoscale，2014，6（15）：8831-8835.

[109] Hong G，Zhou M，Zhang R X，et al. Separation of metallic and semiconducting single-walled carbon nanotube arrays by "scotch tape". Angewandte Chemie-International Edition，2011，50（30）：6819-6823.

[110] Hu Y，Chen Y B，Li P，et al. Sorting out semiconducting single-walled carbon nanotube arrays by washing off metallic tubes using SDS aqueous solution. Small，2013，9（8）：1306-1311.

[111] Xie X，Jin S H，Wahab M A，et al. Microwave purification of large-area horizontally aligned arrays of single-walled carbon nanotubes. Nature Communications，2014，5：5332.

[112] Arnold M S，Green A A，Hulvat J F，et al. Sorting carbon nanotubes by electronic structure using density differentiation. Nature Nanotechnology，2006，1（1）：60-65.

[113] Ghosh S，Bachilo S M，Weisman R B. Advanced sorting of single-walled carbon nanotubes by nonlinear density-gradient ultracentrifugation. Nature Nanotechnology，2010，5（6）：443-450.

[114] Green A A，Hersam M C. Nearly single-chirality single-walled carbon nanotubes produced via orthogonal iterative density gradient ultracentrifugation. Advanced Materials，2011，23（19）：2185-2190.

[115] Tanaka T，Jin H，Miyata Y，et al. Simple and scalable gel-based separation of metallic and semiconducting carbon nanotubes. Nano Letters，2009，9（4）：1497-1500.

[116] Liu H P，Nishide D，Tanaka T，et al. Large-scale single-chirality separation of single-wall carbon nanotubes by simple gel chromatography. Nature Communications，2011，2：309.

[117] Liu H P，Tanaka T，Kataura H. Optical isomer separation of single-chirality carbon nanotubes using gel column chromatography. Nano Letters，2014，14（11）：6237-6243.

[118] Zheng M，Jagota A，Semke E D，et al. DNA-assisted dispersion and separation of carbon nanotubes. Nature Materials，2003，2（5）：338-342.

[119] Tu X M，Manohar S，Jagota A，et al. DNA sequence motifs for structure-specific recognition and separation of carbon nanotubes. Nature，2009，460（7252）：250-253.

[120] Fagan J A，Khripin C Y，Batista C S，et al. Isolation of specific small-diameter single-wall carbon nanotube species via aqueous two-phase extraction. Advanced Materials，2014，26（18）：2800-2804.

[121] Liu L J，Han J，Xu L，et al. Aligned，high-density semiconducting carbon nanotube arrays for high-performance electronics. Science，2020，368（6493）：850-856.

[122] Zhang R F，Zhang Y Y，Zhang Q，et al. Optical visualization of individual ultralong carbon nanotubes by chemical vapour deposition of titanium dioxide nanoparticles. Nature Communications，2013，4：1727.

[123] Wu W Y，Yue J Y，Lin X Y，et al. True-color real-time imaging and spectroscopy of carbon nanotubes on substrates using enhanced Rayleigh scattering. Nano Research，2015，8（8）：2721-2732.

[124] Jorio A，Saito R，Hafner J H，et al. Structural（n，m）determination of isolated single-wall carbon nanotubes by resonant Raman scattering. Physical Review Letters，2001，86（6）：1118-1121.

[125] Dresselhaus M S，Dresselhaus G，Jorio A，et al. Raman spectroscopy on isolated single wall carbon nanotubes. Carbon，2002，40（12）：2043-2061.

[126] Dresselhaus M S，Dresselhaus G，Jorio A. Raman spectroscopy of carbon nanotubes in 1997 and 2007. Journal of Physical Chemistry C，2007，111（48）：17887-17893.

[127] Maultzsch J，Telg H，Reich S，et al. Radial breathing mode of single-walled carbon nanotubes：optical transition energies and chiral-index assignment. Physical Review B，2005，72（20）：205438.

[128] Dresselhaus M S，Dresselhaus G，Jorio A. Unusual properties and structure of carbonnanotubes. Annual Review of

Materials Research，2004，34：247-278.

[129] Zhang D Q，Yang J，Yang F，et al. （n, m）Assignments and quantification for single-walled carbon nanotubes on SiO$_2$/Si substrates by resonant Raman spectroscopy. Nanoscale，2015，7（24）：10719-10727.

[130] Esconjauregui S，Xie R S，Fouquet M，et al. Measurement of area density of vertically aligned carbon nanotube forests by the weight-gain method. Journal of Applied Physics，2013，113（14）：144309.

[131] Kataura H，Kumazawa Y，Maniwa Y，et al. Optical properties of single-wall carbon nanotubes. Synthetic Metals，1999，103（1-3）：2555-2558.

[132] Saito R，Jorio A，Hafner J H，et al. Chirality-dependent G-band Raman intensity of carbon nanotubes. Physical Review B，2001，64（8）：7.

[133] Brown S D M，Jorio A，Corio P，et al. Origin of the breit-wigner-fano lineshape of the tangential G-band feature of metallic carbon nanotubes. Physical Review B，2001，63（15）：155414.

[134] Tian Y，Jiang H，Laiho P，et al. Validity of easuring metallic and semiconducting single-walled carbon nanotube fractions by quantitative Raman spectroscopy. Analytical Chemistry，2018，90（4）：2517-2525.

[135] Goupalov S V. Optical transitions in carbon nanotubes. Physical Review B，2005，72（19）：195403.

[136] Samsonidze G G，Gruneis A，Saito R，et al. Interband optical transitions in left-and right-handed single-wall carbon nanotubes. Physical Review B，2004，69（20）：205402.

[137] Luo Z T，Pfefferle L D，Haller G L，et al.（n, m）Abundance evaluation of single-walled carbon nanotubes by fluorescence and absorption spectroscopy. Journal of the American Chemical Society，2006，128（48）：15511-15516.

[138] Huang L，Zhang H，Wu B，et al. A generalized method for evaluating the metallic-to-semiconducting ratio of separated single-walled carbon nanotubes by UV-vis-NIR characterization. Journal of Physical Chemistry C，2010，114（28）：12095-12098.

[139] Bachilo S M，Strano M S，Kittrell C，et al. Structure-assigned optical spectra of single-walled carbon nanotubes. Science，2002，298（5602）：2361-2366.

[140] Li J，He Y J，Han Y M，et al. Direct identification of metallic and semiconducting single-walled carbon nanotubes in scanning electron microscopy. Nano Letters，2012，12（8）：4095-4101.

[141] He Y J，Zhang J，Li D Q，et al. Evaluating bandgap distributions of carbon nanotubes via scanning electron microscopy imaging of the Schottky barriers. Nano Letters，2013，13（11）：5556-5562.

[142] Jiang H，Nasibulin A G，Brown D P，et al. Unambiguous atomic structural determination of single-walled carbon nanotubes by electron diffraction. Carbon，2007，45（3）：662-667.

[143] Jiang H，Brown D P，Nasibulin A G，et al. Robust Bessel-function-based method for determination of the（n, m）indices of single-walled carbon nanotubes by electron diffraction. Physical Review B，2006，74（3）：035427.

[144] O'connell M J，Bachilo S M，Huffman C B，et al. Band gap fluorescence from individual single-walled carbon nanotubes. Science，2002，297（5581）：593-596.

[145] Hartschuh A，Pedrosa H N，Novotny L，et al. Simultaneous fluorescence and Raman scattering from single carbon nanotubes. Science，2003，301（5638）：1354-1356.

[146] Venema L C，Meunier V，Lambin P，et al. Atomic structure of carbon nanotubes from scanning tunneling microscopy. Physical Review B，2000，61（4）：2991-2996.

[147] Ouyang M，Huang J L，Lieber C M. Scanning tunneling microscopy studies of the one-dimensional electronic properties of single-walled carbon nanotubes. Annual Review of Physical Chemistry，2002，53：201-220.

[148] Liu K H，Hong X P，Zhou Q，et al. High-throughput optical imaging and spectroscopy of individual carbon nanotubes in devices. Nature Nanotechnology，2013，8（12）：917-922.

[149] Lin X, Kavalakkatt J, Lux-Steiner M C, et al. Inkjet-printed Cu$_2$ZnSn(S, Se)$_4$ solar cells. Advanced Science, 2015, 2（6）: 1500028.

[150] Castrejon-Pita J R, Baxter W R S, Morgan J, et al. Future, opportunities and challenges of inkjet technologies. Atomization and Sprays, 2013, 23（6）: 541-565.

[151] Tekin E, Smith P J, Schubert U S. Inkjet printing as a deposition and patterning tool for polymers and inorganic particles. Soft Matter, 2008, 4（4）: 703-713.

[152] Kuang M, Wang J, Bao B, et al. Inkjet printing patterned photonic crystal domes for wide viewing-angle displays by controlling the sliding three phase contact line. Advanced Optical Materials, 2014, 2（1）: 34-38.

[153] Wang L, Wang J, Huang Y, et al. Inkjet printed colloidal photonic crystal microdot with fast response induced by hydrophobic transition of poly（*N*-isopropyl acrylamide）. Journal of Materials Chemistry, 2012, 22（40）: 21405-21411.

[154] Denneulin A, Bras J, Carcone F, et al. Impact of ink formulation on carbon nanotube network organization within inkjet printed conductive films. Carbon, 2011, 49（8）: 2603-2614.

[155] Luo M, Zhu M, Wei M, et al. Radiation-hard and repairable complementary metal-oxide-semiconductor circuits integrating n-type indium oxide and p-type carbon nanotube field-effect transistors. ACS Applied Materials & Interfaces, 2020, 12（44）: 49963-49970.

[156] Gao W, Xu W, Ye J, et al. Selective dispersion of large-diameter semiconducting carbon nanotubes by functionalized conjugated dendritic oligothiophenes for use in printed thin film transistors. Advanced Functional Materials, 2017, 27（44）: 1703938.

[157] Calvert P. Inkjet printing for materials and devices. Chemistry of Materials, 2001, 13（10）: 3299-3305.

[158] Sirringhaus H, Kawase T H, Friend R H, et al. High-resolution inkjet printing of all-polymer transistor circuits. Science, 2000, 290（5499）: 2123-2126.

[159] Song J W, Kim J, Yoom Y H, et al. Inkjet printing of single-walled carbon nanotubes and electrical characterization of the line pattern. Nanotechnology, 2008, 19（9）: 095702.

[160] Nazri M A, Lim L M, Samsudin Z, et al. Screen-printed nickel-zinc batteries: a review of additive manufacturing and evaluation methods. 3D Printing and Additive Manufacturing, 2021, 8（3）: 176-192.

[161] Akahoshi H, Murakami K, Wajima M, et al. A new fully additive fabrication process for printed wiring boards. IEEE Transactions on Components, Hybrids, and Manufacturing Technology, 1986, 9（2）: 181-187.

[162] Dubey G C. Screens for screen printing of electronic circuits. Microelectronics Reliability, 1974, 13（3）: 203-207.

[163] Kittila M, Hagberg J, Jakku E, et al. Direct gravure printing（DGP）method for printing fine-line electrical circuits on ceramics. IEEE Transactions on Electronics Packaging Manufacturing. 2004, 27（2）: 109-114.

[164] Gutierrez C A, Meng E. Low-cost carbon thick-film strain sensors for implantable applications. Journal of Micromechanics and Microengineering, 2010, 20（9）: 095028.

[165] Kim J W, Lee Y C, Kim K S, et al. High frequency characteristics of printed Cu conductive circuit. Journal of Nanoscience and Nanotechnology, 2011, 11（1）: 537-540.

[166] Zhang D, Hu W, Meggs C, et al. Fabrication and characterisation of barium strontium titanate thick film device structures for microwave applications. Journal of the European Ceramic Society, 2007, 27（2-3）: 1047-1051.

[167] Yogeswaran N, Tinku S, Khan S, et al. Stretchable resistive pressure sensor based on CNT-PDMS nanocomposites. IEEE Conference on Ph. D. Research in Microelectronics and Electronics（PRIME）, 2015: 326-329.

[168] Wu L, Qian J, Peng J, et al. Screen-printed flexible temperature sensor based on FG/CNT/PDMS composite with constant TCR. Journal of Materials Science: Materials in Electronics, 2019, 30（10）: 9593-9601.

[169] Sadi M, Yang M, Luo L, et al. Direct screen printing of single-faced conductive cotton fabrics for strain sensing, electrical heating and color changing. Cellulose, 2019, 26 (10): 6179-6188.

[170] Yin X, Kumar S. Flow visualization of the liquid emptying process in scaled-up gravure grooves and cells. Chemical Engineering Science, 2006, 61 (4): 1146-1156.

[171] Voigt M M, Mackenzie R C I, King S P, et al. Gravure printing inverted organic solar cells: the influence of ink properties on film quality and device performance. Solar Energy Materials and Solar Cells, 2012, 105: 77-85.

[172] Hambsch M, Reuter K, Stanel M, et al. Uniformity of fully gravure printed organic field-effect transistors. Materials Science and Engineering: B, 2010, 170 (1-3): 93-98.

[173] Kopola P, Aernouts T, Guillerez S, et al. High efficient plastic solar cells fabricated with a high-throughput gravure printing method. Solar Energy Materials and Solar Cells, 2010, 94 (10): 1673-1680.

[174] Tekoglu S, Hernandez-Sosa G, Kluge E, et al. Gravure printed flexible small-molecule organic light emitting diodes. Organic Electronics, 2013, 14 (12): 3493-3499.

[175] Reuter K, Kempa H, Deshmukh K D, et al. Full-swing organic inverters using a charged perfluorinated electret fabricated by means of mass-printing technologies. Organic Electronics, 2010, 11 (1): 95-99.

[176] Park H, Kang H, Lee Y, et al. Fully roll-to-roll gravure printed rectenna on plastic foils for wireless power transmission at 13.56 MHz. Nanotechnology, 2012, 23 (34): 344006.

[177] Hu X, Chen L, Zhang Y, et al. Large-scale flexible and highly conductive carbon transparent electrodes via roll-to-roll process and its high performance lab-scale indium tin oxide-free polymer solar cells. Chemistry of Materials, 2014, 26 (21): 6293-6302.

[178] Yeom C, Chen K, Kiriya D, et al. Large-area compliant tactile sensors using printed carbon nanotube active-matrix backplanes. Advanced Materials, 2015, 27 (9): 1561-1566.

[179] Assaifan A K. Flexographic printing contributions in transistors fabrication. Advanced Engineering Materials, 2021, 23 (5): 2001410.

[180] Higuchi K, Kishimoto S, Nakajima Y, et al. High-mobility, flexible carbon nanotube thin-film transistors fabricated by transfer and high-speed flexographic printing techniques. Applied Physics Express, 2013, 6 (8): 085101.

[181] Kaihovirta N, Mäkelä T, He X, et al. Printed all-polymer electrochemical transistors on patterned ion conducting membranes. Organic Electronics, 2010, 11 (7): 1207-1211.

[182] Lo C Y, Huttunen O H, Hiitola-Keinanen J, et al. MEMS-controlled paper-like transmissive flexible display. Journal of Microelectromechanical Systems, 2010, 19 (2): 410-418.

[183] Zielke D, Hübler A C, Hahn U, et al. Polymer-based organic field-effect transistor using offset printed source/drain structures. Applied Physics Letters, 2005, 87 (12): 123508.

[184] Leppävuori S, Väänänen J, Lahti M, et al. A novel thick-film technique, gravure offset printing, for the realization of fine-line sensor structures. Sensors and Actuators A: Physical, 1994, 42 (1-3): 593-596.

[185] Krebs F C. Pad printing as a film forming technique for polymer solar cells. Solar Energy Materials and Solar Cells, 2009, 93 (4): 484-490.

[186] Filoux E, Lou-Moeller R, Callé S, et al. Optimised properties of high frequency transducers based on curved piezoelectric thick films obtained by pad printing process. Advances in Applied Ceramics, 2013, 112 (2): 75-78.

[187] Cho J H, Lee J, Xia Y, et al. Printable ion-gel gate dielectrics for low-voltage polymer thin-film transistors on plastic. Nature Materials, 2008, 7 (11): 900-906.

[188] Mo L, Ran J, Yang L, et al. Flexible transparent conductive films combining flexographic printed silver grids with CNT coating. Nanotechnology, 2016, 27 (6): 065202.

第4章

碳纳米管电子器件

4.1.1　场发射机理

场发射又称为场电子发射或电子场发射。在没有外加激励时，物质导带中的电子无法跃迁到真空能级，即无法逸出物体表面，只有当这些电子拥有了足够多的能量时才会越过势垒成为自由电子。常见发射电子的方法有热电子发射、次级电子发射、光电子发射和场发射[1]。使电子成为自由电子有两种思路：第一种是表面势垒高度不变，使电子获得能量高于表面的势垒；第二种是降低表面势垒，使势垒高度低于电子能量。其中，热电子发射、次级电子发射和光电子发射都是在没有改变表面势垒高度的条件下，通过激发导带上的电子从外界获得高于势垒的额外能量并逸出成为自由电子；而场发射是对导体或者半导体的表面施加一定的外部电场，当势垒变得足够低、足够窄时，电子就可以通过隧穿的方式穿过表面势垒从物体表面逸出。

1. 场发射的基本原理

1928 年，Fowler 和 Nordheim 建立了金属场发射理论模型，通过计算得出了相关的定量方程，即 Fowler-Nordheim 方程（F-N 方程）[2]。F-N 方程的推导过程主要运用了以下四个假设。

（1）电子的分布遵循费米-狄拉克统计。

（2）金属表面呈光滑平面状。

（3）金属表面电势受镜像力和外电场的影响。

（4）金属表面逸出功分布均匀。

根据 Schottky 势垒效应，金属的表面势垒在外电场作用下降低，从而降低了逸出功，增加了电子逸出概率。场发射可以看作是电子在材料表面发生的透射行为，电子从表面透射的概率即电子透射系数与电子的能量大小以及势垒的形状有关[3]。由以上四个假设，联立薛定谔方程，求解如下：

$$J(0) = \frac{e^3 F^2}{8\pi h t^2(y_0)\varphi} \exp\left[-\frac{8\pi\sqrt{2m}\varphi^{3/2}}{3heF}\theta(y_0)\right] \tag{4.1}$$

式（4.1）即为 F-N 方程，将有关常数代入后得

$$J(0) = \frac{1.54\times10^{-6} F^2}{t^2(y_0)\varphi} \exp\left[-\frac{6.83\times10^7 \varphi^{3/2}}{F}\theta(y_0)\right] \tag{4.2}$$

当 $T = 0\,\mathrm{K}$ 时，场发射电流密度为

$$J(0) = \frac{1.54\times10^{-6} F^2}{\varphi} \exp\left[-\frac{6.83\times10^7 \varphi^{\frac{3}{2}}}{F}\right] \tag{4.3}$$

式（4.3）为简化后的 F-N 公式。其中，J 是场发射电流密度（A/cm^2）；F 是外加电场的场强（V/cm）；φ 是金属功函数（eV）。可以看出，当 $T = 0\,\mathrm{K}$ 时，场发射电流密度 J 是金属表面电场强度 F 和逸出功 φ 的函数。

以上公式是在 $T = 0\,\mathrm{K}$ 及无限大光滑平面条件下推导的，但实际上表面绝对光滑的材料是不存在的，其表面高度具有原子尺度范围的波动，所以需要对 F-N 方程进行修正。

当 $T > 0\,\mathrm{K}$ 时，部分电子会占据费米能级 E_F 以上的能级，这些电子具有更高的能量，穿透势垒的概率更大。但是当温度较低时，费米能级以上的电子很少，导致这部分电子产生的隧穿电流很小，对发射电流没有显著贡献，此时无法通过温度对场发射电流进行较大范围的调控，因此发射电流主要受费米能级以下的电子影响。当温度升高至一定程度后，其作用开始显著，但是与强电场相比，其对于提升场发射电流密度的效果仍然相对较小。

在实际工作中，一般通过 I-V 曲线来对场发射性能进行分析，所以需要利用电流 I 和电压 V 对 F-N 方程中的场发射电流密度 J 和材料表面的电场强度 F 进行替换，即 $J = I/A$，$F = \beta E = \beta V/d$，其中 A 为材料发生场发射的表面积，β 为场增强因子。替换后，与 I-V 相关的 F-N 方程可变为

$$I = \frac{1.54\times10^{-6}(\beta V/d)^2 A}{t^2(y)\varphi} \exp\left[-\frac{6.83\times10^7 \varphi^{3/2}}{\beta V/d}\theta(y)\right] \tag{4.4}$$

或

$$I = \frac{1.54\times10^{-6}(\beta V/d)^2 A}{\varphi} \exp\left[-\frac{6.83\times10^7 \varphi^{3/2}}{\beta V/d}\right] \tag{4.5}$$

其中，V 是外加电压；d 是电极间距。场增强因子 β 表示发射体对外电场的放大作用，其大小与发射体形状、表面吸附状态等有关，可从 F-N 曲线的斜率 K 计算得到。

$$\beta = -\frac{6.83\times10^7 \varphi^{\frac{3}{2}} s(y_0)d}{K} = -\frac{6.83\times10^7 \varphi^{1.5}d}{K} \qquad (4.6)$$

2. 碳纳米管的场发射机理

关于碳纳米管场发射机理的模型解释并没有达成一致，目前科研人员已提出的场发射模型主要有以下几种。

1）局域电场增强机理

碳纳米管是由单层或者多层石墨片层按一定的角度卷曲而成的管状结构，通常一端为封闭态，其直径为纳米级，根据管壁层数可分为单壁碳纳米管和多壁碳纳米管。将碳纳米管放在电场中，其尖端部分的电场比外加电场更强。在平行电场中的电势分布情况如图 4.1 所示[4]。

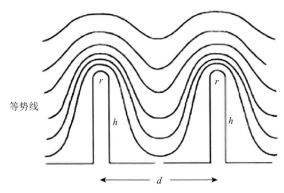

图 4.1　碳纳米管场发射尖端处的电场分布

r：碳纳米管半径；h：碳纳米管高度

由图 4.1 可见，相对于管壁周围而言，碳纳米管顶端等势面的分布更加密集，表明顶端电场强度要大于外电场本身，产生局域电场增强效应。碳纳米管尖端附近的电场强度可以通过式（4.7）进行计算：

$$E = \beta E_0 = \frac{\beta V_0}{d} \qquad (4.7)$$

其中，E 是尖端附近的电场强度，其大小受多个参数的影响，其中 E_0 是外加电场强度；d 是两个碳纳米管间距；β 是场增强因子。研究发现，外电场内碳纳米管尖端曲率半径越小，即尖端越尖时，其周围的局域电场获得的增强效果就越显著，表明场增强因子 β 的数值越大；然而单位空间内碳纳米管数量越多，尖端附近的电场屏蔽效应越强，场增强因子 β 的数值越小[5]。

2）缺陷发射机理

虽然碳纳米管可以看作是由石墨片层卷曲而成，但其碳原子轨道与石墨烯并不相同，这是因为小曲率半径的碳纳米管在 sp^2 杂化中还存在 sp^3 杂化缺陷，所以碳纳米管中的碳原子具有独特的负电子亲和势，这意味着碳纳米管的逸出功和阈值电场较小。研究发现，随机分布在基底上的碳纳米管仍具有可观的场发射电流密度，即碳纳米管的中心轴平行或垂直于基底时，都具有很强的电子发射能力，其原因在于碳纳米管管壁的 sp^2 结构中分布着部分 sp^3 杂化结构缺陷，这对电子发射有重要贡献。

3）管帽局域态能带发射机理

研究发现，碳纳米管尖端附近存在着范围较窄的量子局域态能带，其中的大量电子可在外电场的作用下激发出去[6-9]。图 4.2 为碳纳米管端帽局域态能带场电子能量分布，依据上述理论，电子在激发过程中必有能级间的跃迁，即有发光现象产生[9]；Mayer 等理论计算得出碳纳米管端帽局域态密度与管体有明显差别[10]，该结果已在单壁碳纳米管和多壁碳纳米管的扫描隧道显微像中证实。碳纳米管的直径、形状及结构缺陷均能影响其局域态能带分布，导致不同碳纳米管的能带分布有较大区别，相应的场发射能力也不同。

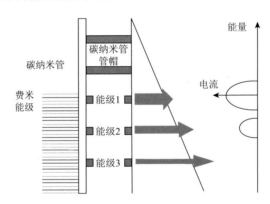

图 4.2　碳纳米管端帽局域态能带场电子能量分布

4）吸附物谐振隧穿发射机理

碳纳米管具有很强的吸附能力，其表面可吸附大量的气体分子。研究人员发现碳纳米管管壁上的某些电子发射是由吸附在管壁上的气体分子的隧穿效应而产生，其电子发射能力受外加电场和温度影响。如图 4.3 所示，当外加电场较弱或者温度较低时，碳纳米管在吸附物辅助的作用下隧穿穿过表面势垒；当发射温度超过 400℃或存在较强的外加电场时，碳纳米管的电子发射能力会降低，主要原因是高温时吸附在碳纳米管管壁上的分子会发生脱附，使得吸附物谐振效应明显降低[9]。

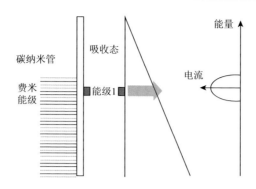

图 4.3　吸附气体的碳纳米管能带场电子能量分布

4.1.2　碳纳米管的场发射性能

碳纳米管的直径较小，具有大长径比和小曲率半径，适合尖端放电，同时还具有耐高温、耐酸碱、抗氧化、高强度和高导电性等优势。作为新型一维材料，碳纳米管以其独特的物理特性、良好的化学稳定性和自身的特殊结构引起了人们的广泛关注，其优异的场发射性能有效降低了功耗，同时大幅度提高发射电流和使用寿命，充分展示了应用于大规模、低功耗、高性能场发射器件的巨大潜力。

1. 场发射性能的评价指标

一般而言，材料场发射性能的评价指标主要包括开启电场、场发射电流密度、阈值电场、场发射稳定性、场增强因子、场发射图像的均匀性等[4]。

1）开启电场

作为场发射性能最常用的评价指标，开启电场是指开启碳纳米管场发射时的外加电场强度，当电流密度达到 $10\ \mu A/cm^2$ 时，碳纳米管场发射处于工作状态。开启电场的大小是材料场发射难易程度的判断依据，开启电场较小，说明材料本身需要较小的外加电场就可使得表面势垒高度小于电子能量，电子就能够逸出，即较容易进行场发射，同时开启电压较低，所消耗的功率也较低[10]。通常认为开启电场越小，材料的场发射特性越好。

2）场发射电流密度和阈值电场

场发射器件的电流密度定义为单位面积产生场发射电流的大小。为实现场发射器件的商业化，其电流密度需要达到 $10\ mA/cm^2$ 以上，因此将场发射电流密度达到该值时需施加的外电场强度定义为阈值电场[11]。

3）场发射稳定性

场发射器件的商业化应用要求器件可长时间保持稳定的工作电流。稳定性不仅体现在电流密度的稳定性，还体现在器件材料的稳定性，要求在多变的外界环境下，材料的热学性能、化学性能和物理性能不随时间而变化。一般还是以电流密度的稳定性来体现场发射稳定性。

4）场增强因子

在外加电场的作用下，碳纳米管端部的电场强度得到强化，并用场增强因子来表示增强的效果。表面某处的场增强因子越大，表明在相同的外加电场作用下该处的电场强度越大，该处表面势垒降低越明显，电子越容易越过势垒成为自由电子。故场增强因子的平均值越高，碳纳米管的场发射性能越好。

5）场发射图像的均匀性

场发射图像的均匀性对于评价场发射性能也尤为重要，可通过电流在空间上的分布来直观判断。材料表面的起伏、材料发射源的密度和形状差异都会在一定程度上影响场发射图像的均匀性。目前场发射器件广泛应用于显示器和发光设备中，而这些设备需要对场发射图像有效观测，因此在实际应用中对材料的形貌及发射源的密度与形状提出了很高的要求。

2. 场发射性能的测试装置

碳纳米管的场发射性能测试装置主要由两部分构成，即 *I-V* 测试系统和真空系统。*I-V* 测试系统配有连续可调的直流高压电源、高精度电流表以及数据采集系统，其中高精度电流表的测量精度要求达到 0.1 pA 以上。在测试过程中，电子在电场作用下发生场发射，从碳纳米管中逸出后在电场的作用下向阳极移动，阳极收集发射出电子从而形成电流，根据单位时间内阳极收集到的电子数目测得电流大小，其数值通过电流表显示。真空系统为场发射提供优异的测试环境，可有效降低气体对材料场发射性能和测试过程的影响。

对碳纳米管的场发射性能测试，应根据测试需要选择阴极和阳极。阴极的选择取决于测试材料的形状、性质和测试目的，如黏附在针状电极上的碳纳米管束或固定在块状样品台上的垂直阵列等。而对于阳极形状及材料的选取主要取决于测试材料的形状和测试目的，目前应用范围最广泛的阳极是由氧化铟锡（ITO）导电玻璃制作而成，该阳极透光率高、导电性能好，便于测试过程的观察。当电流较小时，ITO 会发出微蓝光；当电流变大时，会发出明亮的红色光。另一种应用较为广泛的阳极材料由金属导体制作而成，可制成小直径圆柱体和大面积的板状两种形态，前者主要用于测试纤维状或薄膜状样品（图 4.4），后者主要用于大面积样品的测试[4]。

3. 单壁碳纳米管的场发射性能

单壁碳纳米管具有大长径比、优异的物性和良好的化学稳定性，因而是一种理想的场发射材料。单壁碳纳米管存在易聚集成束的问题，这使得基于单壁碳

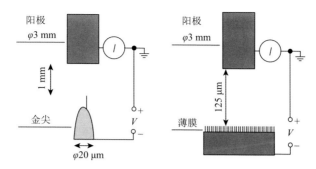

图 4.4　单根碳纳米管（左）和碳纳米管薄膜（右）的针尖式金属阳极场发射性能测试系统

纳米管阵列的器件制备具有挑战性。现阶段研究人员主要采用无序的单壁碳纳米管薄膜来制备单壁碳纳米管场发射器件。

Bonard 等采用电弧法制备了由无规则排列的单壁碳纳米管构成的薄膜[12]，研究发现该薄膜具有 1.5～4.5 V/μm 的起始发射阈值以及 3.7～7.8 V/μm 的临界发射阈值，优于无定形碳薄膜等材料。Chung 等同样使用电弧法制备单壁碳纳米管[13]，通过一系列处理工艺将其制备成平板显示器的阴极部分，测试发现薄膜的发射阈值为 2 V/μm，并且碳纳米管薄膜的发射均匀性良好，但随着发射时间的延长，发射电流有明显的衰减。Matsumoto 等在刻蚀后的硅衬底尖端上制备单壁碳纳米管[14]，并在真空环境下测试其场发射性能。由于碳纳米管的平均直径仅为 1～2 nm，相比硅尖端直径要小得多，结果表明单壁碳纳米管发射极的发射阈值显著低于传统硅材料。中国科学院金属研究所的科研人员采用氢电弧法制备出长达数厘米的单壁碳纳米管纤维[15]，并研究其场发射性能，发现当单壁碳纳米管纤维的长度从 1.9 mm 减小到 0.4 mm 时，与之相对应的场发射阈值从 0.12 V/μm 增大到 0.32 V/μm，这表明单壁碳纳米管纤维的长度显著影响其场发射性能，纤维长度越大，其开启电场和发射阈值越低。同时研究表明，基于上述工艺制备的碳纳米管具有优异的场发射稳定性，在高达 1.4 A/cm^2 的电流密度和长达 175 h 的超长测试条件下，该碳纳米管的场发射电流仍可达到起始电流值的 87.5%。

已有研究表明单壁碳纳米管具有较好的场发射性能，但考虑到单壁碳纳米管的大长径比，理论上应具有更大的场增强因子。受单壁碳纳米管制备工艺的限制，制备出的碳纳米管存在无序排列、纯度低等问题，同时由于分子间作用力导致单壁碳纳米管通常聚集成束，因而其场发射性能仍有进一步提高的空间。通过改善工艺制备出更长、纯度更高的单壁碳纳米管及其阵列，将有助于实现理论上预期的单壁碳纳米管优异的场发射性能，并推动单壁碳纳米管场发射器件的广泛应用。

4. 多壁碳纳米管的场发射性能

相比于单壁碳纳米管，多壁碳纳米管的管径较大。目前可以可控生长多壁碳纳米管薄膜及其阵列，同时由于管间范德瓦耳斯力较小，更易于获得单根的多壁碳纳米管场发射试样。

Bonard 等制备出多壁碳纳米管并对其场发射性能进行研究[16]，发现对于单根多壁碳纳米管而言，当发射电流小于 10～20 nA 时，其 I-V 特性曲线基本保持为直线，并且样品稳定性较好。随着电压增大，场发射电流逐渐趋于饱和，且饱和电流值出现大幅波动。研究人员进一步测试了碳纳米管薄膜的场发射性能，结果表明碳纳米管薄膜样品同样出现电流饱和现象，但饱和电流没有明显波动。通过对单根多壁碳纳米管和碳纳米管薄膜的场发射性能进行对比，发现单根碳纳米管尖端及碳纳米管薄膜的局部电场强度基本接近 4 V/nm，因此认为多壁碳纳米管薄膜的场发射行为主要来源于材料中少部分长度大、管径小、更为分散的碳纳米管。南京大学马延风等采用二氧化碳（CO_2）辅助化学气相沉积方法制备出多壁碳纳米管阵列[17]，在去除碳纳米管表面污染物及在管壁中引入缺陷后对其场发射性能进行测试，结果表明表面杂质的减少以及缺陷的增加明显改善了碳纳米管的场发射性能，使其开启电压和阈值电压明显下降。

单壁碳纳米管、多壁碳纳米管和碳纳米管复合材料都具有优异的场发射性能。大量的实验研究结果表明，由于外层石墨烯片层对内层石墨烯的保护作用，当外层石墨烯受到离子轰击等环境损坏时，内层石墨烯依旧可以发挥其场发射性能，这使得多壁碳纳米管具有更好的稳定性。具体来讲，对于碳纳米管场发射性能的稳定性评价主要包括两方面，一方面是长期效应，即在长时间电场激发下碳纳米管的场发射电流的降低幅度；另一方面是短期效应，即在短时间内碳纳米管的场发射电流是否能保持稳定。若场发射行为由极少部分碳纳米管主导，则产生的场发射电流很小，测试过程中碳纳米管结构、外界环境等微小变化都可能引起场发射性能显著改变，出现剧烈的电流波动，此时基于短期效应考虑，碳纳米管表现出不稳定性；当场发射电流较大时，说明大量的碳纳米管对场发射电流均有贡献，此时碳纳米管短期效应的稳定性会明显提升。Collins 等对碳纳米管-环氧树脂复合系统进行了场发射特性和稳定性的研究[18]，由于碳纳米管均匀分布在复合材料体系中，即使历经严重的表面损伤如机械打磨和高压电弧灼烧后，复合材料的场发射性能仍可保持稳定。

场发射比热电子发射的电子能量更加集中、分布宽度更窄，这是场发射器件的优势之一。对于金属材料场发射的电子而言，其能量分布宽度一般为 0.3～0.45 eV，而 Bonard 等通过研究碳纳米管场发射的能量分布图发现[16]，在开启电场作用下，碳纳米管场发射电子的能量分布宽度仅为约 0.18 eV。在增大碳纳米管场发射电压后，电流也会相应增大，增大到一定程度时便会产生荧光发射现象。Bonard 等通过对多壁碳纳米管尖端场发射的研究及荧光图谱的分析[19]，发现多壁碳纳米管的荧光光谱由两条能量分布宽度不同的光谱线叠加而来。其中分布较窄的光谱荧光强度高，并随着场发射电流的增加而进一步增大，同时峰值位置基本不变；而分布较宽的光谱荧光强度低，且由于电子在碳纳米管中的传递，在不同测试条件下峰值位置会发生偏移。

依据场发射效应，从碳纳米管中发射出的电子在外加电场的作用下会加速撞击到涂有荧光材料的阳极上，此时荧光材料将会吸收能量并发出荧光，呈现出光斑。外电场越大，电子撞击到阳极时的速度越大，荧光材料吸收的能量就越多，同时所发出的荧光就越强，光斑尺寸也会越大。Saito 等通过对不同结构（开口或者闭口）的多壁碳纳米管尖端场发射电子行为进行对比[20]，发现了与碳纳米管结构相关的光斑形状的差异。其中开口多壁碳纳米管的光斑呈独特环状，并进一步推测出电子光斑图形与碳纳米管结构以及表面吸附作用有关。因此，通过对多种碳纳米管的电子光斑图样进行深入研究和分析，未来有望根据光斑图样推测出相应的碳纳米管结构，反之，也可根据碳纳米管结构对其电子光斑特性进行可靠的预测。

5. 碳纳米管场发射性能的影响因素

碳纳米管的场发射特性与其几何特征、定向性以及层状结构等诸多因素紧密相关。

1）碳纳米管的几何特征

一般而言，具有更大长径比的碳纳米管可获得更高的场增强因子，因此单壁碳纳米管理论上应具有比多壁碳纳米管更低的开启电场及阈值电压。但实际研究结果表明，相比于多壁碳纳米管，单壁碳纳米管的场发射性能并没有明显提升。为了有效利用碳纳米管场发射特性，研究人员深入探索了碳纳米管的结构参数如管径、管长等几何结构对场增强因子和场发射性能的影响。

中山大学邓少芝等利用热化学气相沉积系统，通过调节铁薄膜催化剂的厚度，分别制备出不同直径和不同密度的碳纳米管薄膜[21]，证明了直径和密度对电子发射性能的影响。按密度的不同，三种样品分别标记为 S-sparse、S-medium 和 S-dense，如图 4.5 所示，I-V 曲线和 F-N 曲线表明 S-medium 样品具有最低的阈值电场和最高的场增强因子。当碳纳米管的直径较小时，尽管局域的场增强效应明显，但电子发射性能较差；当密度较大时，场增强效应减弱，同时电子发射性能也将变差。

Sohn 等研究发现，开口碳纳米管具有较低的阈值电场和较高的场增强因子[22]。进一步表征结果显示，这是由于开口碳纳米管的边缘存在许多突起结构，这种不规则结构或将影响材料的场增强效应。Rinzler 等提出了"碳原子线"的特殊机制来阐述碳纳米管材料的场发射性能[23]，如图 4.6 所示，在外加电场的作用下，碳纳米管管壁中的碳原子可以从石墨烯片层解离出来，并逐渐形成一维的碳原子线。这一理论模型反映出更为显著的碳纳米管局部场增强效应。

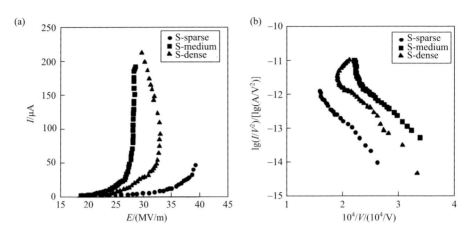

图 4.5　测试样品的 *I-V* 曲线（a）和 F-N 曲线（b）

E：电场强度；*I*：电流；*V*：电压；S-sparse：低密度样品；S-medium：中密度样品；S-dense：高密度样品

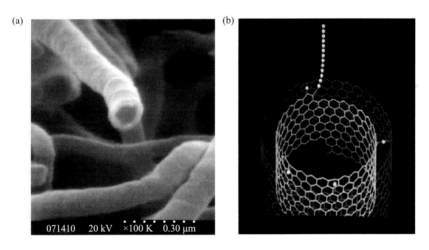

图 4.6　碳纳米管端部结构的扫描电镜图像（a）和尖端碳原子线脱离模型（b）

　　毋庸置疑，选择具有最佳结构的碳纳米管对于充分发挥碳纳米管的场发射性能至关重要，相关机制仍有待于进一步深入研究。

　　2）局部电场

　　对于单根碳纳米管，由于发射尖端的局部电场增强作用，场增强因子与长径比成正比；而对于多根碳纳米管，如果相邻的碳纳米管距离较远，各碳纳米管的局部电场作用累加后与单根碳纳米管的局部电场增强作用基本相同。但碳纳米管之间存在的范德瓦耳斯力使得单壁碳纳米管极易聚集成束，此时碳纳米管尖端的局部电场无法深入到成束的碳纳米管内部，即产生了电磁屏蔽，阻碍了碳纳米管的场发射。因此，虽然单壁碳纳米管的理论场发射性能优于多壁碳纳米管，但实际二者场发射性能并无明显差距，甚至单壁碳纳米管场发射性能更弱。

3）碳纳米管场发射源的失效

在实际研究中，碳纳米管的场发射性能在某些条件下会失效，主要包括离子轰击、电热作用、静电牵引、真空放电等。

离子轰击：在电场作用下，发射出的电子获得能量并不断加速。如果在发射环境中存在某些气体，且电子拥有足够大的能量，那么气体分子可能与电子激烈碰撞而导致气体电离，进而产生正负带电离子。这些带电离子在外电场的作用下同样会加速，其中阳离子将会在电场的作用下动能增大，并最终撞击到场发射材料表面，使得阴极材料的结构发生改变，同时产生的阴离子会撞击阳极材料并致其损伤，这种现象称为离子轰击。离子轰击会损伤碳纳米管，导致其场发射性能受损，持续的离子轰击最终导致碳纳米管场发射失效。

电热作用：一方面当场发射电流较高时，由于电热作用，碳纳米管的温度升高，直径较小的单壁碳纳米管管壁边缘悬挂键附近的碳原子会蒸发并脱离碳纳米管，而直径较大的单壁管或者多壁管尖端位置的碳原子会蒸发使得端口打开。碳纳米管结构的改变会影响其场发射性能，甚至会完全失效。另一方面，碳纳米管自身缺陷或者与阴极基底接触不良会造成较大的接触电阻，当较大电流经过时产生的热量使得该位置碳纳米管断裂，造成场发射性能失效。

静电牵引：电热作用主要发生在场发射电流较大的情况下，但是当场发射电流较小时，由于静电牵引作用，碳纳米管依旧存在断裂的风险。这是由于碳纳米管中存在大量高速运动的电子，阳极会对这些电子产生吸引力。电流增大时，吸引力随之增大且整体作用于碳纳米管上，当吸引力足够大时，碳纳米管受外力作用形变或与基底分离，使其场发射性能失效。

真空放电：碳纳米管的场发射电流增大到一定程度时会出现脉冲式增长，这是由真空放电导致，此时碳纳米管的场发射性能下降。研究发现，真空放电并不会完全破坏碳纳米管的结构，其仍具有一定的场发射性能。

6. 碳纳米管场发射性能的优化方法

尽管研究人员已测试获得了优异的碳纳米管场发射性能，但未来应用于平面成像的场发射显示器需要集成低能耗、长寿命、高分辨率、高清晰度、全色彩、多方位等诸多功能。因此，需要针对碳纳米管场发射特性进行更加细致而深入的研究与探索，不断提出具有实际应用价值的改进方案。现阶段，改善碳纳米管场发射性能主要包括如下途径。

1）改善环境气氛

为了降低离子轰击对碳纳米管场发射性能的影响，首先需尽可能提升场发的真空度，最大程度降低离子轰击对碳纳米管场发射性能的影响。其次，考虑到各种气体对材料场发射性能的影响，需要对场发射环境中残留的气体种类进行严格甄选，根据不同种类碳纳米管的吸附性等因素选择合适的气氛，以保证碳纳米管场发射的稳定性。

2）后处理工艺

利用碳纳米管制备阴极材料时，基底上的碳纳米管可能分布不均匀，局部出现过高或者过细的碳纳米管，这会对碳纳米管的场发射性能及稳定性造成影响。通常采用对碳纳米管阴极进行后处理的方法来提升发射性能的稳定性，主要包括高压钝化、控制氧化、等离子体刻蚀等方法。

高压钝化：高压钝化是通过高压电场的作用，对过高、过细的碳纳米管产生电热作用或者离子轰击使其完全失效。这虽然会在一定程度上降低碳纳米管阴极的场发射性能，但其稳定性得到显著提升。

控制氧化：碳纳米管表面吸附的一些物质会影响其场发射性能，通过对碳纳米管氧化气氛的精准调控来促进碳纳米管表面物质的化学反应，使其转化为气体后挥发脱除。

等离子体刻蚀：对碳纳米管进行等离子体刻蚀会打开尖端，并且将结构凸出的部分刻蚀掉。通过优化等离子体刻蚀的种类、功率和时间，可以对碳纳米管进行精准的形貌调控，使得碳纳米管阴极材料的场发射性能更加稳定、均匀。

除了以上三种方法，其他后处理工艺如摩擦、粘连等物理方法也能够改善碳纳米管的形貌结构，进而有效调控并提升碳纳米管阴极材料的性能。

3）表面覆膜

选择具有纳米厚度的宽禁带氧化物，或者导热导电的惰性材料薄膜，将其在碳纳米管尖端表面进行覆膜处理，可有效改善碳纳米管阴极的稳定性。常用的覆膜材料包括宽禁带氧化物如 ZnO、SiO_2、MgO 等，以及 TiC、Mo_2C 等惰性材料。

4.1.3 碳纳米管场发射的应用

作为一种性能优异的场发射材料，碳纳米管还具有优异的力学性能、良好的化学稳定性、较大的场增强因子，因此碳纳米管场发射器件的应用研究成为诸多领域的热点，如医学成像、高功率微波器、场发射显示器等。

1. 扫描电子显微镜电子枪

扫描电子显微镜占据了电子显微镜市场的最大份额。扫描电子显微镜的横向分辨率受到色差的限制，为提高分辨率需要能量分布更小的电子枪。现有的扫描电子显微镜使用的热离子发射体和肖特基发射体由带有 ZrO_2 涂层的单晶体钨或钨阴极冷场发射尖端组成。热离子发射极从低功函数的热固体中发射电子，具有有限的亮度和较大的能量范围；肖特基发射极具有更高的亮度，但仍有高达 0.7 eV 的能量分布。与钨发射尖端相比，碳纳米管场发射尖端具有近似的功效，但碳纳米管尖端因比钨更加锐利而表现出更高的性能。碳纳米管场发射极具有最高的亮度，同时作为冷发射极具有最低的能量宽度，仅约为 0.35 eV[24]。碳纳米管场发射器一般由安装在钨支架上的多壁碳纳米管构成，这是由于多壁碳纳米管具有更高的机械硬度。

2. 场发射 X 射线源

在传统的 X 射线管中，热离子阴极产生的电子束聚焦在目标金属上，然后由金属发出 X 射线。热离子源往往具有较高功耗并产生高温，这限制了 X 射线管的尺寸和寿命，同时表现出缓慢的响应速度。对比之下，碳纳米管优异的冷场发射性能极具吸引力，为制造更小、便携、低功耗、长寿命的 X 射线管提供了可能。

在电场作用下电子不断加速并轰击阳极产生 X 射线谱，因此可用于 X 射线管阴极材料。碳纳米管基微聚焦场发射 X 射线管拥有较高的空间分辨率、时间分辨率和良好稳定性，Zhou 等首次证实了基于碳纳米管的场发射 X 射线源可产生足够的电子流[25]，并将其应用于人体骨骼成像（图 4.7）。其结构主要包括碳纳米管阴极、栅电极、铜靶和铍窗口。在栅电压的作用下，从碳纳米管阴极激发出的一系列电子经过电场加速后，与铜靶材产生剧烈撞击并产生 X 射线。

图 4.7　利用碳纳米管的场发射 X 射线源对人体骨骼的成像

作为一维新型 X 射线源，碳纳米管 X 射线具有低功耗、低成本、高效率、发射稳定可控、易于集成等多种优势，展示了应用于更便携、更高性能的 X 射线源的巨大潜力。

3. 微波放大器

微波放大器主要工作于高频区（可达 THz 频段范围），因而要求较高的场发射电流和良好的稳定性。传统半导体材料由于自身的尺寸效应以及内部电子流速度的限制，无法完全满足器件需求。

在传统行波管放大器中，射频电压注入到位于热离子阴极上方的栅极上，通过调控电子注入的速度来实现功率放大的效果。然而，为了达到极高的工作频率，阴极与栅极距离应尽可能小，这就意味着电路必须承受大量的热辐射，进而导致性能与寿命下降。因此提升行波管工作频率的有效措施是采用冷发射阴极[26]，碳纳米管恰好具有优异的冷阴极电子发射性能。同时，微波放大器要求极高的发射电流密度，碳纳米管基电子枪释放的电流密度可超过 50 A/cm²。碳纳米管场发射源因性能优异、电子流速大，未来在放大电路中具有广阔的应用与发展前景。

4. 场发射显示器

随着对显示器的需求品质的提高，场发射显示器逐渐引起人们的关注。场发射显示器是一种平板显示器，其成像由众多像素单元组成，每个像素单元由单独的场发射源点亮。场发射阴极作为场发射平板显示器中的核心元件，其性能决定了显示器的产品质量和使用寿命。显示器阴极材料需具有较低的成本、较高的稳定性和可靠性，且功函数不能过大。目前，已有多种材料被应用在场发射阴极中，主要包括金属材料如钼、钨，半导体材料如硅、砷化镓等。而碳纳米管在具备优良场发射性能的同时，又表现出优异的化学稳定性，是场发射阴极的理想材料。近年来，研究人员利用碳纳米管作为发射极制备了碳纳米管场发射平板显示器[27]，如图 4.8 所示，将碳纳米管薄膜组装至导电玻璃 ITO 基底上，使用绝缘垫片将发射材料和 ITO 阳极隔开，并在 ITO 表面镀上荧光粉。当电子从碳纳米管中发射后，经过加速与荧光粉发生碰撞，最后聚集形成可见光斑。未来，通过选用合适的荧光材料，并优化碳纳米管阴极发射材料的制备及组装技术，同时利用矩阵寻址对图像阵列进行整合，有望获得理想的可视化图样。

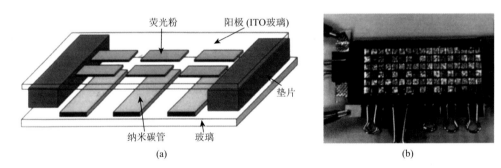

(a) (b)

图 4.8 碳纳米管场发射平板显示器原理图（a）与可视化随机图样（b）

与目前市场上广泛应用的有源矩阵液晶显示器相比，场发射显示器具有较低的功耗，这是由于每个像素单元被单独点亮并产生功耗。同时，基于碳纳米管的场发射显示器表现出高亮度、宽视角和高频响应特性，图 4.9 展示了具有三色光的碳纳米管场发射显示器[28]。

5. 场发射灯

图 4.10 展示了碳纳米管场发射灯，其中圆柱形阴极被碳纳米管覆盖，阳极包

括涂有 ITO 的玻璃管以及内表面荧光粉层[29]，在场发射时，碳纳米管阴极包覆的场发射尖端以各向同性发射出电子并被阳极捕获。与传统荧光灯相比，碳纳米管场发射灯不含汞元素，对环境更加友好，同时亮度可达 10000 cd/m^2，且通过控制场发射电压易于实现光强的调控。然而，由于使用了低效的荧光粉，功耗较高，这是目前碳纳米管场发射灯面临的主要问题。

　　除了圆柱形照明，场发射灯也有望用于大面积平面照明。三极管结构被认为是最有前途的应用，研究者已尝试用碳纳米管场发射体来制造这种结构[30]。当冲击涂有磷的阳极时，大的场发射电流使得屏幕均匀照明，如图 4.11 所示。均匀照明装置的亮度可达 6000 cd/m^2。

图 4.9　三种不同颜色光的碳纳米管场发射显示器

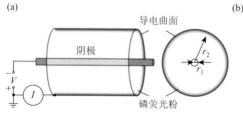 

图 4.10　（a）圆柱形碳纳米管场发射灯的示意图；（b）圆柱形碳纳米管阴极的发光管

V：电压；I：电流；r_1：阴极半径；r_2：灯管半径

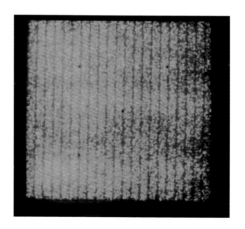

图 4.11　三极管结构的绿色磷光阳极板发射图像

4.2 碳纳米管场效应晶体管

4.2.1 场效应晶体管的基本结构及原理

自 20 世纪 60 年代第一个场效应晶体管诞生，六十余年来，场效应晶体管已发展成为当前集成电路最基本、最重要的器件之一。场效应晶体管是一种常见的三端半导体器件，通过栅极电压对源漏电极间多数载流子的电学行为进行调控，从而实现晶体管开关状态的转变，可分为结型场效应管和绝缘栅型场效应管，具有体积小、寿命长、稳定性高等优点。本节主要介绍绝缘栅型场效应管[31]。

绝缘栅型场效应管的基本结构如图 4.12 所示，主要包括衬底、源极、漏极、栅极、沟道和绝缘层。沟道材料通常为半导体，分为 p 型和 n 型两种。场效应晶体管的导电原理包括增强型和耗尽型。因此，可将绝缘栅型场效应管分为 n 沟道增强型、n 沟道耗尽型、p 沟道增强型和 p 沟道耗尽型。以下主要介绍 n 沟道增强型和 n 沟道耗尽型场效应管的工作原理。

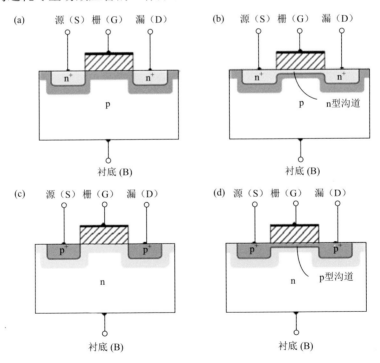

图 4.12 绝缘栅型场效应管的基本结构：（a）n 沟道增强型；（b）n 沟道耗尽型；（c）p 沟道增强型；（d）p 沟道耗尽型

对于 n 型沟道增强型晶体管，源极和漏极与重掺杂的 n 型半导体相连，中间为 p 型半导体，因此在源漏之间形成两个 p-n 结，无论源漏之间是否存在电压都无法形成导电沟道，没有漏电产生，器件处于关态。当源漏之间的电压 $V_{DS} = 0$，栅极施加较小的电压 $V_{GS} > 0$，此时在栅极和沟道之间有一层绝缘体，并不会存在栅极电流，但是在栅极上会聚集正电荷，同时排斥 p 型衬底中的空穴，此时衬底在靠近栅极的位置整体带负电荷，形成负离子区，称为耗尽层。随着 V_{GS} 的增大，衬底中越来越多的空穴被排斥，耗尽层变厚，同时电子也会被吸引到耗尽层上方，在绝缘层和耗尽层中间累积的电子层成为多数载流子，呈 n 型导电特征，形成反型层。由于源漏电极直接与 n 型半导体相连，当沟道中存在反型层后形成导电沟道。对于刚刚形成导电沟道的栅极电压称为开启电压 $V_{GS(th)}$。当 V_{GS} 越大，越多的电子被吸引至反型层使其变厚，导电能力增强。

当 V_{GS} 达到开启电压后，给源漏之间加上电压 V_{DS} 产生电流，器件处于开态。当 V_{DS} 较小时，随着 V_{DS} 增加，漏极电流 I_D 增大，且反型层厚度变薄，栅极与漏极的电压 V_{GD} 减小。当 V_{DS} 增大使得 $V_{GD} = V_{GS(th)}$ 时，反型层在漏极位置厚度减小到零，即出现夹断点。随着 V_{DS} 的进一步增大，夹断区变长，此时夹断区的存在不会使得漏极电流 I_D 明显增大，I_D 进入饱和区。

n 沟道耗尽型晶体管原理与 n 沟道增强型晶体管相反，在栅极电压 $V_{GS} = 0$ 时，导电沟道就已经存在了，此时在源漏电极上施加电压就会产生漏电流，晶体管处于开态。这是因为 n 沟道耗尽型晶体管的绝缘层中本身就掺杂了正离子，使得晶体管中反型层在一开始就存在。而且反型层的厚度会随着栅极电压 V_{GS} 的正负和大小改变，从而影响漏极电流 I_D。当 V_{GS} 为负时，反型层变薄，当栅极电压减小到一定程度时反型层消失，漏极电流 I_D 变为零，器件处于关态，此时使反型层刚好消失的栅极电压称为夹断电压 $V_{GS(off)}$[32, 33]。

4.2.2 碳纳米管场效应晶体管基本结构及原理

随着电子器件尺寸的进一步缩小，传统硅基器件性能接近物理极限，提升集成度和降低功耗变得愈发困难。因此，利用新材料开展电子器件的设计制备已成为当今半导体研发领域的热点。碳纳米管具有独特的电子输运特性、能带结构以及准一维几何形状，半导体性单壁碳纳米管成为高速和低功率电子器件的理想沟道材料，也是未来替代硅基 CMOS 技术的候选材料之一。

一般而言，场效应晶体管根据工作原理分为三种[34]，如图 4.13 所示，分别为肖特基势垒型碳纳米管场效应晶体管、类 MOS 型碳纳米管场效应晶体管和隧穿型碳纳米管场效应晶体管。这三种碳纳米管场效应晶体管与常见的场效应晶体管结构类似，主要由源极、漏极、栅极、沟道和绝缘层组成。碳纳米管场效应晶体管以多种类型碳纳米管作为沟道材料，因此与常见晶体管的工作原理基本相同，通过栅压调控沟道中载流子数量，源漏电极之间的电压给载流子提供动力以形成电流。

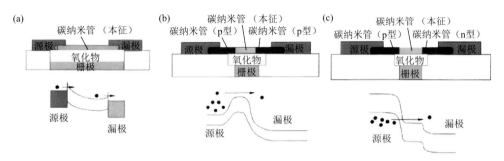

图 4.13　（a）肖特基势垒型碳纳米管场效应晶体管；（b）类 MOS 型碳纳米管场效应晶体管；
（c）隧穿型碳纳米管场效应晶体管

　　图 4.13（a）为肖特基势垒型碳纳米管场效应晶体管的器件结构和能带结构图。由于晶体管的沟道材料为本征碳纳米管，与源漏金属电极接触时产生肖特基势垒，所以称为肖特基势垒型碳纳米管场效应晶体管。正常情况下，通过肖特基接触的电流由热离子发射主导，电子必须在肖特基势垒上受到热激发才能穿过势垒。然而，如果沟道与电极接触附近的能带弯曲非常剧烈，此时改变碳纳米管与电极间肖特基势垒的高度和宽度，电子就会发生隧穿效应，导致电流极大增加。这正是肖特基势垒碳纳米管晶体管的工作原理，如图 4.14 所示[35]。

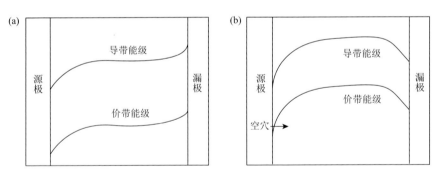

图 4.14　当源极负电压固定时栅压对碳纳米管能带的影响：（a）关态；（b）开态

　　当晶体管能带弯曲到图 4.14（a）所示状态时晶体管处于关态。在这个栅极电压下，接触位置附近的能带弯曲较小，隧穿长度较长，因此隧穿电流较小。增加栅压会升高纳米管中间的能带位置，如图 4.14（b）所示，从而在接触处产生更急剧的能带弯曲，减少了触点附近的隧穿距离，导致更大的电流，此时晶体管处于开态。因此，器件的开关性是通过对接触位置载流子隧穿效应的调制来实现的。由于本征碳纳米管中同时存在空穴和电子，晶体管很难完全处于关态，沟道的导电性由源漏极肖特基势垒的作用而决定，晶体管表现出双极性。

　　图 4.13（b）所示为类 MOS 型碳纳米管场效应晶体管结构。从图中可以看到，

与源漏电极接触的为经过同种重掺杂的碳纳米管，而中间部分为本征碳纳米管，此时重掺杂的碳纳米管与源漏电极的接触为欧姆接触。这种结构的碳纳米管沟道会在本征碳纳米管和重掺杂碳纳米管的接触位置附近发生能带弯曲，二者形成势垒，如图 4.13（b）所示。通过栅极电压可以改变势垒高度以控制载流子的传输，从而实现晶体管的开关。当栅压较小时，在碳纳米管中存在较大势垒，电子无法导通，晶体管处于关态；当栅压较大时，势垒降低，晶体管的能带表现为平带，沟道电导率迅速增加，器件处于开态。该器件中载流子没有发生隧穿效应，晶体管呈现单极性。

　　图 4.13（c）所示为隧穿型碳纳米管场效应晶体管，从图中可以看到它的结构与类 MOS 型碳纳米管场效应晶体管相似，区别在于对碳纳米管沟道两侧进行互异掺杂，此时会形成沟道不同位置的能带弯曲，如图 4.13（c）所示。在这种能带结构下施加栅压可以使得隧穿势垒改变，栅压较小时载流子隧穿概率极小，漏电流很小，晶体管处于关态；当栅压增大到一定程度时，结的导带和价带会重叠，载流子开始发生明显隧穿，产生漏电流，晶体管处于开态。

　　目前碳纳米管场效应晶体管主要分为四种结构，图 4.15（a）展示了最简单的碳纳米管场效应晶体管，采用底栅结构将重掺杂的硅基底作为栅极[36]。图 4.15（b）中的晶体管同时具有顶栅和底栅两个电极，是一种双栅电极结构。这种结构的优势是顶栅和底栅可以对器件的性质分别进行调控，实现对器件性能的精准调控。其中顶栅通过垂直电场诱导沟道中的载流子并对其浓度进行调控，而底栅是通过电场将碳纳米管延伸区域的半导体性转化为准金属性，以降低与电极的接触电阻并提升电流。这种调控是通过静电掺杂原理实现的，当底栅的电压足够大时，巨大的电场在碳纳米管的延伸区域吸引出额外的载流子，使得延伸区域的载流子浓度提升，此时其导电性质为准金属性。图 4.15（c）所示为化学掺杂碳纳米管晶体管。图 4.15（d）是一种自校准顶栅碳纳米管场效应晶体管，它的结构与图 4.15（b）相似，区别在于自校准顶栅碳纳米管场效应晶体管的顶栅更"大"。自校准顶栅碳纳米管场效应晶体管的制备非常困难，"自校准"就是在栅极和源漏极之间没有间隙，即首先需要保证栅极能够完全覆盖源漏两极间的沟道，栅极与源漏电极间需用绝

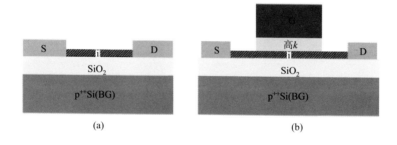

(a)　　　　　　　　　　　　　(b)

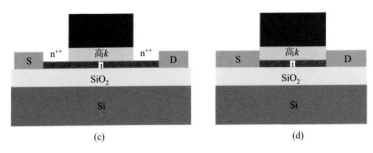

图4.15 常见碳纳米管场效应晶体管器件结构：（a）底栅碳纳米管晶体管；（b）双栅碳纳米管晶体管；（c）延伸区域化学掺杂碳纳米管晶体管；（d）自校准结构碳纳米管晶体管

S：源极；D：漏极；G：栅极；BG：底栅；i：本征碳纳米管；n^{++}：重掺杂 n 型碳纳米管；p^{++} Si：重掺杂 p 型硅；k：介电常数

缘体隔开。因此制备这种器件通常先制备顶栅电极，在栅极两侧制备源极和漏极，最后利用原生氧化的方法把栅极金属氧化以制备出绝缘层将电极隔开。为了保证通过原生氧化形成的氧化物绝缘层的质量，通常使用金属 Al 作为栅极。

碳纳米管场效应晶体管也存在其他的分类方式。碳纳米管与源漏金属电极的接触类型主要有欧姆接触和肖特基接触，且不同碳纳米管载流子的传输方式按晶体管沟道长度可分为弹道输运和扩散型输运。因此，可以将碳纳米管场效应晶体管分为欧姆接触弹道型碳纳米管场效应晶体管、欧姆接触扩散型碳纳米管场效应晶体管、肖特基势垒弹道型碳纳米管场效应晶体管和肖特基势垒扩散型碳纳米管场效应晶体管四种类型。

4.2.3 碳纳米管场效应晶体管的性能

1. 主要性能参数

表征碳纳米管场效应晶体管的电学性能通常采用转移特性曲线和输出特性曲线，主要性能参数包括阈值电压、跨导、亚阈值斜率摆幅、电流开关比、饱和电流等。

（1）阈值电压 V_{th} 是晶体管开/关态转换时的栅电压，在转移特性曲线中，延伸曲线的线性区部分与电压轴相交点即为阈值电压。

（2）跨导的定义为 $g_m = dI_D/dV_{GS}$，表征了晶体管的放大能力，当栅电容越大、载流子迁移率越大、接触电阻越小，此时跨导越大。

（3）亚阈值斜率摆幅定义为 $SS = \partial V_{GS}/\partial(\lg I_{DS})$，即电流每增加一个数量级时需要增加的栅电压值，描述了晶体管开关速度，当栅电容越大，SS 越小，此时开关速度越快。由于源端热发射机制的限制，传统晶体管中 SS 的最小值是 60 mV/dec。

（4）电流开关比是指某一电压范围内器件开启时的最大电流 I_{on} 和器件关闭时的最小电流 I_{off} 的比值 I_{on}/I_{off}。开态电流大则说明器件速度快，闭态电流小则说明器件功耗低。

（5）饱和电流是输出特性曲线中漏电流不再随漏电压增加时的上限电流值。不同于传统 MOSFET 中沟道夹断机制，弹道性碳纳米管场效应晶体管中的饱和电流来自于左移载流子减少至零这一现象。

2. 碳纳米管场效应晶体管的特征

与肖特基势垒型碳纳米管场效应晶体管相比，类 MOS 型碳纳米管场效应晶体管结构具有两大优势。第一个优势是，即使在肖特基势垒高度为零的情况下，欧姆接触也能够更有效地将载流子从源漏两极注入沟道。这是因为在 MOSFET 的结构中，接触位置的费米能级可以深入到导带或价带中，因此，在给定栅极电压下增加了可越过源极势垒的载流子数量。Javey 等提出，为获得类 MOSFET 的注入效率，肖特基势垒型场效应晶体管需要负的肖特基势垒[37]。然而，由于可用作电极的金属种类有限，实验上获得负肖特基势垒并不容易。到目前为止，还没有直接证据表明单壁碳纳米管器件中存在负肖特基势垒。MOSFET 结构的第二个优势是，由于在漏极处泄漏的电荷量较少，它的闭态电流更低[37-41]。单壁碳纳米管的肖特基势垒宽度与介电层厚度呈近似线性关系。例如，介电层厚度为 2 nm 时，肖特基势垒宽度也为 2 nm。由于载流子隧穿概率随势垒宽度的减小呈指数增长，因此对于具有超薄介电层的单壁碳纳米管肖特基势垒型场效应晶体管，很容易观察到具有双极转移特性的高漏电流。肖特基势垒型场效应晶体管结构虽然并不适合应用于低闭态电流领域，然而与类 MOSFET 相比，其明显优势在于降低了源漏电极接触产生的寄生电阻。

隧穿型碳纳米管场效应晶体管依赖于接触处载流子的隧穿效应，而不是调制半导体沟道的电荷密度（类 MOS 型场效应晶体管）或在金属界面注入载流子（肖特基型场效应晶体管）。这种器件结构具有能耗低、亚阈值摆幅小的优点，通过栅压的变化可以引起电流的迅速变化，在较低的电压下实现高开关比，从而降低功耗。然而，由于晶格热振动等因素的影响，在阈值电压以下，载流子依旧可以在热激发作用下隧穿，因此当栅压低于阈值电压时，隧穿电流的产生使得亚阈值摆幅增加。尽管有晶格热振动的影响，Javey 等[42]和 Appenzeller 等[43, 44]已经研制出亚阈值摆幅低于 60 mV/dec 的隧穿型碳纳米管场效应晶体管，表明了隧穿型碳纳米管场效应晶体管用于低功耗电子器件的巨大潜力。

与传统场效应晶体管相比，隧穿型碳纳米管场效应晶体管的缺点是开态电流的限制。在隧穿型碳纳米管场效应晶体管中，开态电流由 pn 结界面载流子的隧穿速率决定，因此隧穿型碳纳米管场效应晶体管的开态电流较低。到目前为止，实验报道的隧穿晶体管的开态电流值低于数字逻辑应用中的理想值。未来，通过使用超薄栅介质和具有更高掺杂密度的材料以进一步降低隧穿势垒厚度，可望显著提高开态电流以优化器件性能。

3. 碳纳米管场效应晶体管的优化

1）源漏电极与碳纳米管的接触

金属与碳纳米管沟道实现欧姆接触是构筑高性能晶体管的理想条件。金属电极具有较低的寄生电阻，但由于不同金属或与半导体形成肖特基接触，导致电流明显降低。研究人员发现钯（Pd）可以与直径大于 1.6 nm 的单壁碳纳米管形成良好的欧姆接触[45]，这种与 Pd 接触的碳纳米管场效应晶体管能够在小于 1 V 的源漏电压下提供高达 25 μA 的开态电流，显示了碳纳米管作为高速和低功率电子器件理想沟道材料的潜力。进一步研究发现 Pd 接触碳纳米管场效应晶体管的开态电导与金属的表现行为相似[46]，电导随温度降低呈现单调递增，这种温度依赖性证明 Pd 与碳纳米管的接触界面没有产生肖特基势垒。

金属的功函数依赖于环境，目前所报道的真空条件下的功函数不能用于准确预测金属-碳纳米管界面处的肖特基势垒高度。Pd 电极的独特性在于当其表面暴露于氢气时，其功函数出现可逆性降低。这种现象被用于制备 Pd 接触的碳纳米管场效应晶体管，研究人员能够在原位降低金属功函数条件下进行转移特性的研究，从而揭示碳纳米管-金属界面特性[46]。当 p 型沟道接触到氢气后电导明显降低，同时 n 型沟道电导显著增强，最终形成双极性（n 型沟道电导和 p 型沟道电导近似对称）或 n 型特征。相比之下，基于其他金属电极（如 Au）的碳纳米管场效应晶体管对 H_2 没有明显响应，因此排除了碳纳米管与 H_2 间化学作用的影响，这一结果也证明了一维材料中没有明显的费米能级钉扎效应。另外，来自 IBM 的研究团队证明吸附在某些金属（如 Ti）表面的 O_2 可以增强金属的功函数[47]，通过将器件真空退火然后原位测量，研究人员发现由于氧分子的解吸附使得肖特基势垒高度降低，n 型沟道电导显著提高。

除肖特基势垒外，金属-碳纳米管界面也可能出现与栅极电压无关的隧穿势垒，这限制了开态电流，降低了碳纳米管场效应晶体管的性能。隧穿势垒的形成原因在于金属-半导体相互作用较弱，结合能较低，成键较长。斯坦福大学团队利用透射电镜对涂覆不同金属薄膜的碳纳米管进行成像检测[48, 49]，最早发现了金属-碳纳米管的相互作用。Ti、Rh 和 Pd 与碳纳米管的相互作用较强，二者形成均匀的表面涂层；而 Au 和 Pt 与碳纳米管的相互作用较弱，对碳纳米管表面的润湿性较差，导致表面易形成团聚。研究人员还发现与其他高功函数金属（如 Au 和 Pt）相比，Pd 和 Rh 与单壁碳纳米管的接触电阻更小。一方面这可能是由于 Au 和 Pt 与碳纳米管的弱相互作用导致界面处形成真空层，从而阻碍了载流子的有效注入；

另一方面，理论研究预测 Pd 成键长度比 Au 和 Pt 要小，显示了化学结合作用对界面性能的影响。为了更好地理解载流子的注入和界面上可能出现的各种势垒，需要对结区进行深入分析和表征。此外，还需要不断探索具有低功函数的金属材料，使其与单壁碳纳米管导带无障碍接触，从而实现高性能的 n 型场效应晶体管，并与 Pd 接触的 p 型场效应晶体管进行互补。

除了接触材料之外，碳纳米管的直径对载流子注入的界面势垒也起着关键作用。研究人员发现碳纳米管的直径具有双重效应[45, 50]，一是半导体性碳纳米管的禁带宽度与管径成反比，二是碳纳米管的化学反应活性及表面性质与直径有关；前者与金属界面的肖特基势垒高度直接相关，而后者直接影响结区质量。对于没有带隙的金属性碳纳米管，与金属接触时只能形成隧穿势垒。通过对与 Pd 和 Rh 接触的金属性碳纳米管直径进行测量，发现极小直径（小于 1 nm）的碳纳米管存在纯粹的隧穿屏障，严重限制了接触界面处载流子的注入。其原因可能与金属-碳纳米管的结合能有关，直径越小，二者结合能越低。另有研究表明，直径小于 1.6 nm 的半导体性纳米管与 Pd 或 Rh 接触时产生肖特基势垒，这是由于随着直径减小，带隙变宽。实现小直径碳纳米管的欧姆接触仍需深入研究与探索，因为更宽的带隙可降低漏电流从而实现更高的开关比，这对于提高场效应晶体管性能非常有吸引力。

2）优化电介质层

在具有欧姆接触的碳纳米管场效应晶体管中，栅极介电层屏蔽了电场，由于栅极与沟道之间的耦合并不完美，亚阈值摆幅大于理想值。而降低亚阈值摆幅的典型策略是降低介电层厚度来改善耦合。对于肖特基势垒型碳纳米管晶体管，沟道与源漏电极接触时的能带弯曲是影响器件性能的主要因素，因而增强栅极对能带弯曲的调控是器件设计的关键。与传统晶体管相同，减小栅极介电层厚度可提高栅电压对接触界面能带弯曲的影响[51]。图 4.16 为碳纳米管场效应晶体管在固定栅电极厚度为 50 nm、氧化层厚度为 60～120 nm 时电导随栅极电压的变化曲线。结果表明，减小介电层厚度可提高器件性能，使其具有更大的开态电导和更低的阈值电压。更重要的是，如图 4.16 中的虚线所示，将栅电极接触厚度从 50 nm 减少到 5 nm 可进一步提高性能，这是传统沟道控制器件中未曾出现的。另外，由图 4.17 中晶体管的电流-电压特性可知，随着栅极介电层厚度的降低，亚阈值摆幅迅速减小，但当栅极介电层厚度降低到 5 nm 以下时无明显改善[52]。

当器件尺寸接近 10 nm 时，源漏电极与沟道之间的强静电耦合，导致严重的短沟道效应。为保持栅极效率，减少晶体管中沟道长度的同时也需要相应减少介电层的厚度。对于常见的 SiO_2 介电层，目前已经达到了原子级厚度，如果进一步降低厚度会因为隧穿效应导致栅极产生较大的漏电流，因此要求栅电介质具有超薄的有效厚度以应对来自器件物理尺寸极限的挑战。由于栅极电介质层的物

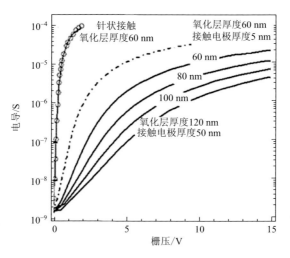

图 4.16 碳纳米管场效应晶体管器件在固定金属电极厚度为 50 nm、氧化层厚度为 60～120 nm 时的电导随栅极电压的变化

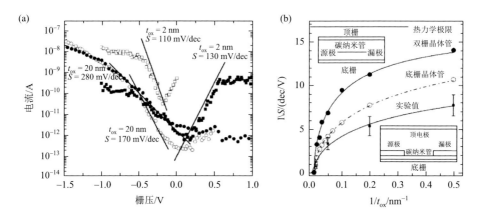

图 4.17 肖特基势垒碳纳米管晶体管在不同栅极氧化层厚度下的电流与栅极电压特性曲线（a）及亚阈值摆幅和逆栅氧化层厚度的关系（b）

t_{ox}：氧化层厚度；S：亚阈值摆幅

理厚度已经接近隧穿极限 1 nm，目前提高栅极对沟道调控的唯一可行途径是使用高 κ 电介质，如 HfO_2 和 ZrO_2 被认为是取代 SiO_2 作为纳米器件电介质的候选材料。这类高 κ 栅极介质对于获得可扩展、高性能的碳纳米管场效应晶体管是非常必要的，可保证晶体管在较低电压下提供较高的开态电流。

传统半导体与高 κ 电介质的集成一直是具有挑战性的难题，主要是由于界面问题和材料间相互作用，包括声子耦合导致沟道迁移率降低及亚阈值摆幅升高。与传统硅基材料不同，碳纳米管的表面缺乏悬空键，与高 κ 电介质的相互作用仅通过弱范德瓦耳斯力实现，这种结合不会引起表面和界面上的散射，因而对载流子的传输几乎没有影响，使得高 κ 电介质易于集成。Javey 等首次使用原子层沉积（ALD）在单壁碳纳米管场效应晶体管中实现高 κ 电介质的集成[39, 53, 54]，器件表现出高达 $10\sim20\ \mu A$ 的开态电流，同时空穴迁移率高达 $4000\sim10000\ cm^2/(V\cdot s)$，还获得了接近理想值的约 $70\ mV/dec$ 的亚阈值摆幅。由于缺乏悬挂键，碳纳米管表面几乎没有化学活性位点，因此 ALD 生长的高 κ 电介质薄膜不能直接在纳米管表面成核，而是在周围的 SiO_2 基底上成核和生长，这导致当薄膜厚度超过纳米管直径时，高 κ 电介质最终会淹没碳纳米管。对于无衬底支撑的悬浮碳纳米管，没有观察到高 κ 电介质在其表面覆盖，这证明了碳纳米管在 ALD 过程中没有发生化学反应。

　　由于 ALD 过程会将纳米管淹没且碳纳米管表面缺乏保护涂层，当 HfO_2 介电层厚度小于 5 nm 时存在明显的栅极漏电流。为解决该问题，Farmer 等提出在 ALD 之前通入 NO_2 气体，NO_2 可被物理吸附于碳纳米管表面[55]，并作为 ALD 成核位点，允许高 κ 电介质覆盖，然后进行退火使 NO_2 分子从碳纳米管表面解吸。另一种方法是利用 DNA 包裹碳纳米管使得 HfO_2 在碳纳米管表面直接成核[56]，如图 4.18 所示。对 DNA 功能化的单壁碳纳米管进行表征，观察到碳纳米管和 SiO_2 表面同时存在 HfO_2。而没有 DNA 功能化的碳纳米管表面无 HfO_2 的成核和生长。这一结果说明通过 DNA 功能化，可实现 HfO_2 在悬浮单壁碳纳米管上的准连续生长，也为 DNA 功能化单壁碳纳米管侧壁上 HfO_2 的成核和生长提供了直接证据。这两种方法都能够将高 κ 电介质的集成厚度降低至约 2 nm，且没有任何显著的栅极漏电产生，同时仍可保持碳纳米管晶体管的高迁移率。

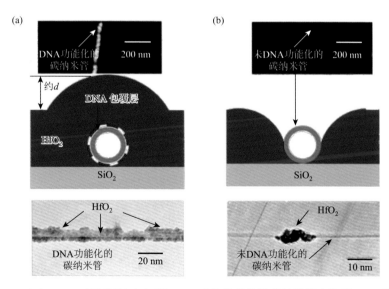

图 4.18　（a）DNA 功能化和（b）无 DNA 功能化的单壁碳纳米管上生长 HfO_2 示意图

d：碳纳米管直径

3）半导体性碳纳米管的转化

高质量的半导体性碳纳米管导电沟道是晶体管高效、平稳运行的重要保障，针对半导体沟道进行精准的化学掺杂是提高器件性能的关键手段。对于传统半导体 Si，化学掺杂一般通过III/IV族原子取代晶格原子来实现。然而在碳纳米管中，碳原子的替换会导致原有 sp^2 杂化网络的破坏和载流子的局域化，进而导致载流子迁移率严重降低，因此需要通过表面工程和电荷注入实现高效掺杂。碳纳米管表面掺杂可通过非共价键及具有给（吸）电子基团的分子前驱体间电荷转移来实现。电荷注入的优势可实现碳纳米管的表面掺杂，且不在晶格中引入缺陷，减少了由掺杂缺陷造成的载流子散射。

美国麻省理工学院孔敬等首先通过电荷注入对碳纳米管进行表面掺杂，观察到 NO_2 和 NH_3 在碳纳米管器件上会有不同的掺杂效应[57]，因此可通过该场效应晶体管的电学行为检测气体分子的掺杂程度。当碳纳米管表面吸附 NO_2 时，由于其具有良好的电子吸收特性，可以观察到显著的 p 型掺杂效应。而 NH_3 使电子注入到碳纳米管中，因此可对碳纳米管进行有效的 n 型掺杂。后续该团队还展示了 K 作为碳纳米管 n 型掺杂剂的良好能力[58]，与 NH_3 相比 K 表现出更强的施主行为，每个 K 原子提供约 1 个电子，可实现碳纳米管的 n 型重掺杂。来自 IBM 的研究人员[59]利用这一方法，通过 K 均匀掺杂碳纳米管制备出欧姆接触的 n 型场效应晶体管，并且实现了基于单根碳纳米管的第一个互补逆变器逻辑栅。但金属 K 在空气中不稳定，因此需要在真空环境下进行掺杂和测量，这增加了实验的复杂程度。除了气体分子和碱金属，在空气中性质稳定的聚合物如聚乙烯亚胺[60]，也被证明能够对碳纳米管进行有效掺杂。虽然聚合物表现出更好的空气稳定性，但与 K 相比其施主特性较弱，因此目前只能进行低或中等浓度的掺杂。未来需要对碳纳米管实现更好的掺杂调控，选择合适的掺杂剂以对其进行重掺杂并可在空气中长期稳定，同时也需要从理论上更深入地理解各类掺杂剂与碳纳米管间的相互作用。

除掺杂技术外，真空退火是转变碳纳米管半导体性的另一种有效手段。图 4.19 对比了真空退火和使用 K 掺杂将 p 型碳纳米管晶体管转换为 n 型晶体管的效果[61]，结果表明真空退火同样可使碳纳米管向 n 型转化。然而，将改性后的碳纳米管器件暴露在氧气中时，n 型碳纳米管晶体管将重新转变为 p 型。基于此，研究人员利用两个 p 型碳纳米管场效应晶体管制备了逻辑器件，如图 4.20 所示。首先，经过真空退火后，二者均转变为 n 型晶体管行为 [图 4.20（a）]；采用聚甲基丙烯酸甲酯（PMMA）薄膜对其中一个晶体管进行覆盖保护，然后将二者均置于氧气中，此时未受保护的 n 型碳纳米管场效应晶体管（黑色曲线）转变回原 p 型转移特性，而受保护的碳纳米管场效应晶体管（红色曲线）保持 n 型 [图 4.20（b）]。将上述互补的碳纳米管场效应晶体管按图 4.20（c）方式连接，得到了如图 4.20（d）所示的反相器特性。

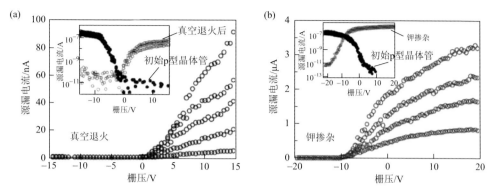

图 4.19 通过 700 K 真空退火（a）和 K 掺杂（b）实现碳纳米管场效应晶体管的 n 型转化

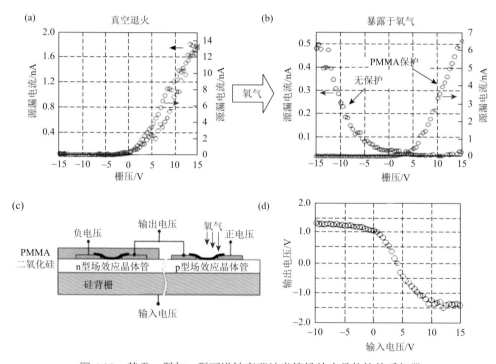

图 4.20 基于 p 型与 n 型可逆转变碳纳米管场效应晶体管的反相器

4）改善迟滞

对于未钝化的底栅型碳纳米管场效应晶体管而言，I_{DS}-V_{GS} 电学行为存在严重的滞后性。这种迟滞在晶体管应用中是非常不利的，会导致阈值电压和器件电流不稳定。在场效应晶体管中，常见的迟滞主要源于半导体-绝缘体界面以及绝缘体本身对电荷的捕获。高质量的碳纳米管表面没有任何金属催化剂或无定形碳残留，导致其表面缺乏悬空键，这种情况下碳纳米管能够与介电层（如 SiO_2）形成一个干净的界面，防止界面捕获电荷。此外，在洁净室环境下的加工技术可形成高质

量的热生长 SiO_2 层,表面几乎没有污染,因此可作为底栅结构器件的良好介电材料。因此,一个制备良好的底栅型碳纳米管场效应晶体管不会存在很大的滞后。但是研究人员发现底栅器件依旧有接近 50% 的滞后[62],这种滞后可能是由于靠近碳纳米管的 SiO_2 基底表面吸收了极性分子(如水),这些具有内置偶极子的极性分子与来自栅极的感应电场排列在一起可形成电荷阱。Kim 等证明了这一假设,在真空环境中对器件进行温和条件退火可以显著降低迟滞[62]。当器件暴露在空气中,由于表面重新吸收水分子,器件再次显示出较大的滞后性。由于碳纳米管具有较大的比表面积,所有的原子都暴露在表面,因此对环境较为敏感,这使其成为化学和生物传感器的理想材料。同时需要考虑其在场效应晶体管的制备和后续钝化中的影响,以防止环境因素干扰造成器件性能的波动。

一种碳纳米管场效应晶体管的钝化方法是在器件表面旋涂一层约 100 nm 厚的 PMMA,在 180℃ 下烘烤 12 h 使水分子从表面脱附[62]。PMMA 是一种高疏水聚合物,可有效钝化水分子渗透性低的器件。如图 4.21 所示,PMMA 钝化方法已被证明可以显著降低迟滞量,并在空气中长期保持稳定,然而 PMMA 容易被包括丙酮在内的多种有机溶剂溶解。未来,更高效、稳定的钝化材料仍有待探索。

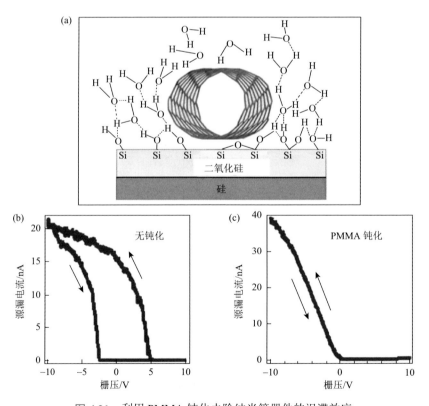

图 4.21 利用 PMMA 钝化去除纳米管器件的迟滞效应

4.3 碳纳米管薄膜晶体管

4.3.1 碳纳米管薄膜的制备

碳纳米管薄膜是由碳纳米管随机搭接形成的网络结构，由于碳纳米管固有的高载流子迁移率、良好机械强度和柔性，碳纳米管薄膜成为一种新型的柔性电子材料，可用于场效应晶体管、透明导电薄膜、柔性显示等诸多领域。目前合成单壁碳纳米管的方法主要包括电弧放电法、激光烧蚀法和 CVD 法等[63-66]。不同方法各具特点，电弧放电法和激光烧蚀法的合成温度高，所制备碳纳米管样品的结晶度也较高；CVD 法的合成温度通常在 800～1200℃范围，制备碳纳米管样品的纯度较高、可控性好。为构建薄膜晶体管器件，首先需制备出高质量的碳纳米管薄膜材料，可通过 CVD 法直接获得，也可通过分散、纯化和分离等后处理工艺将碳纳米管粉体材料制备成溶液，进而通过旋涂或者印刷等方法获得。

1. 直接成膜法

CVD 法可实现水平、垂直碳纳米管阵列和无序排列的碳纳米管网络的制备，由于制备成本较低、易于放大并且碳纳米管的产率较高，该方法已经成为制备碳纳米管薄膜材料的有效手段[67]。CVD 法制备碳纳米管薄膜的方法分两类：一类是将已沉积催化剂颗粒的硅片或石英等基底放入 CVD 反应腔体，通过气氛、温度和反应时间等参数调节制备碳纳米管薄膜，称为固相成膜法；另一类是浮动催化剂 CVD 法，将催化剂和碳源前驱体连续注入反应器，前驱体在高温区分解产生碳源并在浮动的催化剂粒子的作用下形成碳纳米管，碳纳米管的生长和成膜全部是在气相环境中进行，因此该方法称为气相成膜法。

固相成膜法是将金属催化剂通过蒸镀或溶液旋涂等方法预先沉积到基底上，放置在通有碳源前驱体的反应腔体中，碳源前驱体包括甲烷、乙烯、乙醇、甲醇等碳氢化合物。通过调节反应时间可以一定程度上调控碳纳米管薄膜的密度，但金属性碳纳米管的存在会降低器件的电流开关比。曹庆等利用条带图形化技术调控薄膜中的导电网络，使导电通路中金属性碳纳米管的密度低于形成导电通路的渗流阈值，从而获得了高的电流开关比。针对柔性电子器件，在硬质基底上生长的碳纳米管需要进一步转移到柔性基底上，因此柔性器件的尺寸将受限于硬质基底的尺寸，该方法并不适用于大面积柔性器件的制备[68]。

气相成膜法是一种简单、快速和低成本的碳纳米管薄膜制备技术，且所制备的薄膜尺寸不受反应器腔体的限制，因此在大面积柔性电子器件应用方面具有独特的优势。通过调控催化剂注入量等参数，残留在碳纳米管薄膜上的催化剂对碳纳米管薄膜晶体管器件的应用并没有显著影响。中国科学院金属研究所的科研人员发明了浮动催化剂 CVD 方法，实现了单壁碳纳米管的准连续制备[69]。将催化剂和碳源前驱体同时导入常压层流反应器，连续合成碳纳米管，并在室温条件下通过气相过滤方法收集碳纳米管，并可通过干法转移技术将所得碳纳米管薄膜转移到包括塑料、玻璃、石英、硅片和金属等目标基底上[70]。通过调节收集时间，碳纳米管薄膜的厚度在纳米到微米数量级可控，不同厚度的碳纳米管薄膜在气体流量计、气体加热器、透明扬声器、薄膜晶体管和透明导电薄膜等领域具有广阔的应用前景[71]。

2. 溶液成膜法

区别于上述直接成膜技术，溶液成膜法是基于先生长后处理的工艺策略，使用表面活性剂、生物分子或有机共轭分子等在溶液中对碳纳米管进行组装、修饰或物理包覆，然后根据不同手性碳纳米管之间的性质差异进行选择性分离。主要的选择性分离技术包括密度梯度离心法、色谱法、双水相萃取分离法等[72-74]。可以通过这些液相纯化分离技术去除碳纳米管样品中的无定形碳和金属催化剂等杂质，获得高纯度碳纳米管溶液，进而通过旋涂或印刷等技术制备成碳纳米管薄膜[75]。美国西北大学 Hersam 等提出了密度梯度超速离心法，通过超高速离心分离技术处理均匀分散到液相介质中的碳纳米管，根据不同管径碳纳米管的沉降系数的差异实现梯度分离[76]。采用胆酸盐作为活性剂对特定手性的碳纳米管进行选择性缠绕，通过密度梯度超速离心分离后，得到了不同颜色的色带，获得了直径单一的碳纳米管，提高了碳纳米管的直径和长度的选择性。采用溶液分离法制备的碳纳米管薄膜晶体管同时表现出高载流子迁移率和大电流开关比[77]。密度梯度超速离心法在碳纳米管薄膜制备领域具有发展潜力，但目前仍然存在产率低和成本高等问题。

凝胶色谱法利用碳纳米管与凝胶之间不同的相互作用强度，可有效实现单一手性碳纳米管的分离，进而获得单一直径、手性、长度和导电属性的碳纳米管溶液，是一种相对简单的碳纳米管分离技术[78, 79]。近期研究表明，碳纳米管表面 sp^3 功能化不仅可调控其发光波长，还可以大幅提高碳纳米管的发光效率。通过 sp^3 调控手段增强碳纳米管的发光效率依赖于碳纳米管的手性角。随着手性角的减小，碳纳米管光子发射能量逐渐红移，最终坍缩到单一的发射态，这些结果表明小手性角的锯齿型或近锯齿型碳纳米管在单光子发射器件方面具有应用前景。目前对于锯齿型和近锯齿型碳纳米管的宏量制备，无论是生长还是分离都面临着巨大的挑战，直接限制了这些碳纳米管性能和应用的研究。中国科学院物理研究所刘华平与日本产业技术综合研究所 Karaura 等发展了高精度凝胶色谱技术，突破了近锯齿型单一手性碳纳米管的宏量制备瓶颈[80]。在十二烷基硫酸钠、胆酸钠复合表面活性剂体系中，他们发现低温下（<18℃）可以分离出小手性角碳纳米管，特别是锯齿型和近锯齿型碳纳米管在凝胶媒介上的高选择性吸附。在此基础上，他们提出了两步分离策略对近锯齿型碳纳米管单一手性结构进行宏量分离，制备出 11 种手性角小于 20°的单一手性碳纳米管，其中 7 种单一手性碳纳米管的分离产量达到了次毫克级，如（7，3）、（8，3）、（8，4）、（9，1）、（9，2）、（10，2）以及（11，1）等。该工作将宏量分离的单一手性碳纳米管的种类扩展到了 10 余种，为系统探测和调控碳纳米管的物理性质及其在信息电子、光电子、生物成像等领域的应用提供了材料基础。

中国科学院苏州纳米技术与纳米仿生研究所李清文等发展出一系列共轭分子-碳纳米管分离体系[81]，获得了纯度达 92.3%的（10，8）碳纳米管和纯度 95.6%的（12，5）碳纳米管，手性纯度均为已报道的较大直径单一手性碳纳米管的最高值[82]。这两种单一手性碳纳米管的 S11 吸收峰和荧光发射峰分别在 1.50 μm 和 1.52 μm，均位于通信波长 C 波段，有利于光学集成的设计与应用。基于此，利用（10，8）手性碳纳米管制备出数百个纳米级沟道长度的场效应晶体管，测试结果表明半导体性碳纳米管的纯度达到 99.94%，平均电流开关比约为 10^6，迁移率达到 $61\ cm^2/(V·s)$，高于目前已报道的溶液法制备的单一手性碳纳米管器件性能。该研究有助于更好地探究手性碳纳米管与聚合物的结构对应关系，实现聚合物的高效筛选；同时，更高的单一手性纯度和更好的器件性能将进一步促进碳基电子和光电子学的发展。

通过溶液分离法制备半导体性碳纳米管的研究已经取得了很大进展。虽然后处理分离工艺会使碳纳米管产生结构缺陷，包括表面破坏、长度变短、界面污染等，使得薄膜晶体管的器件性能降低，但相比于化学气相沉积法成膜，溶液分离法获得的碳纳米管在手性种类以及分离纯度等方面具有优势。获得的单一导电属性的碳纳米管溶液进一步通过旋涂、印刷等成膜工艺，可获得应用于晶体管沟道的碳纳米管薄膜。印刷电子代表了利用碳纳米管溶液制备碳纳米管薄膜的一类相对成本较低的制备技术，根据成膜方式的不同，可以分为喷墨打印、凸/凹版印刷等[83-87]。不同于传统的光刻技术，印刷方法更适用于大面积、低成本的宏观电子器件的构建，由于相对较低的工艺精度（通常 10~100 μm），印刷电子的器件性能还不够高，一般能够完成简单的控制、存储等功能，其器件集成度和性能还不能与硅基电路相媲美。

4.3.2　碳纳米管薄膜器件

在薄膜晶体管的器件研究中，碳纳米管薄膜可分为随机网络和定向排列两种类型。由于碳纳米管直径及手性的差异，单根碳纳米管的导电行为可表现为金属性或半导体性。即使对于半导体性碳纳米管，由于不同的碳纳米管能带间隙不同，基于单根碳纳米管的晶体管器件性能可能存在差异。利用薄膜材料作为沟道，可使不同碳纳米管的性质差异得到一定程度的平均化，从而获得可重复、性能均一的器件。

1. 碳纳米管平行阵列沟道晶体管

在定向排列的碳纳米管薄膜中，由于多个平行排列的碳纳米管直接连通于源/漏极，直接形成了导电通路，器件的开态电流较大。然而，当线性排列的碳纳米管薄膜中存在金属性碳纳米管时，薄膜晶体管的电流开关比将显著降低，导致器件不能完全关断。美国伊利诺伊大学厄巴纳-香槟分校的 Kang 等利用化学气相沉积法在石英基底上合成了密集排列的定向碳纳米管薄膜，制备出顶栅薄膜晶体管器件[88]。每个晶体管中含有数百个线性排列的碳纳米管，器件展现出优异且相对均一的电学性能，载流子迁移率达到 $1000 \ cm^2/(V \cdot s)$，跨导为 $3000 \ S/m$，具有约 1 A 的电流输出能力。由于金属性碳纳米管短接于源/漏极，器件的电流开关比小于 10。通过在源/漏极之间施加一个较大的偏压，选择性烧蚀掉金属性碳纳米管，电流开关比提高至约 10^5。基于该原理，Shulaker 等利用定向排列的碳纳米管薄膜制备出第一台碳纳米管计算机，实现了基本的计数和排序等计算功能，虽然该计算机运算速度仅为 1 kHz，但展现了碳纳米管薄膜材料在未来更复杂的电子系统中的应用潜力[89]。这种定向排列的碳纳米管材料在纳电子器件应用中展现出碳纳米管作为一维材料的优势，已成为后硅基时代高性能芯片材料的重要代表之一。

清华大学魏飞等通过设计层流方形反应器，精准控制气流场和温度场并优化恒温区结构，将催化剂失活概率降至百亿分之一，在 7 片 4 in 硅晶圆表面成功制备出超长半导体性碳纳米管平行阵列，长度可达 650 mm[90]。依此为沟道材料构建出的碳纳米管薄膜晶体管器件性能优异，为发展新一代高性能碳基集成电子器件奠定了材料基础。北京大学彭练矛等发展出一种提纯和自组装新方法，制备出高密度、高纯度半导体性碳纳米管阵列材料，突破了长期以来阻碍碳纳米管电子器件发展的材料瓶颈，获得了性能超越同等栅长硅基 CMOS 技术的晶体管和集成电路，展现出碳纳米管电子器件和集成电路较传统技术的性能优势，为推进碳基集成电路的跨越式发展奠定了基础[91, 92]。

2. 碳纳米管随机网络沟道晶体管

碳纳米管随机网络薄膜不仅具有优异的电学性质，而且在成膜均匀性以及规模化制备方面也具有显著的优势。这类碳纳米管薄膜不依赖于石英或蓝宝石等基底，可通过转移或者印刷的方法，低成本规模化制备柔性薄膜晶体管等电子器件。通过改变碳纳米管薄膜的密度，可实现碳纳米管薄膜光电特性的调控，对设计柔性、透明的新型电子器件具有重要意义。

如图 4.22 所示，美国海军研究实验室 Snow 等首次报道了碳纳米管薄膜晶体管[93]。该晶体管为共底栅结构，重掺杂的硅基底作为共底栅，250 nm 厚的氧化硅作为绝缘层，通过标准的光刻、金属化和剥离等工艺技术，制备了 150 nm 厚的金属钛源/漏极。通过沟道图形化工艺，将碳纳米管薄膜定位在源/漏极之间，并利用原子力显微镜表征了碳纳米管的网络形貌。由于空气中水/氧气等掺杂效应，在大气环境下碳纳米管薄膜晶体管通常表现为 p 型主导的半导体输运特性。当栅极施加负偏压时，沟道中空穴电荷在源/漏电压作用下流过源/漏。薄膜晶体管的电流开关比是器件的开态电流和关态电流的比值，表明栅电极对沟道电流的调控能力，也反映了晶体管在关态条件下漏电流的大小。如图 4.23 所示，对于密度较低（1 根/μm^2）的碳纳米管薄膜，器件的电流开关比达 10^5（曲线 A）。对于高电

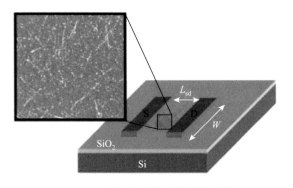

图 4.22　碳纳米管薄膜晶体管器件

S：源极；D：漏极；L_{sd}：沟道长度；W：沟道宽度

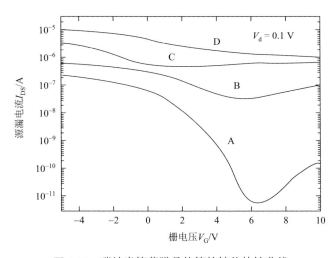

图 4.23　碳纳米管薄膜晶体管的转移特性曲线

流开关比的器件，平均载流子迁移率达 $7\ \mathrm{cm}^2/(\mathrm{V \cdot s})$。由于薄膜中含有一定量的金属性碳纳米管，对于密度较高（>3 根/$\mu\mathrm{m}^2$）的碳纳米管薄膜，电流开关比通常小于 10（曲线 B、C、D）。不同于通常的均匀半导体沟道，对于碳纳米管薄膜这类网络结构的沟道材料，需要通过渗流理论来分析其电学特性。

需要指出的是，虽然平板模型估计栅电容的方法简便易行，能够快速评估器件的性能，但由于平板模型过高估算了栅电容，载流子迁移率被低估。由于低密度的碳纳米管薄膜并不是严格意义上的连续的薄膜半导体材料，薄膜中碳纳米管的间隙较大，相邻碳纳米管的间距往往大于栅绝缘层的厚度。针对稀疏的碳纳米管薄膜沟道，曹庆等在考虑碳纳米管直径、碳纳米管密度、绝缘层厚度及碳纳米管量子电容等因素基础上，提出了严格圆柱模型来评估栅电容[94]。图 4.24 给出了平板模型和严格模型中的电场分布示意图。平板模型将碳纳米管薄膜看成连续薄膜材料，电力线平行分布在沟道和栅极之间；而严格模型考虑了稀疏的碳纳米管与栅极的静电耦合效应，电力线汇聚于碳纳米管，从而提高了栅极对碳纳米管的电荷调控能力。严格模型的栅电容 $C_{\mathrm{g,r}}$ 表达式如下：

$$C_{\mathrm{g,r}} = \left\{ C_{\mathrm{Q}}^{-1} + \ln\left[\frac{\Lambda_0}{R} \frac{\sin h(2\pi t_{\mathrm{ox}} / \Lambda_0)}{\pi} \right] \right\}^{-1} \Lambda_0^{-1} \qquad (4.8)$$

其中，C_{Q} 是碳纳米管的量子电容；Λ_0^{-1} 是碳纳米管网络的线密度；R 是碳纳米管的直径。利用严格模型计算栅电容可以更加准确地评估碳纳米管薄膜的载流子迁移率。此外，通过直接的 C-V 测量也可以确定碳纳米管薄膜晶体管的栅电容，进而更加准确地评估器件性能[95]。

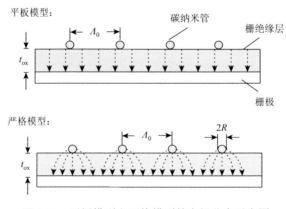

图 4.24 平板模型和严格模型的电场分布示意图

碳纳米管在随机网络薄膜中相互交叉连接，构成了一个复杂的导电网络。碳纳米管及薄膜的性质是影响碳纳米管薄膜电学输运性能的重要因素，不同直径和手性的碳纳米管之间的势垒高度不同，会对碳纳米管薄膜的电学性质产生影响。

虽然碳纳米管自身具有优异的电学性能，但是碳纳米管之间的结型结构存在较大的接触电阻，通常比碳纳米管自身电阻高出一个甚至几个数量级。研究表明，一方面金属性碳纳米管之间以及半导体性碳纳米管之间具有相对理想的电接触；另一方面，由于彼此之间存在肖特基势垒，金属性和半导体性碳纳米管之间的结电阻比相同导电类型的碳纳米管间的接触电阻高出两个数量级[96]。同时，碳纳米管之间结电阻的大小与两根碳纳米管的位置和形貌直接相关，可分为 X 型结和 Y 型结（图 4.25）[97]。从结构角度来说，Y 型结比 X 型结具有更大的交叉重叠区域，因此碳纳米管间电子波函数叠加增强，提高了电子在碳纳米管间的隧穿概率，有利于碳纳米管结间的电学传输，在相同电流开关比条件下，Y 型结富集的样品会比 X 型结富集样品的载流子迁移率高出一个数量级。因此，结型电阻是影响碳纳米管薄膜导电性能的主要因素之一，有效降低碳纳米管薄膜中的结电阻对于提高薄膜电导具有重要意义[98]。

X 型结　　　　　　　　　　Y 型结

图 4.25　碳纳米管网络中的结型结构

日本名古屋大学 Ohno 等提出了一种气相过滤转移制备高性能碳纳米管薄膜晶体管的方法，他们通过改变碳纳米管薄膜的收集时间调控碳纳米管网络的密度，使薄膜中金属性碳纳米管的密度小于渗透阈值，在未进行金属性和半导体性碳纳米管分离的情况下，碳纳米管薄膜晶体管的电流开关比超过 10^6，构建出反相器、与非门、或非门、3 级、11 级及 21 级环形振荡器、RS 触发器和主从 D 触发器等一系列集成电路。单个逻辑门获得了约 100 kHz 延迟频率的操作速度，将碳纳米管集成电路的研究水平由组合电路提高到了时序电路水平[97]。中国科学院金属研究所的科研人员采用浮动催化剂 CVD 法制备出具有"碳焊"结构、单根分散的碳纳米管透明导电薄膜[99]。所得薄膜中约 85%的碳纳米管以单根形式存在，其余主要为由 2～3 根碳纳米管构成的小管束。通过调控反应区内的碳源浓度，在碳纳米管网络的交叉节点处形成了"碳焊"结构，可使金属性-半导体性碳纳米管间的肖特基接触转变为近欧姆接触，从而显著降低接触电阻。所得碳纳米管薄膜在 90%透光率下的方块电阻仅为 41 Ω/□；经硝酸掺杂处理后，其方块电阻进一步降低至 25 Ω/□，比已报道碳纳米管透明导电薄膜的性能提高 2 倍以上，并优于柔性基底上的 ITO 性能，展现出碳纳米管在光电子器件中的应用前景。

参 考 文 献

[1] 曹章轶. 碳纳米管场发射阴极的制备及优化. 上海：华东师范大学，2006.

[2] Fowler R H，Nordheim L. Electron emission in intense electric fields. Proceedings of the Royal Society A，1928，119（781）：173-181.

[3] 王莉莉. 基于碳纳米材料的场发射光源研究. 上海：华东师范大学，2008.

[4] 刘畅，成会明. 碳纳米管. 北京：化学工业出版社，2008.

[5] Umnov A G，Matsushita T，Endo M，et al. Field emission from flexible arrays of carbon nanotubes. Chemical Physics Letters，2002，356（3-4）：391-397.

[6] Meunier V，Buongiorno M，Roland C，et al. Structural and electronic properties of carbon nanotube tapers. Physical Review B，2001，64（19）：195419.

[7] Suzuki S，Watanabe Y，Kiyokura T，et al. Electronic structure at carbon nanotube tips studied by photoemission spectroscopy. Physical Review B，2001，63（24）：245418.

[8] Carroll D L，Redlich P L，Ajayan P M. Electronic structure and localized states at carbon nanotube tips. Physical Review Letters，1997，78（14）：2811-2814.

[9] Bonard J M，Kind H，Stöckli T. Field emission from carbon nanotubes：the first five years. Solid-State Electronics，2001，45（6）：893-914.

[10] Mayer A，Miskovsky N M，Cutler P H，et al. Theoretical comparison between field emission from single-wall and multi-wall carbon nanotubes. Physical Review B，2002，65（15）：155420.

[11] 孙守志，朱家科. 以有机胺及 NaOH 为介质的 SiO_2 胶体抛光机理与工艺. 半导体技术，1982，（1）：34-38.

[12] Bonard J M，Salvetat J，Stöckli T，et al. Field emission from single-wall carbon nanotube films. Applied Physics Letters，1998，73（7）：918-920.

[13] Chung D S，Choi W B，Kang J H，et al. Field emission from 4.5 in. single-walled and multiwalled carbon nanotube films. Journal of Vacuum Science & Technology B，2000，18（2）：1054-1058.

[14] Matsumoto K，Kinosita S，Gotoh Y，et al. Ultralow biased field emitter using single-wall carbon nanotube directly grown onto silicon tip by thermal chemical vapor deposition. Applied Physics Letters，2001，78（4）：539-540.

[15] Liu C，Cheng H M，Cong H T，et al. Synthesis of macroscopically long ropes of well-aligned single-walled carbon nanotubes. Advanced Materials，2000，12（16）：1190-1192.

[16] Bonard J M，Maier F，Stöckli T，et al. Field emission properties of multiwalled carbon nanotubes. Ultramicroscopy，1998，73（1-4）：7-15.

[17] Wu J，Ma Y F，Tang D M，et al. Enhancement of field emission of CNTs array by CO_2-assisted chemical vapor deposition. Journal of Nanoscience & Nanotechnology，2009，9（5）：3046-3051.

[18] Collins P G，Zettl A. Unique characteristics of cold cathode carbon-nanotube-matrix field emitters. Physical Review B，1997，55（15）：9391-9399.

[19] Bonard J M，Stöckli T，Frédéric M，et al. Field-emission-induced luminescence from carbon nanotubes. Physical Review Letters，1998，81（7）：1441-1444.

[20] Saito Y，Hamaguchi K，Hata K，et al. Field emission from carbon nanotubes：purified single-walled and multi-walled tubes. Ultramicroscopy，1998，73（1-4）：1-6.

[21] Feng Y T，Deng S Z，Chen J，et al. Effect of carbon nanotube structural parameters on field emission properties. Ultramicroscopy，2003，95（1-4）：93-97.

[22] Sohn J I，Lee S，Song Y H，et al. Large field emission current density from well-aligned carbon nanotube field emitter arrays. Current Applied Physics，2001，1（1）：61-65.

[23] Rinzler A G，Hafner J H，Nikolaev P，et al. Unraveling nanotubes-field-emission from an atomic wire. Science，1995，269（5230）：1550-1553.

[24] de Jonge N，Allioux M，Oostveen J T，et al. Optical performance of carbon-nanotube electron sources. Physical Review Letters，2005，94（18）：186807.

[25] Yue G Z，Qiu Q，Gao B，et al. Generation of continuous and pulsed diagnostic imaging X-ray radiation using a carbon-nanotube-based field-emission cathode. Applied Physics Letters，2002，81（2）：355-357.

[26] Gangloff L，Minoux E，Teo K，et al. Self-aligned，gated arrays of individual nanotube and nanowire emitters. Nano Letters，2004，4（9）：1575-1579.

[27] Kwo J L，Yokoyama M，Wang W C，et al. Characteristics of flat panel display using carbon nanotubes as electron emitters. Diamond & Related Materials，2000，9（3-6）：1270-1274.

[28] Choi W B，Chung D S，Kang J H，et al. Fully sealed，high-brightness carbon-nanotube field-emission display. Applied Physics Letters，1999，75（20）：3129-3131.

[29] Bonard J M，Stöckli T，Noury O，et al. Field emission from cylindrical carbon nanotube cathodes：possibilities for luminescent tubes. Applied Physics Letters，2001，78（18）：2775-2777.

[30] Cho W S，Lee H J，Lee Y D，et al. Carbon nanotube-based triode field emission lamps using metal meshes with spacers. IEEE Electron Device Letters，2007，28（5）：386-388.

[31] 施敏，伍国珏. 半导体器件物理. 西安：西安交通大学出版社，2008.

[32] Neamen D A. 半导体物理与器件. 4 版. 赵毅强，姚素英，史再峰，等，译. 北京：电子工业出版社，2018.

[33] 童诗白，华成英. 模拟电子技术基础. 北京：高等教育出版社，2015.

[34] 常春蕊，赵宏微，刁加加. 碳纳米管用于场效应晶体管的应用研究. 科技导报，2016，34（23）：106-114.

[35] Appenzeller J，Knoch J，Derycke V，et al. Field-modulated carrier transport in carbon nanotube transistors. Physical Review Letters，2002，89（12）：126801.

[36] H. S. 菲利普·黄，德基·阿金旺德. 碳纳米管与石墨烯器件物理. 郭雪峰，张洪涛，译. 北京：科学出版社，2014.

[37] Guo J，Javey A，Dai H，et al. Performance analysis and design optimization of near ballistic carbon nanotube field-effect transistors. IEDM Technical Digest. IEEE International Electron Devices Meeting，2004，1（4）：703-706.

[38] Javey A，Tu R，Farmer D B，et al. High performance N-type carbon nanotube field effect transistors with chemically doped contacts. Nano Letters，2005，5（2）：345-348.

[39] Javey A，Guo J，Farmer D B，et al. Carbon nanotube field-effect transistors with integrated Ohmic contacts and high-κ gate dielectrics. Nano Letters，2004，4（3）：447-450.

[40] Jia C，Klinke C，Afzali A，et al. Self-aligned carbon nanotube transistors with charge transfer doping. Applied Physics Letters，2005，86（12）：123108.

[41] Klinke C，Chen J，Afzali A，et al. Charge transfer induced polarity switching in carbon nanotube transistors. Nano Letters，2006，5（3）：555-558.

[42] Javey A，Farmer D，Gordon R，et al. Self-aligned 40-nm channel carbon nanotube field-effect transistors with subthreshold swings down to 70 mV/decade. Proceedings of SPIE，2005，5732：14-18.

[43] Appenzeller J, Lin Y M, Knoch J, et al. Band-to-band tunneling in carbon nanotube field-effect transistors. Physical Review Letters, 2004, 93 (19): 196805.

[44] Appenzeller J, Lin Y M, Knoch J, et al. Comparing carbon nanotube transistors-the ideal choice: a novel tunneling device design. IEEE Transactions on Electron Devices, 2005, 52 (12): 2568-2576.

[45] Kim W, Javey A, Tu R, et al. Electrical contacts to carbon nanotubes down to 1 nm in diameter. Applied Physics Letters, 2005, 87 (17): 173101.

[46] Javey A, Guo J, Wang Q, et al. Ballistic carbon nanotube field-effect transistors. Nature, 2003, 424 (6949): 654-657.

[47] Derycke V, Martel R, Appenzeller J, et al. Controlling doping and carrier injection in carbon nanotube transistors. Applied Physics Letters, 2002, 80 (15): 2773-2775.

[48] Zhang Y, Franklin N W, Chen R J, et al. Metal coating on suspended carbon nanotubes and its implication to metal-tube interaction. Chemical Physics Letters, 2000, 331 (1): 35-41.

[49] Zhang Y, Dai H. Formation of metal nanowires on suspended single-walled carbon nanotubes. Applied Physics Letters, 2000, 77 (19): 3015-3017.

[50] Chen Z, Appenzeller J, Knoch J, et al. The role of metal-nanotube contact in the performance of carbon nanotube field-effect transistors. Nano Letters, 2005, 5 (7): 1497-1502.

[51] Heinze S, Tersoff J, Martel R, et al. Carbon nanotubes as Schottky barrier transistors. Physical Review Letters, 2002, 89 (10): 106801.

[52] Heinze S, Radosavljevi M, Tersoff J, et al. Unexpected scaling of the performance of carbon nanotube transistors. Physical Review B, 2003, 68 (23): 235418.

[53] Javey A, Kim H, Brink M, et al. High-κ dielectrics for advanced carbon-nanotube transistors and logic gates. Nature Materials, 2002, 1 (4): 241-246.

[54] Javey A, Guo J, Farmer D B, et al. Self-aligned ballistic molecular transistors and electrically parallel nanotube arrays. Nano Letters, 2004, 4 (7): 1319-1322.

[55] Farmer D B, Gordon R G. ALD of high-κ dielectrics on suspended functionalized SWNTs. Electrochemical and Solid-State Letters, 2005, 8 (4): 89-91.

[56] Lu Y, Bangsaruntip S, Wang X, et al. DNA functionalization of carbon nanotubes for ultrathin atomic layer deposition of high κ dielectrics for nanotube transistors with 60 mV/decade switching. Journal of the American Chemical Society, 2006, 128 (11): 3518-3519.

[57] Kong J, Franklin N, Zhou C, et al. Nanotube molecular wires as chemical sensors. Science, 2000, 287 (5453): 622-625.

[58] Zhou C, Kong J, Yenilmez E, et al. Modulated chemical doping of individual carbon nanotubes. Science, 290 (5496): 1552-1552.

[59] Radosavljeviá M, Appenzeller J, Avouris P, et al. High performance of potassium n-doped carbon nanotube field-effect transistors. Applied Physics Letters, 2004, 84 (18): 3693-3695.

[60] Shim M, Javey A, Kam N W S, et al. Polymer functionalization for air-stable n-type carbon nanotube field-effect transistors. Journal of the American Chemical Society, 2001, 123 (46): 11512-11513.

[61] Derycke V, Martel R, Appenzeller J, et al. Carbon nanotube inter-and intramolecular logic gates. Nano Letters, 2001, 1 (9): 453-456.

[62] Kim W, Javey A, Vermesh O, et al. Hysteresis caused by water molecules in carbon nanotube field-effect transistors. Nano Letters, 2003, 3 (2): 193-198.

[63] Dresselhaus S, Dresselhaus G, Eklund P C. Science of Fullerenes and Carbon Nanotubes. San Diego: Academic Press, 1996.

[64] Thess A，Lee R，Nikolaev P，et al. Crystalline ropes of metallic carbon nanotubes. Science，1996，273（5274）：483-487.

[65] Bronikowski M J，Willis P A，Colbert D T，et al. Gas-phase production of carbon single-walled nanotubes from carbon monoxide via the HiPco process：a parametric study. Journal of Vacuum Science & Technology A，2001，19（4）：1800-1805.

[66] Kitiyanan B，Alvarez W E，Harwell J H，et al. Controlled production of single-wall carbon nanotubes by catalytic decomposition of CO on bimetallic Co-Mo catalysts. Chemical Physics Letters，2000，317（3-5）：497-503.

[67] Kumar M，Ando Y. Chemical vapor deposition of carbon nanotubes：a review on growth mechanism and mass production. Journal of Nanoscience and Nanotechnology，2010，10（6）：3739-3758.

[68] Cao Q，Kim H S，Pimparkar N，et al. Medium-scale carbon nanotube thin-film integrated circuits on flexible plastic substrates. Nature，2008，454（7203）：495-500.

[69] Cheng H M，Li F，Su G，et al. Large-scale and low-cost synthesis of single-walled carbon nanotubes by the catalytic pyrolysis of hydrocarbons. Applied Physics Letters，1998，72（25）：3282-3284.

[70] Nasibulin A G，Kaskela A，Mustonen K，et al. Multifunctional freestanding single-walled carbon nanotube films. ACS Nano，2011，5（4）：3214-3221.

[71] Kaskela A，Nasibulin A G，Timmermans M Y，et al. Aerosol-synthesized SWCNT networks with tunable conductivity and transparency by a dry transfer technique. Nano Letters，2010，10（11）：4349-4355.

[72] Tortorich R P，Choi J W. Inkjet printing of carbon nanotubes. Nanomater，2013，3（3）：453-468.

[73] Zhang J，Terrones M，Park C R，et al. Carbon science in 2016：status，challenges and perspectives. Carbon，2016，98：708-732.

[74] 顾健婷，邱松，刘丹. 基于溶液法的单壁碳纳米管手性分离. 中国科学，2015，45（4）：361-372.

[75] 邱汉迅，郑艺欣，杨俊和. 半导体型与金属型单壁碳纳米管的分离技术. 新型炭材料，2012，27（1）：1-11.

[76] Arnold M S，Green A A，Hulvat J F，et al. Sorting carbon nanotubes by electronic structure using density differentiation. Nature Nanotechnology，2006，1（1）：60-65.

[77] Sangwan V K，Ortiz R P，Alaboson J M P，et al. Fundamental performance limits of carbon nanotube thin-film transistors achieved using hybrid molecular dielectrics. ACS Nano，2012，6（8）：7480-7488.

[78] Liu H P，Nishide D，Tanaka T，et al. Large-scale single-chirality separation of single-wall carbon nanotubes by simple gel chromatography. Nature Communications，2011，2（1）：309.

[79] Tanaka T，Liu H P，Fujii S，et al. From metal/semiconductor separation to single-chirality separation of single-wall carbon nanotubes using gel. Physica Status Solidi-Rapid Research Letters，2011，5（9）：301-306.

[80] Yang D，Li L，Wei X，et al. Submilligram-scale separation of near-zigzag single-chirality carbon nanotubes by temperature controlling a binary surfactant system. Science Advances，2021，7（8）：eabe0084.

[81] Gu J T，Han J，Liu D，et al. Solution-processable high-purity semiconducting swcnts for large-area fabrication of high-performance thin-film transistors. Small，2016，12（36）：4993-4999.

[82] Li Y H，Zheng M M，Yao J，et al. High-purity monochiral carbon nanotubes with a 1.2 nm diameter for high-performance field-effect transistors. Advanced Functional Materials，2022，32（1）：2107119.

[83] Zhao J W，Gao Y L，Gu W B，et al. Fabrication and electrical properties of all-printed carbon nanotube thin film transistors on flexible substrates. Journal of Materials Chemistry，2012，22（38）：20747-20753.

[84] Chen P，Fu Y，Aminirad R，et al. Fully printed separated carbon nanotube thin film transistor circuits and its application in organic light emitting diode control. Nano Letters，2011，11（12）：5301-5308.

[85] Jung M，Kim J，Noh J，et al. All-printed and roll-to-roll-printable 13.56-MHZ-operated 1-bit RF tag on plastic foils.

IEEE Transactions on Electron Devices, 2010, 57 (3): 571-580.

[86] Noh J, Jung M, Jung K. Fully gravure-printed D flip-flop on plastic foils using single-walled carbon-nanotube-based TFTs. IEEE Electron Device Letters, 2011, 32 (5): 638-640.

[87] Okimoto H, Takenobu T, Yanagi K, et al. Tunable carbon nanotube thin-film transistors produced exclusively via inkjet printing. Advanced Materials, 2010, 22 (36): 3981-3986.

[88] Kang S J, Kocabas C, Ozel T, et al. High-performance electronics using dense, perfectly aligned arrays of single-walled carbon nanotubes. Nature Nanotechnology, 2007, 2 (4): 230-236.

[89] Shulaker M M, Hills G, Patil N, et al. Carbon nanotube computer. Nature, 2013, 501 (7468): 526-530.

[90] Zhu Z X, Wei N, Cheng W J, et al. Rate-selected growth of ultrapure semiconducting carbon nanotube arrays. Nature Communications, 2019, 10 (1): 4467.

[91] Liu L J, Han J, Xu L, et al. Aligned, high-density semiconducting carbon nanotube arrays for high-performance electronics. Science, 2020, 368 (6493): 850-856.

[92] Zhao M Y, Chen Y H, Wang K X, et al. DNA-directed nanofabrication of high-performance carbon nanotube field-effect transistors. Science, 2020, 368 (6493): 878-881.

[93] Snow E S, Novak J P, Campbell P M, et al. Random networks of carbon nanotubes as an electronic material. Applied Physics Letters, 2003, 82 (13): 2145-2147.

[94] Cao Q, Xia M, Kocabas C, et al. Gate capacitance coupling of singled-walled carbon nanotube thin-film transistors. Applied Physics Letters, 2007, 90 (2): 4540-4539.

[95] Wang C, Zhang J, Zhou C W. Macroelectronic integrated circuits using high-performance separated carbon nanotube thin-film transistors. ACS Nano, 2010, 4 (12): 7123-7132.

[96] Fuhrer M S, Nygard J, Shih L, et al. Crossed nanotube junctions. Science, 2000, 288 (5465): 494-497.

[97] Sun D M, Timmermans M Y, Tian Y, et al. Flexible high-performance carbon nanotube integrated circuits. Nature Nanotechnology, 2011, 6 (3): 156-161.

[98] Nirmalraj P N, Lyons P E, De S, et al. Electrical connectivity in single-walled carbon nanotube networks. Nano Letters, 2009, 9 (11): 3890-3895.

[99] Jiang S, Hou P X, Chen M L, et al. Ultrahigh-performance transparent conductive films of carbon-welded isolated single-wall carbon nanotubes. Science Advances, 2018, 4 (5): eaap9264.

第5章

碳纳米管光电器件

碳纳米管具有优异的电学、光学、热学和力学性能，是理想的纳电子和光电子材料。室温下，碳纳米管中的电子和空穴具有极高的本征迁移率、微米量级的电子平均自由程、近乎完美的弹道输运特性。以碳纳米管为沟道材料的光电器件可望表现出极低的功耗、超高的载流子运动速度以及理论预测可达太赫兹频段的能力[1]。2003年，IBM研究组观察到单个双极性碳纳米管晶体管在合适的栅极电压下可从一个电极通过隧穿注入电子，另一个电极注入空穴，电子和空穴在碳纳米管中复合并发射出沿碳纳米管轴向偏振的红外光[2]，成为碳纳米管光电器件研究的重要标志。同时，由于低维体系材料中电子与空穴之间存在很强的库仑相互作用，碳纳米管中的激子效应增强，可直接影响碳纳米管光电器件的光吸收或光发射过程[3,4]。本章将重点介绍碳纳米管基光电器件，包括透明导电薄膜、发光器件、光探测器、光调制器和光电存储器等。

5.1　透明导电薄膜

透明电极是光电器件重要的组成部分，须同时具备良好的透光性和导电性。已经商用的透明导电薄膜材料ITO在550 nm可见光下具有90%的透光率，薄膜电阻为10 Ω/□，可以满足触摸屏、液晶显示、有机发光显示、光伏等多种应用需求[5]。近年来随着柔性可穿戴电子器件的兴起，在要求透明电极兼具良好的透光性和导电性同时，还要有足够的柔性以满足弯曲、折叠、拉伸等使用需求。然而作为一种脆性材料，ITO的柔性较差，并且In属于稀有元素，因此寻找一种可替代ITO的新型柔性透明导电薄膜材料具有重要意义。在众多候选材料之中，单壁碳纳米管因具有优异的柔性、导电性、光学性能和结构稳定性而备受关注[6-10]。

5.1.1 制备方法

如第 3 章所述，碳纳米管透明导电薄膜的制备方法可以分为湿法和干法[8-10]。图 5.1（a）显示了湿法制备单壁碳纳米管透明导电薄膜的流程：首先将单壁碳纳米管原料与分散剂混合，经超声、离心分离后取出上层清液，采用真空抽滤[11]、旋涂[12]、喷涂[13]、Mayer 棒法[14]等工艺制备出单壁碳纳米管薄膜。美国佛罗里达大学 Rinzler 等采用真空抽滤法首次制备出单壁碳纳米管透明导电薄膜，可见光波段的透光率超过 70%，薄膜电阻低至 30 Ω/□[11]。该方法的工艺过程简单，但在溶液分散过程中单壁碳纳米管的本征结构一定程度上受到破坏，而且碳纳米管吸附的分散剂也很难被完全去除，从而导致单壁碳纳米管透明导电薄膜的光电性能劣化。图 5.1（b）给出了干法制备单壁碳纳米管透明导电薄膜的流程：浮动催化剂化学气相沉积（FCCVD）法制备的单壁碳纳米管随载气在反应器中浮动，进而在反应器尾端的多孔滤膜上沉积成膜，薄膜厚度可通过收集时间调控，且通过压印方法可将薄膜转移到其他目标基底上。芬兰阿尔托大学 Kauppinen 等[15]首次报道了这种碳纳米管薄膜的气相收集方法。该方法不涉及液相分散过程，避免了分散剂对薄膜性能造成的影响，同时也可以保证单壁碳纳米管本征结构的完整性，在制备高性能单壁碳纳米管透明导电薄膜方面更具优势[8-10]。

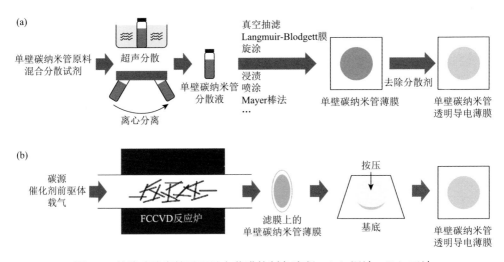

图 5.1　单壁碳纳米管透明导电薄膜的制备流程：（a）湿法；（b）干法

5.1.2 性能及调控方法

研究表明，由大直径[16-18]、高质量[18]和长度较长[13, 19]的单壁碳纳米管构成的薄膜具有更优的光电性能。韩国三星公司 Young 等研究了单壁碳纳米管的直径和质量对透明导电薄膜性能的影响[18]。通过对比电弧放电法、激光烧蚀法、高压一氧化碳裂解法以及 CVD 法合成的单壁碳纳米管透明导电薄膜的性能（图 5.2），发现单壁碳纳米管的直径越大、带隙越小、载流子浓度越高[16, 17]，透明导电薄膜的光电性能越好；同时，高结晶度、低缺陷的单壁碳纳米管也有利于提高透明导电薄膜的光电性能。

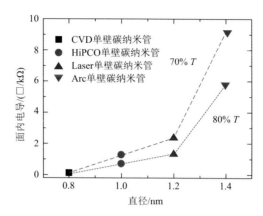

图 5.2　不同制备方法获得的单壁碳纳米管的直径与薄膜光电性能的关系

Arc：电弧放电法；Laser：激光烧蚀法；HiPCO：高压一氧化碳裂解法

美国国家可再生能源实验室 Blackburn 等[13]采用了一种新的表面活性剂羧甲基纤维素钠来分散激光烧蚀法制备的单壁碳纳米管。通过控制超声分散时间，有效调控单壁碳纳米管的平均长度。结果表明，在相同透光率下，在特定长度范围内，透明导电薄膜电阻随单壁碳纳米管长度的增加而降低，单壁碳纳米管平均长度为 0.55 μm 的薄膜电阻是平均长度 1.32 μm 的 2.5 倍[19]。

韩国机械与材料研究所的 Han 等报道了一种高效的后处理方法，修复单壁碳纳米管管壁的缺陷，进而提高其透明导电薄膜性能[20]。他们通过热氧化处理，去除附着于单壁碳纳米管上的无定形碳；通过热修复处理减少单壁碳纳米管管壁上的缺陷，同时去除官能团。在相同透光率条件下，经过热氧化-热修复处理的单壁碳纳米管透明导电薄膜的电阻仅约为单独进行热氧化处理样品的 1/3，表明该方法可有效提高单壁碳纳米管透明导电薄膜的性能。

此外，不同手性的单壁碳纳米管可表现为金属性或半导体性，以及呈现出不同的带隙、载流子浓度、掺杂行为[17]及差异化的光电性能。对于相同直径和长度的半导体性碳纳米管，其电阻约为金属性碳纳米管的 10^4 倍[21]。通过掺杂，半导体性单壁碳纳米管的导电性可达到与金属性碳纳米管相同的量级[17, 22]。由于常规方法制备的单壁碳纳米管往往是金属性和半导体性的混合物，其光电性能存在不确定性。美国斯坦福大学 Goldhaber-Gordon 等通过理论计算研究了不同导电属性比例单壁碳纳米管薄膜的电学性能。结果表明，单一导电属性的单壁碳纳米管薄膜的导电性最高，而金属性与半导体性单壁碳纳米管的混合薄膜由于两者之间存在大量肖特基接触，导致薄膜电阻急剧增加，将严重阻碍载流子的传输[22]。

高纯度、单一导电属性的单壁碳纳米管是获得高性能透明导电薄膜的基础。美国西北大学 Green 和 Hersam 利用双表面活性剂对单壁碳纳米管进行分散，再通过密度梯度离心方法分离出金属性单壁碳纳米管溶液[23]，制备出单一导电属性的碳纳米管透明导电薄膜。结果表明，在 550 nm 可见光下，单一导电属性单壁碳纳米管透明导电薄膜的电阻是未筛选样品的 1/6；在 1600 nm 近红外光下，前者的薄膜电阻仅为后者的 1/10[23]。中国科学院金属研究所的研究人员[24]采用气相刻蚀方法原位制备出金属性富集的单壁碳纳米管透明导电薄膜。在 550 nm 可见光下其薄膜电阻约为 650 Ω/□，经过硝酸掺杂处理后可进一步降低到 160 Ω/□。

单壁碳纳米管具有大的比表面积，易于自发形成管束[2, 15, 25-30]，管束中载流子传输主要发生在最外层的碳纳米管，而不参与导电的内层碳纳米管仍导致吸光率增大[31]。因此，由单根分散的单壁碳纳米管所构成的透明导电薄膜可望表现出更优的光电特性[25, 26]。芬兰阿尔托大学 Kauppinen 等利用 FCCVD 方法，使用电弧发生器产生金属纳米颗粒，通过控制电弧电压有效调控金属颗粒的浓度，成功制备出单根分散的单壁碳纳米管[25]。同时通过在气流尾端设计多孔滤膜收集装置，获得单根率超过 60% 的单壁碳纳米管透明导电薄膜，经过硝酸掺杂后，在 90% 透光率下薄膜电阻约为 63 Ω/□[25]。

单壁碳纳米管之间的接触电阻也是影响碳纳米管透明导电薄膜性能的重要因素。中国科学院金属研究所的科研人员提出一种利用碳焊连接降低碳纳米管之间接触电阻的策略[26]，在浮动催化剂化学气相沉积系统中，利用高流量载气降低反应区催化剂和形成单壁碳纳米管的浓度，同时缩短单壁碳纳米管的生长时间，碳源裂解出的过量碳优先沉积在碳纳米管与碳纳米管搭接处以降低表面能，将金属性与半导体性单壁碳纳米管之间的肖特基接触转变为近欧姆接触。所得样品中碳焊接的比例高达 98%，单根分散单壁碳纳米管含量超过 85%［图 5.3（a）］。基于此构建出的单壁碳纳米管透明导电薄膜展现出超高的透明导电性能，在 90% 透光率下的薄膜电阻仅为 41 Ω/□，硝酸掺杂后进一步降低至 25 Ω/□，可以与柔性基底上氧化铟锡透明导电薄膜性能相媲美，代表了当时单壁碳纳米管透明导电薄膜性能的最高水平［图 5.3（b）］。

化学掺杂技术可进一步提高单壁碳纳米管透明导电薄膜光电性能。韩国成均馆大学 Lee 等[32-35]深入研究了掺杂对单壁碳纳米管薄膜电学性能的影响机制。如图 5.4（a）所示，掺杂原理可以用水桶模型来描述，如果掺杂分子的水位（电化学势）高于水桶（单壁碳纳米管）的水平面（费米能级或功函数），水（电子）将从掺杂分子转移到单壁碳纳米管中，形成 n 型掺杂（电子更多）；反之，水（电子）从

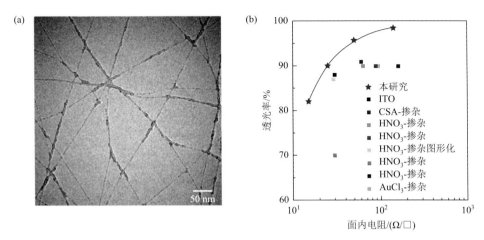

图 5.3　碳焊单根分散单壁碳纳米管（a）及基于不同材料的透明导电薄膜（b）的性能对比

单壁碳纳米管转移到掺杂分子中，形成 p 型掺杂（空穴更多）。因此，单壁碳纳米管的功函数可以被 n 型或 p 型掺杂剂调控。由于 Au^{3+} 的还原电势（1.52 V）高于单壁碳纳米管，因此电子将从单壁碳纳米管转向 Au^{3+} 而形成 p 型掺杂。如图 5.4（b）所示，$AuCl_3$ 的浓度越高，单壁碳纳米管的功函数越高，p 型掺杂效果越强。同时，金属性和半导体性单壁碳纳米管之间的肖特基势垒在不断增强的 $AuCl_3$ 掺杂作用下会逐渐降低直到消失，因此单壁碳纳米管透明导电薄膜的薄膜电阻降低主要来源于肖特基接触电阻的降低[36, 37]。然而，化学掺杂往往稳定性不高，原因在于气相或液相的掺杂分子与单壁碳纳米管间的结合力较弱，能在空气中自发脱附，特别是加热条件下，从而导致单壁碳纳米管的电化学势回到原始状态，并且空气中的水汽或其他成分能与强氧化性掺杂剂反应而弱化掺杂效果[8]。

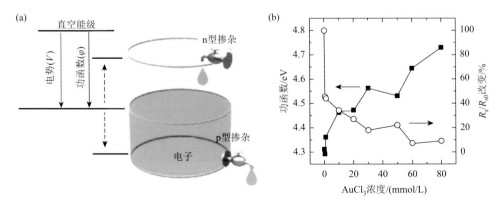

图 5.4　掺杂对单壁碳纳米管薄膜导电性的影响：（a）通过 n 型或 p 型掺杂调节单壁碳纳米管的功函数（费米能级）的水桶模型图；（b）不同 $AuCl_3$ 掺杂浓度与单壁碳纳米管的功函数和薄膜电阻关系图

图案化也是一种提升碳纳米管透明导电薄膜光电性能的有效方法。如图 5.5 所示，日本名古屋大学 Ohno 等将图案化的滤膜放在浮动催化剂化学气相沉积设备尾气端，直接获得了图案化的单壁碳纳米管网络（图 5.5）。其透光率（T）为

$$T = (A-W)^2/A^2 + W(2A-W)/(e^{\alpha t_g} A^2) \tag{5.1}$$

其中，A 是网格周期；W 是网格的宽度；t_g 是网格的厚度（高度）；α 是常数（吸收系数）；左边项是网格孔面积占比[38, 39]。从公式得出，如果单壁碳纳米管网格足够厚，右边项将可以忽略不计，透光率将仅由网格孔面积占比决定。通过设计一种由均匀单壁碳纳米管薄膜和网格组成的双层透明导电薄膜结构，经硝酸掺杂后这种特殊结构的单壁碳纳米管透明导电薄膜的薄膜电阻可以降到 53 Ω/□[38]。之后，研究人员直接采用图案化的单根分散单壁碳纳米管网格作为透明导电薄膜，经硝酸掺杂后，在 87%透光率下，其薄膜电阻为 29 Ω/□[39]。需要指出的是，由于垂直于两端电流方向的通路数量大幅减少，该方向的电阻将大幅增加，因此该单壁碳纳米管透明导电薄膜是各向异性的。此外，网格中的孔洞限制了它在未来高分辨率显示中的应用。

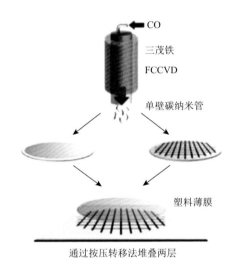

图 5.5　**图案化单壁碳纳米管透明导电薄膜的制备示意图**

5.2　发光器件

　　纳米材料的出现推动了生物医学、环境科学、光电和光催化等领域的快速发展[40, 41]。其中，发光二极管在智能手机、电视、交通信号和医疗设备等显示应用中取得了巨大的技术进步[42]。与传统照明系统相比，采用发光二极管的照明系统具有更长的使用寿命、更低的发热功率、超快的响应时间和更广泛的发射波长选

择等优点。碳纳米管作为高迁移率、窄带隙的半导体纳米材料，可用于发光二极管的发射层[2, 43-50]和电极材料[51-54]。现有电致发光器件主要有三种发光机制：直接电离、碰撞激发和注入电子与空穴的复合。碳纳米管发光器件的工作机制主要以碰撞激发和注入电子与空穴的复合为主。基于碳纳米管场效应晶体管的发光器件是研究最早的碳纳米管发光器件[2, 43]。采用不同的接触电极时，碳纳米管晶体管既可呈现双极性也可呈现单极性。对双极性碳纳米管晶体管施以较大的偏压，在合适的栅极电压调控作用下，电子和空穴可通过隧穿的方式同时注入到碳纳米管中复合，从而产生偏振光。

5.2.1　碳纳米管发光

2003 年，美国 IBM 公司的 Tersoff 等在碳纳米管双极型场效应晶体管中观察到了偏振红外光发射[2]，Avouris 等用一根碳纳米管制备了一种长沟道发光场效应晶体管。金属电极可向碳纳米管中注入电子和空穴，当两种类型的载流子相遇时发生复合，发射出红外光。光子的发射位置可通过改变栅极和漏极电压来控制[43]。此后，研究人员通过构建单根碳纳米管悬空结构，实现了异常明亮的红外光发射器件[44]；并利用两个分立的栅极与静电掺杂技术开发了一种新型碳纳米管发光二极管，使器件的能耗降低到 1/1000，实现了高载流子-光子转换效率和较窄的发射光谱范围[45]。

如图 5.6 所示，北京大学彭练矛等提出了具有不对称接触电极的碳纳米管发光二极管[46]，其中碳纳米管一端与金属钪接触，另一端与金属钯接触。当钪电极接地，在钯电极上施加大的正向偏压时，电子可以轻易从钪电极注入单壁碳纳米管的导带，同时空穴可以从钯电极注入价带。注入的电子和空穴在碳纳米管沟道中发生辐射复合，并产生一个窄的发射峰，其半峰宽约为 30 MeV。器件电致发

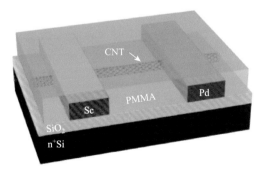

图 5.6　具有不对称电极的碳纳米管发光二极管

CNT：碳纳米管；PMMA：聚甲基丙烯酸甲酯；n$^+$Si：n 型掺杂 Si

光光谱测量结果表明，发射是激子主导的过程且与连续态几乎没有重叠。同时，将这种发光二极管的性能与在同一碳纳米管上制造的三端场效应晶体管进行了比较，结果表明，双端发光二极管的转换效率比基于场效应晶体管的发光器件高 3 倍以上，且发射峰更窄，工作电压更低[46]。在此基础上，研究人员又进行了小直径（$d<1$ nm）、手性分别为（8，3）和（8，4）碳纳米管薄膜的电致发光研究，发现当沟道长度较短时，器件在自由空间可以表现出更好的电致发光效率[47]。小偏压下的强发射能力使基于碳纳米管薄膜的发光器件与其他纳米材料具有更好的兼容性。

美国洛斯阿拉莫斯国家实验室的 Doorn 等通过化学修饰单壁碳纳米管，在 sp^3 缺陷位置实现了单光子发射[48]。他们将芳香官能团引入到单壁碳纳米管的管壁上，在管壁缺陷位置实现激子局域化，从而实现了室温下纯度高达 99% 的单光子发射。此外，通过掺杂不同手性指数的碳纳米管，发射光波长可在 $1.3\sim1.55$ μm 之间调节。另外，利用单一手性（6，5）的半导体性碳纳米管溶液，德国海德堡大学和英国圣安德鲁斯大学的研究人员制备了微腔集成发光场效应晶体管，实现了室温下具有高电流密度和近红外可调性的高效电泵浦[49]。同时，利用该单一手性的碳纳米管作为发光层，研究人员通过匹配电荷阻挡层和电荷传输层的多层堆叠结构，制备出波长在 $1000\sim1200$ nm 的窄带电致发光有机发光二极管器件[50]。

5.2.2　碳纳米管电极

碳纳米管薄膜具有优异的透光性和电导率，同时具有和氧化铟锡相似的功函数，而且极性可以通过掺杂进行调整，因此成为理想的发光二极管电极材料。美国得克萨斯大学达拉斯分校的 Baughman 等利用纳米级厚度、高透光度、高柔韧性和高功函数的碳纳米管片层作为电极材料，在柔性塑料和刚性玻璃基底上分别构筑了聚合物基有机发光二极管，其具有较低的发射电压以及较高的电致发光强度（约 500 cd/m^2）[51]。加拿大魁北克蒙特利尔大学 Martel 等利用单壁碳纳米管片层作为有机发光二极管阳极，器件的亮度和效率与相同条件下构筑的传统氧化铟锡发光二极管相当[52]。美国南加利福尼亚大学周崇武等使用 PEDOT 对电弧法制备的碳纳米管薄膜进行钝化处理，获得了更好的表面平滑度；使用 SOCl$_2$ 掺杂降低电阻[53]，并以其作为电极材料，成功构建出高稳定性和长寿命的有机发光二极管。德国德累斯顿工业大学 Leo 等使用多壁碳纳米管片层作为顶部电极，采用直接层压方式转移到白光有机发光二极管叠层上，证明这种器件几乎没有微腔效应，基本上呈现出朗伯发射[54]。此外，该器件的外量子效率为 1.5%，显色指数高达 70。由于消除了微腔效应，器件在不同视角下表现出良好的颜色稳定性[54]。

5.3 光电探测器

　　光电探测器是图像传感器、光谱分析、生物医学成像、环境监控等相关设备的基础组件，可将光信号转换为电信号[55]。然而，基于硅与Ⅲ～Ⅴ族传统半导体材料的光电探测器，在光谱覆盖、分辨率、透光性、柔性以及与 CMOS 工艺兼容性方面遇到了现代光电子学的瓶颈。与传统半导体材料相比，碳纳米管具有更高的吸收系数，因而有望解决传统材料所面临的困境[56]。作为太阳能电池的典型材料，单晶硅是一种带隙为 1.1 eV 的间接带隙材料[57]，在室温下，对于能量范围从 1.1 eV 到 3.5 eV 的入射光，其吸收系数范围为 $0.1\sim10^5$ cm^{-1}；而对于能量范围从 1.1 eV 到 2.4 eV 的入射光，其吸收系数小于 10^4 cm^{-1}。对于可见光光谱，大多数其他具有相同带隙的直接带隙半导体材料的吸收系数也处于这个量级，即 $10^4\sim10^5$ cm^{-1}，且吸收系数随光子能量的增加而增加。对于通常用于红外探测器的各种窄禁带材料，本征吸收系数表现出强烈的波长依赖性。大多数窄禁带半导体在红外光谱区的吸收系数通常只有 $10^3\sim10^4$ cm^{-1}[58, 59]。然而，具有合适直径分布的单壁碳纳米管薄膜的吸收范围可覆盖紫外到红外波段[60, 61]，且从近红外到中红外吸收系数高达 $10^4\sim10^5$ cm^{-1}，比传统用于红外探测的材料高一个数量级[62, 63]。实验表明，直接生长 100 nm 厚的碳纳米管薄膜不经任何处理即可吸收 70% 以上的入射光[62]，而垂直碳纳米管阵列的光吸收则接近 100%[64-66]。

5.3.1 光电探测器的基本原理及评价指标

　　光电探测器最基本的光电响应原理是将材料吸收的光子转换为光电流或光电压信号。当入射光子的能量高于碳纳米管的带隙时，会在碳纳米管中激发出电子-空穴对；利用电势将两种光生载流子分开，就能够实现对光电流或光电压信号的测量[67]。光电探测器可分为基于光伏效应的光电二极管、基于光电导效应的光电导体、基于光栅效应的光电晶体管和基于辐射热效应和光热电效应的热探测器等几种类型。

　　光电二极管是最常见的光电探测器之一，其一端材料为半导体，另一端可以是金属或者半导体[55, 56]。两种物质功函数的差异导致在界面处形成内建电场，使得光电二极管在暗态下的电流-电压曲线呈现整流特性。在光照下，界面处产生的光生载流子在内建电场的作用下发生分离，在闭路中形成短路电流；开路情况下，电子和空穴将分别积累在器件的电极上，从而形成开路电压。光电导体是另一种常见的光电探测器，半导体吸收光子并产生电子-空穴对，光生电子和空穴在外部偏压作用下向相反的电极漂移，从而形成光电流和光增益[55, 56]。

　　光电晶体管可以看作是光电导体的特殊形式，在原光电导体的基础上增加了栅介质层和栅电极。通过栅电极对半导体沟道施加电场，利用场效应对沟道层的载流子密度进行调制。当器件在耗尽区条件下进行工作时，器件的暗电流显著降低，从而实现较低的噪声。此外，光栅效应可以有效地调节沟道的电导率，光电晶体管往往比光电导体具有更高的光增益。光栅效应利用缺陷和杂质或复合结构使光生载流子的寿命延长。光栅效应可以被理解为：若一种类型的光生载流子被缺陷捕获并且具有一定的空间分布，则这些带电的陷阱态可以充当一个局域浮栅，大幅度增强对沟道电导的调制能力[56]。

热探测器可分为辐射热效应和光热电效应两类。在辐射热效应中，半导体材料通过吸收光子使温度均匀升高进而导致电阻改变，该类器件称为测热辐射计。器件的电流-电压曲线类似于光电导器件，其光电流随偏压线性增加且在零偏压下不产生光电流[55, 56]。在光热电效应中，利用光子对材料进行加热，光斑小于器件沟道尺寸时，局部光照会在半导体沟道处产生温度梯度，并在器件上产生光电流或者光电压，该类器件称为热电堆。温差产生的光电压可以驱动电流，因此器件无需施加偏置电压。通常，光电压很小，在几十微伏到几十毫伏之间，因此器件中金属和半导体之间需要形成高质量的欧姆接触[55, 56]。

光电探测器的原理、种类及形式多样，为了便于评价，人们通常使用以下几个重要参数来综合评判不同器件的性能，包括响应度（R）、响应时间、外量子效率（EQE）、信噪比（SNR）、噪声等效功率（NEP）、探测度（D^*）和光增益（G）等。

响应度定义为光电流（I_P）或光生电压（V_P）与入射光功率（P）之间的比值，表达式为

$$R = \frac{I_P}{P} \text{ 或 } R = \frac{V_P}{P} \tag{5.2}$$

响应度体现了光电探测器在一定功率和波长的光照下产生光电压或光电流的能力，由于半导体的能隙和光吸收的波长依赖性，因此器件的响应度与波长有关。

响应时间是光电探测器的重要参数之一，包括上升时间（τ_r）和下降时间（τ_f）。其中，上升时间定义为光电流从幅值的 10% 到 90% 所需要的时间，而下降时间被定义为从 90% 到 10% 所需要的时间。

外量子效率是器件收集到的光生载流子数与入射的光子数之比，可以表示为

$$\text{EQE} = \frac{I_P}{e} \cdot \left(\frac{P\lambda}{hc} \right)^{-1} = R \frac{hc}{\lambda e} \tag{5.3}$$

其中，h 是普朗克常数；c 是光速；e 是电子电荷；λ 是入射光的波长。

信噪比是信号功率与噪声功率的比值，当信噪比大于 1 时，才能区分信号功率和噪声。

噪声等效功率是光电探测器可以检测到或区别于总噪声（环境感应、内部产

生等）的最小光信号功率，是用于描述探测器的灵敏度的重要参数。噪声等效功率被定义为在带宽为 1 Hz 时，探测器中的电信号噪声比等于 1 时的最小可检测光功率，可以表示为

$$\text{NEP} = \frac{I_{\text{N}}}{R} \tag{5.4}$$

其中，I_{N} 是器件在带宽为 1 Hz 时的噪声电流谱（A/Hz$^{1/2}$）；R 是响应度，（A/W）；因此噪声等效功率的单位为 W/Hz$^{1/2}$。

探测度 D^* 是衡量光电探测器的最重要指标参数，同时考虑了器件的尺寸、噪声、带宽和响应度等多种因素，能够综合衡量器件的灵敏度，单位为 cm·Hz$^{1/2}$/W，其表达式为

$$D^* = R \frac{\sqrt{AB}}{I_{\text{N}}} \tag{5.5}$$

其中，B 是带宽（1 Hz）；A 是器件的有效面积。

光电导增益用于评估单个入射光子产生多个载流子的能力。由于寿命（τ_{life}）长和漂移渡越时间（τ_{tran}）短，一个光生电子或空穴可以在通道中循环多次，从而产生光电导增益，其表达式为

$$G = \frac{\tau_{\text{life}}}{\tau_{\text{tran}}} \tag{5.6}$$

漂移渡越时间取决于施加的偏置电压（V_{b}）、载流子迁移率（μ）和沟道长度（L），其表达式为

$$\tau_{\text{tran}} = \frac{L^2}{\mu V_{\text{b}}} \tag{5.7}$$

5.3.2 碳纳米管紫外-可见光电探测器

碳纳米管由于具有典型的一维结构，光子激发的电子-空穴对在其表面具有很强的结合能，因此在没有施加强电场的情况下，光生电子-空穴对无法实现有效分离，从而降低了探测器性能。通过构建碳纳米管与体材料、低维材料和聚合物等异质结构，可以显著增强激子的解离，实现碳纳米管光电探测器性能的提高[68]。

通过在 n 型氧化锌（n-ZnO）层上转移半透明、大直径的半导体性单壁碳纳米管薄膜，美国加利福尼亚大学的 Itkis 等构筑了垂直单壁碳纳米管/ZnO 的 p-n 结用于紫外光探测。紫外辐射通过半导体性单壁碳纳米管薄膜后，激发了异质结界面附近 n-ZnO 层中的电子-空穴对，形成的强内建电场可以有效分离光生载流子。该器件实现了 400 A/W 的响应度、1.0×10^5% 的外量子效率和 3.2×10^{15} cm·Hz$^{\frac{1}{2}}$/W 的探测度[69]。意大利罗马大学 Castrucci 等利用干法转移技术将单壁碳纳米管转移至 n 型硅衬底上形成异质结，通过制作短距离叉指电极增加光生载流子收集能力，

实现了响应度为 0.8 A/W、探测度为 7×10^{13} cm· $Hz^{\frac{1}{2}}$ / W 和响应时间为 7 μs 的光电探测器[70]。除了光检测之外，该器件还可应用于异质逻辑电路，如布尔光电电路[70]。此外，通过在 n 型硅衬底的活性区域上转移含有约 10%的金属性和 90%的半导体性的单壁碳纳米管薄膜，实现了具有高灵敏度的单壁碳纳米管/N-Si 异质结光电二极管，其响应度为 1 A/W，探测度为 10^{14} cm· $Hz^{\frac{1}{2}}$ / W，上升和下降响应时间分别为 300 ns 和 200 ns。美国东北大学 Kar 等在厘米级晶圆上构筑了一种基于单壁碳纳米管/硅异质结光电二极管的新型逻辑器件（图 5.7）[71]，光、电输入可以控制器件的输出电流。该器件的电流响应度大于 1 A/W，而电压响应度超过了 1×10^5 V/W，光电开关比超过 10^4。

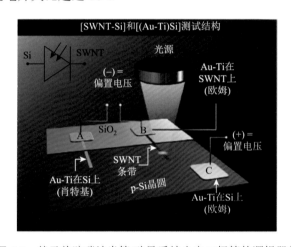

图 5.7　基于单壁碳纳米管/硅异质结光电二极管的逻辑器件

由于具有其独特的量子限制效应和尺寸效应，低维半导体纳米材料表现出与体材料不同的新特性。然而，低维材料的结构缺陷和表面状态不利于光生载流子的分离和转移，导致电子-空穴复合概率增大和光电探测性能降低。加拿大国家科学研究所 Khakani 等利用脉冲激光沉积方法，在单壁碳纳米管上直接生长硫化铅量子点，构建出单壁碳纳米管/硫化铅量子点异质结[72]，器件在宽光谱范围内实现了超灵敏的光响应特性。研究人员进一步研究了双壁碳纳米管/硫化铅量子点异质结的光电特性，器件响应度可达 230 A/W，响应速度可达 30 μs[73]。澳大利亚莫纳什大学鲍桥梁等通过在网状单壁碳纳米管薄膜上覆盖 $CsPbI_3$ 钙钛矿量子点，构建出柔性异质结光电探测器[74]。$CsPbI_3$ 量子点的引入能够增强光吸收，并促进单壁碳纳米管中光生载流子的产生，器件的响应度可达 2.8 A/W。由于碳纳米管和量子点异质结的可弯折特性，器件在反复弯曲和拉伸后仍能保持良好的光电性能[74]。

将原子级厚度的二维半导体纳米片与单壁碳纳米管结合，由于材料和界面上的电子耦合作用，可以形成具有独特性能的范德瓦耳斯异质结，在纳米电子学、柔性电子学、光电子学等领域有着巨大的应用潜力。其中，具有直接带隙的 n 型半导体二硫化钼具有良好的光电性能，因而备受关注。与单壁碳纳米管的近红外吸收相比，二硫化钼在可见光中的互补光学吸收也可用于单壁碳纳米管光电探测器性能的提高。此外，单壁碳纳米管和二硫化钼之间的超快电荷转移（低于 50 fs）促进了界面处的高效电荷分离，因此可用于制造高性能范德瓦耳斯异质结光电探测器。美国西北大学 Hersam 等提出了一种可栅极调制的半导体性单壁碳纳米管/二硫化钼异质结二极管，在 650 nm 光照下表现出大于 0.1 A/W 的响应度和小于 15 μs 的响应速度[75]。

5.3.3　碳纳米管红外光电探测器

高性能红外探测器广泛应用于工业、军事和光通信等领域，通常需要采用分子束外延或金属有机化学气相沉积等复杂的方法来获得高质量半导体材料，增加了制造成本[76]。此外，大多数基于传统半导体材料的高性能红外探测器需在低温环境下正常工作，从而限制了其应用条件和场景[56]。碳纳米管由于具有高的载流子迁移率，并在低偏压下表现出弱的声子散射和强的红外吸收，具有宽带和皮秒级的快速光响应，因此碳纳米管是构筑低成本、高量子效率、宽红外光谱范围和高响应速度探测器的理想材料[77, 78]。

基于热效应和光效应，碳纳米管热探测器包括热电堆[79, 80]和测辐射热计[62, 81-91]两种类型，主要通过光照射引起的碳纳米管的温度变化而导致的电信号变化检测。碳纳米管红外探测器的组成通常类似于光电二极管，当器件被红外光照射时，获得典型的开路电压或短路电流[92-95]。碳纳米管热红外探测器的构造虽然简单，但易受到环境因素影响。当半导体性碳纳米管与具有不同功函数的金属接触时，可利用肖特基势垒构建碳纳米管光电二极管。然而，最大光电压受到肖特基势垒产生的内建电场限制，远低于由碳纳米管带隙所决定的最大可实现光电压。GE 全球研究中心的 Lee 等利用静电掺杂技术开发了分离栅二极管[96, 97]，两个栅极间距为 0.5 μm，位于同一碳纳米管的两端，分别形成了 n 区和 p 区[96]。这种 p-n 结二极管的结构和制造过程相对复杂，且需要多个控制电压才能形成电子及空穴富集区，适用于基本电子和光电子现象的探索研究。

无势垒双极二极管是由不对称接触电极构成的二极管结构[98]。碳纳米管无势垒双极二极管由钯、钪两种不对称的接触电极与本征的半导体性碳纳米管组成（图 5.8）[99]，分别与碳纳米管的价带、导带形成欧姆接触。在较大的正向偏压下，空穴可以从钯电极自由注入半导体性碳纳米管的价带，而电子可从钪电极注入导带[100, 101]。在较大的反向偏压下，由于势垒降低，电子和空穴分别在钯电极和钪电极发生隧穿，产生一定的泄漏电流。在黑暗条件下，该器件表现出典型的二极管整流特性[99]；在光照条件下，自由电子和空穴是由入射光在碳纳米管上产生的激子激发和解离而形成，再通过内建电场获得分离，产生光电流和光电压。

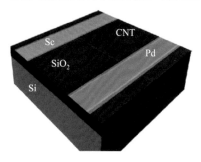

图 5.8 具有不对称接触电极的碳纳米管光电二极管

由于器件的沟道材料仅为单根碳纳米管，探测器的有效探测面积非常有限，使得光吸收非常弱，探测器无法用于实际的红外检测。通过在石英衬底上生长单壁碳纳米管平行阵列，在特定的晶体学方向上实现定向排列，可增加光子吸收并提升器件光电流。在功率密度为 785 W/cm^2 的红外光照射下，典型基于碳纳米管阵列的红外探测器的短路电流和开路电压分别为 10.94 nA 和 0.24 V[102]；当照射功率密度增加到 1570 W/cm^2 时，短路电流和开路电压可分别达到 21 nA 和 0.25 V，器件的外量子效率为 10.4%，响应度为 9.87×10^{-5} A/W，探测度为 1.09×10^7 cm· Hz$^{\frac{1}{2}}$ / W [102]，与大多数碳纳米管测辐射热计的探测度相当[81-91]。通过提高碳纳米管阵列密度，有望进一步提高红外探测器的探测效率。

单根碳纳米管的带隙通常小于 0.7 eV，导致二极管产生的光电压受到限制。利用无势垒双极二极管结构发展的光电压倍增技术，通过将虚拟接触电极引入碳纳米管沟道，可增加输出光电压[99]。碳纳米管双电池器件由半导体性单壁碳纳米管的两段组成，沟道中间被虚拟接触电极隔开，分别与两端不对称金属电极相接触[99]，在钪电极周围形成电子富集区，在钯电子周围形成空穴富集区，从而在钪电极附近的导带中引入电位谷，在钯电极附近的价带中引入电位峰（图 5.9）。因此，虚拟接触在碳纳米管沟道中产生了额外的 p-n 结，增强光电探测器的性能[99]。

图 5.9 碳纳米管双电池器件

美国斯坦福大学鲍哲南等提出一种基于单壁碳纳米管/富勒烯异质结构的光电晶

体管[103]，其中富勒烯有助于碳纳米管中的激子解离，并捕获来自碳纳米管的电子。当栅极电压为–2 V 时，器件最大响应度为 97.5 A/W，探测度为 1.17×10^9 cm· $Hz^{\frac{1}{2}}$ / W [103]。美国桑迪亚国家实验室的 Bergemann 和 Léonard 通过热蒸发 30 nm 厚度的富勒烯层，在单壁碳纳米管平行阵列上形成异质结[104]，构建出一种对紫外线具有响应的光电晶体管，响应度为 10^8 A/W；而在红外范围下，响应度为 720 A/W，光响应主要源自富勒烯增感剂以及富勒烯/单壁碳纳米管界面上的能带匹配[104]。

此外，碳纳米管也非常适于构建三维多层结构的光电系统。北京大学彭练矛等报道了一种电驱动单片集成式的三维碳纳米管光电集成电路，利用与 CMOS 兼容的低温无掺杂技术，实现了光伏接收器、电驱动发射器和单片集成电路等多种电驱动小型纳电子和光电子系统[105]。研究人员进一步设计制作出基于金的孔洞状底层等离子激元结构，同时，由于金膜具有纳米量级的平整度，因此在其表面可以构建出顶层的有源器件。在制备等离子激元结构的同时制备出所需的互联线及静电栅结构。半导体性碳纳米管薄膜具有纳米尺度的厚度，因此不适于采用离子注入的方式调控器件的极性。如图 5.10 所示，科研人员通过使用功函数不同的金属电极调控器件的极性，获得了 p 型金属氧化物半导体、n 型金属氧化物半导体以及二极管器件，从而在低温条件下实现了等离子激元器件与电子器件的三维集成。在这个三维集成系统中，底层的无源器件完成光操控和信号传递功能，上层的有源器件实现信号的接收和处理功能[106]。

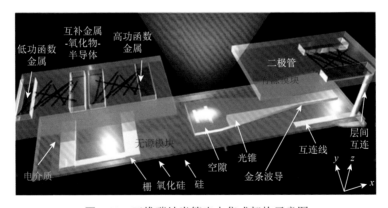

图 5.10　三维碳纳米管光电集成架构示意图

5.3.4　碳纳米管太赫兹光电探测器

太赫兹辐射是指频率从 0.37 THz 到 10 THz，波长介于无线波中的毫米波与红外线之间电磁辐射区域，所产生的太赫兹射线和技术已在多个学科和领域中发挥了重要作用，包括光学[105]、物理学[106]、材料科学[107, 108]、农业[109]、生物学[110]、药物质量控制[111]和医学检验等[112]。

在碳纳米管单电子晶体管中，太赫兹辐射引起库仑峰位移，证明了碳纳米管用于太赫兹探测的潜力[113]。即使在入射太赫兹波非常微弱的情况下，基于碳纳米管和量子点的太赫兹探测器仍可以探测到入射信号，器件的噪声等效功率为 10^{-18} W/Hz$^{1/2}$，可用于高灵敏度的太赫兹探测器[114]。碳纳米管具有极强的极化敏感性，因此能够吸收宽带太赫兹辐射。采用高度顺排超长碳纳米管构筑 p-n 结太赫兹探测器，在连续波太赫兹辐射下光电流响应明显增强（图 5.11）[115]。南京师范大学罗成林等为提高检测效率，设计了一种由钾离子和带负电荷碳纳米管组成的频率可调的振荡器[116]。随着碳纳米管上负载电荷的增大，器件的振荡频率在 0.23~1.31 THz 的频率范围内连续增加。此外，由金属性碳纳米管束组成的器件也能够灵敏检测出 0.69~2.54 THz 范围内的太赫兹辐射[117]。

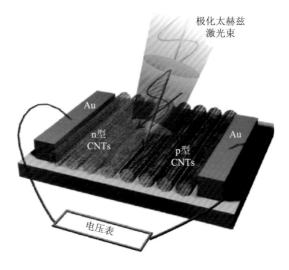

图 5.11   碳纳米管 p-n 结太赫兹光电探测器

5.4 碳纳米管光调制器

5.4.1 光通信与调制器

信息技术的高速发展给人类社会带来了重大变革，人们对于信息传输容量和速度的要求与日俱增。软件的兴起更是让人们不再满足于传统的通信方式，语音、视频和图像等层面的交流更受到青睐。光通信技术是使用光作为信息载体的远距离通信技术，1880 年贝尔发明的光电话是现代光通信的早期探索，虽然这一装置通话距离不足 300m，但对通信技术的发展具有深远意义。光通信技术信息传输的主要媒介是光纤，自 1966 年使用玻璃纤维进行光信息传播被提出以来，低损耗光纤、时分复用技术、多模光纤向单模光纤转换、光纤放大器等一系列技术的进步，使通信的质量得到了飞跃式的提高。光通信系统包含光发射机、光接收机和中继器等多种光学组件，而光调制器在光信息处理系统中起着至关重要的作用，包括光通信、互联、计算和传感等，可以通过改变光束的幅度、相位或偏振来实现光束的调制[118]。因此作为关键元件，光调制器的性能指标对光通信系统性能有着重要影响。

5.4.2　光调制器的分类与功能

材料对入射光的光学响应可通过其介电常数或复折射率来表征，可因电场、光场、磁场、温度和压力等外部场或环境而改变。光调制器是一种可用于操纵光特性的设备，通过改变材料的光敏感性实现对光波或在载波光波上编码信息的有效调控，可广泛应用于光纤通信、显示器、距离测量、光学存储和光学信号处理等。一般来讲，光调制器可按以下方式分类[119]。

（1）根据被调制的特定光场参数，可分为相位调制、频率调制、偏振调制、幅度调制、空间调制和衍射调制。

（2）根据信息是以模拟还是数字形式编码，可分为模拟调制或数字调制。

（3）光调制可分为直接调制和外调制。直接调制指直接在光源上执行，光源通常是发光二极管或激光器，而不使用单独的光调制器。使用单独的光调制器对光波执行外部调制，以改变光波的一个或多个特性。

（4）根据磁化率的实部或虚部是否负责调制器的功能，可分为折射调制或吸收调制。通过改变磁化率的实部来进行折射调制，从而改变材料的折射率；通过改变磁化率的虚部实现吸收调制，从而改变材料的吸收系数。

（5）根据光磁化率变化背后的物理机制可分为电光调制、声光调制、磁光调制、全光调制等。

（6）根据调制信号与调制光波的几何关系，可以是横向调制或纵向调制。在横向调制中，信号施加在垂直于光波传播方向上。在纵向调制中，信号施加在沿光波的传播方向上。

（7）可以对非引导或引导的光波进行光调制，光调制器的结构可采用体调制或波导器件的形式。体调制器用于调制非引导光波，波导调制器用于调制引导光波。

不同类型光调制器的工作原理和应用场景各异，例如，声光调制器是基于声光效应，用于切换或调整激光束幅度，以改变其光学频率或空间方向；电光调制器利用普克尔斯盒中的电光效应，用于修改光束的偏振、相位和频率，或者用于超短脉冲放大器中的脉冲拾取；电吸收调制器则是基于半导体的强度调制器，可用于光纤通信中的数据发射器；干涉式调制器主要利用与干涉相结合的电光效应，通常用于光数据传输的光子集成电路中；液晶调制器适用于光学显示器、超快脉冲整形器以及空间光调制器；光纤耦合调制器适用于带有光纤尾纤的波导调制器，易于集成到光纤系统中。

5.4.3 碳纳米管光调制器

1. 碳纳米管在电光调制方面的应用

具有典型一维结构的碳纳米管具有离散吸收奇点[120]、较高的激子结合能[121]、良好的 CMOS 兼容性以及栅极可调的光学特性[122, 123]。研究表明，修饰或掺杂可使碳纳米管表现出多种独特的物理性能[124-127]，从而通过电子和光学配置检测多种物理扰动。与传统半导体光电材料相比，单壁碳纳米管的折射率和吸收系数对外加电场的敏感性更高，同时具有良好的热稳定性以及 CMOS 工艺兼容性，是集成光子学和光电子学理想的候选材料[128, 129]。电光调制器通过使用具备电光效应的控制器件来对光束进行调制，包括相位、频率和偏振等参数的调整。对材料而言，实现电光调制需要其具有电光效应，即施加直流或者低频电场可以改变材料的折射率等光学参数。通过电场调控材料的光学性质这一方法已经在高速光电和光通信等电光调制器件中广泛应用[130]。其中，电致变色器件通过调节活性电致变色层的电荷状态调控光学透射率或反射率[131-135]。通过将金属性碳纳米管与离子液体复合构筑电化学电池，可实现 1 s 的响应速度，并且通过控制碳纳米管的直径可有效调控颜色变化程度[136]。

加利福尼亚大学 Haddon 等使用半导体性碳纳米管薄膜作为活性电致变色层、金属性碳纳米管作为电极、离子液体作为电解质，构筑了电光调制器件[137]，将电光电池的工作速度提高了 100 倍，同时红外透射率的调制幅度能够维持在 100～1000 Hz 的频率范围内。有效的电光调制来源于单壁碳纳米管薄膜的高孔隙率和高比表面积。另外，对于光调制器而言，器件的动态表现十分重要。研究人员使用 58 nm 厚的碳纳米管薄膜作为活性层开展了调制动态研究，发现器件能够在 100 Hz 的循环输入频率下维持良好的开关特性，当频率达到 1000 Hz 时，器件依旧拥有良好的调制深度。通过优化碳纳米管薄膜的厚度实现了 3.7 dB 的调制深度和毫秒级响应时间的快速操作。

宾夕法尼亚大学的 Jariwala 等测定了超薄单壁碳纳米管基本光学常数的栅极可协调性，并发现碳纳米管在近红外区的光学常数随着栅极电压发生显著的变化，同时拥有良好的灵敏度[138]，并展示了一个超薄红外栅可调反射相位调制器堆栈，对于波长为 1600 nm 的入射光，堆栈中厚度为 100 nm 的半导体性碳纳米管有源层相位调制器理论相变超过 45°。此后，研究人员提出一种基于碳纳米管和二硫化钼（MoS_2）的红外光电光反射相位调制器，MoS_2、碳纳米管薄膜和金衬底形成类似于珀罗腔结构（图 5.12）。在近红外区，原子级厚度的 MoS_2 可被视为无损电介质。在这种情况下，经 Au/MoS_2 界面反射的入射光在被 MoS_2 调制后，在空气/碳纳米管界面产生相移，当底部 MoS_2 的厚度为 72 nm 时，位于其顶部的碳纳米管薄膜的最大平均反射相位变化达到−2.37°。通过增加碳纳米管薄膜的厚度，可以进一步提高超晶格叠层红外反射相位调制器的性能。当碳纳米管薄膜的厚度增加到 20 nm 时，多层堆叠相位调制器的最大反射相位变化可以超过−45°，这为设计高灵敏度相位调制器奠定了基础。

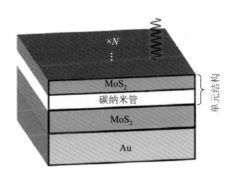

图 5.12　基于单壁碳纳米管、MoS$_2$ 和 Au 的红外反射相位调制器示意图

2. 碳纳米管用于太赫兹调制研究

短程通信、国土安全、质量控制与成像系统等应用需求推动了太赫兹光学调制器件的快速发展[139-144]。一个理想的太赫兹调制器件应具备高速信号调制、带宽控制、高调制深度以及与现有芯片制造工艺相兼容等能力。太赫兹辐射强度调制是通过改变光路中所含组件的光吸收来实现，通常是通过电或者光驱动来改变其载流子浓度。改变材料的偏振性可以实现相位调制，而偏振调制可通过改变材料中的光学各向异性来实现。由于在金属或体材料半导体中强度调制困难，因此太赫兹光电调制器的活性电极通常是由具有电调谐和空间局域载流子密度的材料组成。碳纳米管由于其态密度中的范霍夫奇点及其相应的光学性质，是一种构建太赫兹调制器件的理想材料。同时，碳纳米管具有强掺杂依赖性宽带太赫兹电导率峰，峰值约为 2 THz[145-147]，无需图案化即可与中红外和远红外光产生较强的相互作用[148, 149]。而且由于范霍夫奇点的存在，碳纳米管通过电化学电位的微小变化就可以实现载流子密度的显著改变，从而产生高调制"开关"比[150]，作为有源电极材料，已广泛应用于近红外、中红外与远红外等光电调制器件中。加拿大蒙特利尔大学的 Martel 等采用双壁碳纳米管作为有源电极构建出一种中红外/太赫兹波段的电光调制器[151]，并实现了 5 nm 薄膜的高衰减性能。

在实际应用中，皮秒级的响应速度对于太赫兹通信十分重要。高度顺排的半导体性碳纳米管的光激发可提供动态太赫兹极化，以及在激子的寿命期间吸收与其对齐的太赫兹辐射，最快响应速度可达 10 ps[152-154]。英国牛津大学的 Johnston 等提出一种利用碳纳米管薄膜实现超快动态太赫兹调制器件的方法[155]。通过偏振控制光泵对碳纳米管进行选择性光激发，产生一个瞬时可调谐的太赫兹偏振器，实现在亚皮秒时间尺度上调制太赫兹波。该工作中，研究人员通过选择泵光束的偏振，有效调控碳纳米管的太赫兹调制能力。由于碳纳米管固有的各向异性，与泵脉冲极化方向一致的碳纳米管优先被光激发，产生的激子居群主要位于沿泵极化方向排列的碳纳米管上，因此同样沿此方向极化的入射太赫兹辐射将优先被这些载流子吸收。该研究表明，通过未对齐的碳纳米管薄膜，可以实现对太赫兹辐射偏振的超快动态控制。偏振泵浦光束的光激发通过碳纳米管器件产生太赫兹辐射的可调谐和瞬态偏振，可在光激发的皮秒内衰减，从而实现超快调制切换速度，为碳纳米管器件在太赫兹通信技术中的应用带来了希望。另外，大调制深度和高调制速度对于太赫兹光调制器而言也十分重要。英国华威大学的 Hughes 提出一种高性能碳纳米管宽带太赫兹调制器[156]，在飞秒脉冲照明下，利用单壁碳纳米管薄膜较高的透光度，获得了 340 GHz 的调制速度以及高达 80% 的调制深度，展现出碳纳米管薄膜作为超快太赫兹调制器构筑材料的巨大潜力。

由于固有的金属-绝缘体跃迁特性，二氧化钒（VO_2）在 68℃ 下具有优异的太赫兹调制特性，是一种优异的太赫兹调制器构筑材料。VO_2 太赫兹振幅调制器获得了可观的调制深度、低插入损耗和良好的宽带响应。然而，导电性差、低光吸收、脆性、大热容和低热导率等问题极大限制了 VO_2 太赫兹器件的发展。北京工业大学张新平等开发了一种柔性有源太赫兹调制器[157]。研究人员采用干纺技术直接从超顺排的碳纳米管阵列中获得了定向的碳纳米管薄膜，通过将其一层一层地堆叠在石英框架上，形成排列整齐的碳纳米管膜，其厚度由层数控制，然后利用乙醇溶液对碳纳米管薄膜进行稠化处理。当乙醇溶液完全蒸发后，通过磁控溅射在碳纳米管薄膜上沉积一层氧化钒薄膜，并在低压氧气气氛中进行退火，形成多晶 VO_2。该器件由 VO_2 的金属-绝缘体跃迁特性所驱动，具有高达 91% 的调制深度和高于 2.3 THz 的带宽，响应时间为 27 ms，通过减小器件尺寸可以进一步缩短响应时间。此外，碳纳米管薄膜具有高柔韧性、强光吸收率和低热容值，使得器件的光触发阈值低于

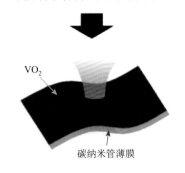

图 5.13　VO_2/碳纳米管太赫兹振幅调制器的结构示意图

0.58 mW/mm^2（图 5.13）。

5.5　碳纳米管光存储器

5.5.1　传统光电存储器

目前存储技术主要分为磁存储、电存储和光存储三大类。电子产品对于存储器

件的要求主要体现在信息存储容量的大小、信息存储时间的长短、器件功耗的高低、便捷和成本等方面，这也是信息存储领域发展追求的目标[158]。20 世纪 80 年代唱片和录像盘的诞生标志着光存储技术真正迈向实用化。传统的光存储技术主要是通过磁盘作为记录媒介，其"写入"和"读取"方式可简单认为是激光刻蚀光盘"写入"信息，通过激光扫描光盘分析反射率完成"读取"，使用起来有诸多不便。随着信息科技的进步与发展，新型光存储器件开始涌现。

集成光子器件具有低功耗、高速处理和减少串扰的优势，将其应用在信息处理系统中有望提高效率、降低功耗。日本东京大学理化学研究所高级光子学中心 Uda 等报道了基于单根碳纳米管的全光存储器，其中吸附的分子会产生光学双稳定态[159]。通过激子吸收共振的高能尾部激发，碳纳米管可以在解吸态和吸附态之间进行转换，从而实现光存储器的可重复操作，完成了光脉冲序列下的存储功能演示，展现出碳纳米管在超小光学存储器和光子电路开关方面的巨大应用潜力。东京大学 Kato 等通过测量分子吸附和解吸时间来确定重写速度，阐明了分子尺度效应对碳纳米管光学性质的影响，为新型光子器件的设计提供了新策略。

海德堡大学的 Zaumseil 等通过引入手性为（6，5）的半导体性单壁碳纳米管和具有光致变色能力的聚芴共聚物纳米杂化体，作为光记忆元件的紫外光敏感活性材料，构建出紫外光存储器，其电导率在空气中紫外光照射下增加了两个数量级，并可在 -0.1 V 的低电压下进行工作[160]。紫外线诱导产生的具有大偶极子的部花青素单元稳定了半导体性碳纳米管上的正电荷，提高了沟道载流子密度和电导率。不断累积的光掺杂效应通过简单的加热步骤即可逆转，显示了聚合物/单壁碳纳米管复合薄膜作为简单、可重置紫外剂量计和光存储元件功能材料的潜力。

清华大学范守善等利用单壁碳纳米管可吸收近红外光和转换热的强大能力，同时发挥碳纳米管-聚二甲基硅氧烷（PDMS）纳米复合材料的快速热驱动能力，提出了一种基于单壁碳纳米管-PDMS/镍-PDMS 复合双层膜的新型近红外光电存储器[161]。其中单壁碳纳米管-PDMS 复合层作为近红外光吸收器和驱动器，而镍-PDMS 复合层作为传导通道，如图 5.14 所示。单壁碳纳米管-PDMS 层吸收近红外光并热膨胀，驱动底层的镍-PDMS 层伸展，导致里面的导电网络断裂，器件从低电阻状态切换到高电阻状态。在近红外光关闭后，导电网络仍处于断裂，因此器件仍然处于高电阻状态。由于单壁碳纳米管-PDMS 复合材料的高近红外吸光度和快速驱动，器件对近红外光的响应非常灵敏和快速，具有 1 mW/mm^2 的近红外强度，10^5 高开关比，以及低于 15 ms 的快速光响应，可以使用电脉冲进行可逆操作，为光电存储及其他近红外光学器件的设计与构筑提供了新思路。

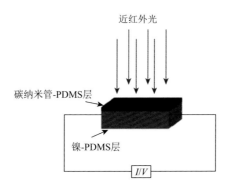

图 5.14　近红外光诱导开关和记忆测试的装置示意图

法国凝聚态物理分子电子学实验室的 Bourgoin 等通过在碳纳米管晶体管上旋涂光电聚合物薄膜（图 5.15），在光照条件下可实现对其电学性能的有效调控，电导率变化接近 10^4[162]。通过控制栅极电压，器件可以优化为存储元件或作为光驱动电流调制器。同时研究人员提出了一种在碳纳米管/栅介电层界面处捕获光生电子的输运机制，被捕获的电子作为碳纳米管薄膜晶体管的光栅，其效率远高于通过 10 nm 氧化硅层作用的传统栅电极，证明了聚合物功能化的碳纳米管晶体管是构筑高灵敏度光电传感器的理想元件。

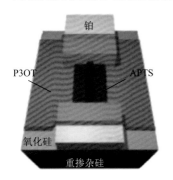

图 5.15　基于碳纳米管聚合物
薄膜的器件结构示意图

P3OT：3-辛基取代聚噻吩；
APTS：3-氨丙基三乙氧基硅烷

电荷耦合器件与电荷存储器件作为现代电子系统中两个分支分别独立发展，同时具备光电传感和存储功能的原型器件尚未报道。中国科学院金属研究所的科研人员提出了一种基于铝纳米晶浮栅的碳纳米管非易失性存储器，其具有高的电流开关比、长达 10 年的存储时间以及稳定的读写操作，多个分立的铝纳米晶浮栅器件具有稳定的柔性使役性能。更重要的是，电荷在氧化生成的超薄氧化铝层中的隧穿机制由 Fowler-Nordheim 隧穿变成直接隧穿，从而实现光电信号的传感与检测；基于理论计算分析与实验优化设计，制备出 32 像素×32 像素的非易失性柔性紫外光面阵器件，实现集图像传感与信息存储于一身的新型多功能光电传感与存储系统，为新型柔性光检测与存储器件的研制奠定了基础[163]。

5.5.2　与人工智能结合的碳纳米管光存储器

感觉记忆系统作为人类智力形成的初始阶段，对人类感知环境、与环境互动、与环境进化起着至关重要的作用。实现生物感觉记忆系统的电子化，将促进交互式人工智能的发展，使其能够随着多样化的外部信息而学习和进化，拓宽人工智能技术在人机交互领域的发展道路。在构筑电路中，碳纳米管具有的纳米尺寸和独特电学性能可解决晶体管的低功耗和可扩展性两大问题，其高迁移率和低功耗属性为突触晶体管提供了模仿生物神经系统的可能性，因此对于实现强大而高效的神经形态系统十分重要[164]。

光电神经形态器件在光脉冲的刺激下，具有学习、识别和记忆等信息处理功能。中国科学院苏州纳米技术与纳米仿生研究所的崔铮等报道了一种采用印刷技术构筑的单壁碳纳米管薄膜晶体管神经形态器件[165]，源漏电流可由光刺激进行调控，刺激后的电流值可以达到刺激前的 3000 倍，电学信号保持时间长于 10 min，对波长为 520～1310 nm 的脉冲光具有快速响应，该器件可以模仿大脑神经形态系统的学习和记忆功能。

华盛顿大学圣路易斯分校的 Wang 等成功地将视觉、听觉和触觉等物理刺激转换为包含信息的电突触前脉冲，通过调节电路传输到人工神经系统中，该系统以柔性半导体性单壁碳纳米管突触晶体管为核心元件，从而实现信息的处理和存储[166]。在整个过程中，碳纳米管突触晶体管利用栅极电压脉冲控制界面陷阱的充电状态，表现出较宽的电导调制范围。基于此构建出的多模态人工感觉记忆系统，具有仿生学感觉转导和神经、突触样信息处理和记忆能力，实现对两个著名的心理模型和大脑记忆学习进行电子模拟，同时可通过引入环境交互功能来拓宽人工智能的应用场景，展现出在电子机器人系统和神经修复领域巨大的应用潜力。

参 考 文 献

[1]　de Volder M F L，Tawfick S H，Baughman R H，et al. Carbon nanotubes：present and future commercial applications. Science，2013，339（6119）：535-539.

[2]　Misewich J A，Martel R，Avouris P，et al. Electrically induced optical emission from a carbon nanotube FET. Science，2003，300（5620）：783-786.

[3]　Dukovic G，Wang F，Song D，et al. Structural dependence of excitonic optical transitions and band-gap energies in carbon nanotubes. Nano Letters，2005，5（11）：2314-2318.

[4]　Wang F，Dukovic G，Brus L E，et al. The optical resonances in carbon nanotubes arise from excitons. Science，2005，308（5723）：838-841.

[5]　Bae S，Kim S J，Shin D，et al. Towards industrial applications of graphene electrodes. Physica Scripta，T146（2012）：014024.

[6]　Ellmer K. Past achievements and future challenges in the development of optically transparent electrodes. Nature Photonics，2012，6（12）：809-817.

[7]　Hecht D S，Thomas D，Hu L，et al. Carbon-nanotube film on plastic as transparent electrode for resistive touch screens. Journal of the Society for Information Display，2009，17（11）：941-946.

[8]　Du J，Pei S，Ma L，et al. 25th anniversary article：carbon nanotube-and graphene-based transparent conductive

films for optoelectronic devices. Advanced Materials，2014，26（13）：1958-1991.

[9]　Hu L，Hecht D S，Grüner G. Carbon nanotube thin films：fabrication，properties，and applications. Chemical Reviews，2010，110（10）：5790-5844.

[10]　Yu L，Shearer C，Shapter J. Recent development of carbon nanotube transparent conductive films. Chemical Reviews，2016，116（22）：13413-13453.

[11]　Wu Z，Chen Z，Du X，et al. Transparent，conductive carbon nanotube films. Science，2004，305（5688）：1273-1276.

[12]　Jo J W，Jung J W，Lee J U，et al. Fabrication of highly conductive and transparent thin films from single-walled carbon nanotubes using a new non-ionic surfactant via spin coating. ACS Nano，2010，4（9）：5382-5388.

[13]　Tenent R C，Barnes T M，Bergeson J D，et al. Ultrasmooth，large-area，high-uniformity，conductive transparent single-walled-carbon-nanotube films for photovoltaics produced by ultrasonic spraying. Advanced Materials，2009，21（31）：3210-3216.

[14]　Dan B，Irvin G C，Pasquali M. Continuous and scalable fabrication of transparent conducting carbon nanotube films. ACS Nano，2009，3（4）：835-843.

[15]　Kaskela A，Nasibulin A G，Timmermans M Y，et al. Aerosol-synthesized SWCNT networks with tunable conductivity and transparency by a dry transfer technique. Nano Letters，2010，10（11）：4349-4355.

[16]　Marulanda J M，Srivastava A. Carrier density and effective mass calculations in carbon nanotubes. Physica Status Solidi B，2008，245（11）：2558-2562.

[17]　Battie Y，Broch L，En Naciri A，et al. Diameter dependence of the optoelectronic properties of single walled carbon nanotubes determined by ellipsometry. Carbon，2015，83：32-39.

[18]　Geng H Z，Kim K K，Lee K，et al. Dependence of material quality on performance of flexible transparent conducting films with single-walled carbon nanotubes. Nano，2007，2（3）：157-167.

[19]　Pereira L F C，Rocha C G，latgé A，et al. Upper bound for the conductivity of nanotube networks. Applied Physics Letters，2009，95（12）：123106.

[20]　Woo J Y，Kim D，Kim J，et al. Fast and efficient purification for highly conductive transparent carbon nanotube films. The Journal of Physical Chemistry C，2010，114（45）：19169-19174.

[21]　Dehghani S，Moravvej-Farshi M K，Sheikhi M H. Compact formulas for the electrical resistance of semiconducting and metallic single wall carbon nanotubes. Fullerenes，Nanotubes and Carbon Nanostructures，2015，23（10）：899-905.

[22]　Topinka M A，Rowell M W，Goldhaber-Gordon D，et al. Charge transport in interpenetrating networks of semiconducting and metallic carbon nanotubes. Nano Letters，2009，9（5）：1866-1871.

[23]　Green A A，Hersam M C. Colored semitransparent conductive coatings consisting of monodisperse metallic single-walled carbon nanotubes. Nano Letters，2008，8（5）：1417-1422.

[24]　Hou P X，Li W S，Zhao S Y，et al. Preparation of metallic single-wall carbon nanotubes by selective etching. ACS Nano，2014，8（7）：7156-7162.

[25]　Mustonen K，Laiho P，Kaskela A，et al. Gas phase synthesis of non-bundled，small diameter single-walled carbon nanotubes with near-armchair chiralities. Applied Physics Letters，2015，107（1）：013106.

[26]　Jiang S，Hou P X，Chen M L，et al. Ultrahigh-performance transparent conductive films of carbon-welded isolated single-wall carbon nanotubes. Science Advances，2018，4（5）：eaap9264.

[27]　Shin D H，Shim H C，Song J W，et al. Conductivity of films made from single-walled carbon nanotubes in terms of bundle diameter. Scripta Materialia，2009，60（8）：607-610.

[28]　Song Y I，Lee J W，Kim T Y，et al. Performance-determining factors in flexible transparent conducting single-wall

carbon nanotube film. Carbon Letters，2013，14（4）：255-258.

[29]　Hecht D，Hu L，Grüner G. Conductivity scaling with bundle length and diameter in single walled carbon nanotube networks. Applied Physics Letters，2006，89（13）：133112.

[30]　Lyons P E，De S，Blighe F，et al. The relationship between network morphology and conductivity in nanotube films. Journal of Applied Physics，2008，104（4）：044302.

[31]　Stahl H，Appenzeller J，Martel R，et al. Intertube coupling in ropes of single-wall carbon nanotubes. Physical Review Letters，2000，85（24）：5186.

[32]　Geng H Z，Kim K K，So K P，et al. Effect of acid treatment on carbon nanotube-based flexible transparent conducting films. Journal of the American Chemical Society，2007，129（25）：7758-7759.

[33]　Kim S M，Kim K K，Jo Y W，et al. Role of anions in the $AuCl_3$-doping of carbon nanotubes. ACS Nano，2011，5（2）：1236-1242.

[34]　Kim K K，Bae J J，Park H K，et al. Fermi level engineering of single-walled carbon nanotubes by $AuCl_3$ doping. Journal of the American Chemical Society，2008，130（38）：12757-12761.

[35]　Kim K K，Kim S M，Lee Y H. Chemically conjugated carbon nanotubes and graphene for carrier modulation. Accounts of Chemical Research，2016，49（3）：390-399.

[36]　Nirmaliaj P N，Lyons P E，De S，et al. Electrical connectivity in single-walled carbon nanotube networks. Nano Letters，2009，9（11）：3890-3895.

[37]　Znidarsic A，Kaskela A，Laiho P，et al. Spatially resolved transport properties of pristine and doped single-walled carbon nanotube networks. The Journal of Physical Chemistry C，2013，117（25）：13324-13330.

[38]　Fukaya N，Kim D Y，Kishimoto S，et al. One-step sub-10 μm patterning of carbon-nanotube thin films for transparent conductor applications. ACS Nano，2014，8（4）：3285-3293.

[39]　Kaskela A，Laiho P，Fukaya N，et al. Highly individual SWCNTs for high performance thin film electronics. Carbon，2016，103（2016）：228-234.

[40]　Salata O. Applications of nanoparticles in biology and medicine. Journal of Nanobiotechnology，2004，2（1）：1-6.

[41]　Kolahalam L A，Kasi Viswanath I V，Diwakar B S，et al. Review on nanomaterials：synthesis and applications. Materials Today：Proceedings，2019，18：2182-2190.

[42]　Gayral B. LEDs for lighting：basic physics and prospects for energy savings. Comptes Rendus Physique，2017，18（7-8）：453-461.

[43]　Freitag M，Chen J，Tersoff J，et al. Mobile ambipolar domain in carbon-nanotube infrared emitters. Physical Review Letters，2004，93（7）：076803.

[44]　Chen J，Perebeinos V，Freitag M，et al. Bright infrared emission from electrically induced excitons in carbon nanotubes. Science，2015，310（5751）：1171-1174.

[45]　Mueller T，Kinoshita M，Steiner M，et al. Efficient narrow-band light emission from a single carbon nanotube p-n diode. Nature Nanotechnolgy，2010，5（1）：27-31.

[46]　Wang S，Zeng Q S，Yang L J，et al. High-performance carbon nanotube light-emitting diodes with asymmetric contacts. Nano Letters，2011，11（1）：23-29.

[47]　Liang S，Wei N，Ma Z，et al. Microcavity-controlled chirality-sorted carbon nanotube film infrared light emitters. ACS Photonics，2017，4（3）：435-442.

[48]　He X，Hartmann N，Ma X，et al. Tunable room-temperature single-photon emission at telecom wavelengths from sp^3 defects in carbon nanotubes. Nature Photonics，2017，11（9）：577-582.

[49]　Graf A，Held M，Zakharko Y，et al. Electrical pumping and tuning of exciton-polaritons in carbon nanotube

microcavities. Nature Materials，2017，16（9）：911-917.

[50] Graf A，Murawski C，Zakharko Y，et al. Infrared organic light-emitting diodes with carbon nanotube emitters. Advanced Materials，2018，30（12）：1706711.

[51] Zhang M，Fang S，Zakhidov A A，et al. Strong，transparent，multifunctional，carbon nanotube sheets. Science，2005，309（5738）：1215-1219.

[52] Aguirre C M，Auvray S，Pigeon S，et al. Carbon nanotube sheets as electrodes in organic light-emitting diodes. Applied Physics Letters，2006，88（18）：183104.

[53] Zhang D，Ryu K，Liu X，et al. Transparent，conductive，and flexible carbon nanotube films and their application in organic light-emitting diodes. Nano Letters，2006，6（9）：1880-1886.

[54] Freitag P，Zakhidov A A，Luessem B，et al. Lambertian white top-emitting organic light emitting device with carbon nanotube cathode. Journal of Applied Physics，2012，112（11）：114505.

[55] Huo N J，Konstantatos G. Recent progress and future prospects of 2D-based photodetectors. Advanced Materials，2018，30（51）：1801164.

[56] Long M S，Wang P，Fang H H，et al. Progress，challenges，and opportunities for 2D material based photodetectors. Advanced Functional Materials，2018，29（19）：1803807.

[57] Dash W C，Newman R. Intrinsic optical absorption in single-crystal germanium and silicon at 77 K and 300 K. Physical Review，1955，99（4）：1151-1155.

[58] Rogalski A. Infrared detectors：status and trends. Progress in Quantum Electronics，2003，27（2-3）：59-201.

[59] Chang P K，Hsieh P B，Tsai F J，et al. High efficiency amorphous silicon solar cells with high absorption coefficient intrinsic amorphous silicon layers. Thin Solid Films，2012，520（15）：5042-5045.

[60] Kataura H，Kumazawa Y，Maniwa Y，et al. Optical properties of single-wall carbon nanotubes. Synthetic Metals，1999，103（1-3）：2555-2558.

[61] Itkis M E，Niyogi S，Meng M E，et al. Spectroscopic study of the Fermi level electronic structure of single-walled carbon nanotubes. Nano Letters，2002，2（2）：155-159.

[62] Itkis M E，Borondics F，Yu A P，et al. Bolometric infrared photoresponse of suspended single-walled carbon nanotube films. Science，2006，312（5772）：413-416.

[63] Garcia-Vidal F J，Pitarke J M，Pendry J B. Effective medium theory of the optical properties of aligned carbon nanotubes. Physical Review Letters，1997，78（22）：4289-4292.

[64] Yang Z P，Ci L J，Bur J A，et al. Experimental observation of an extremely dark material made by a low-density nanotube array. Nano Letters，2008，8（2）：446-451.

[65] de Heer W A，Bacsa W S，Chatelain A，et al. Aligned carbon nanotube films：production and optical and electronic properties. Science，1995，268（5212）：845-847.

[66] Hennrich F，Lebedkin S，Malik S，et al. Preparation，characterization and applications of free-standing single walled carbon nanotube thin films. Physical Chemistry，2002，4（11）：2273-2277.

[67] Yang L，Wang S，Zeng Q，et al. Carbon nanotube photoelectronic and photovoltaic devices and their applications in infrared detection. Small，2013，9（8）：1225-1236.

[68] Liu P，Yang S E，Liu Y S，et al. Carbon nanotube-based heterostructures for high-performance photodetectors：recent progress and future prospects. Ceramics International，2020，46（12）：19655-19663.

[69] Li G，Suja M，Chen M，et al. Visible-blind UV photodetector based on single-walled carbon nanotube thin film/ZnO vertical heterostructures. ACS Applied Materials & Interfaces，2017，9（42）：37094-37104.

[70] Salvato M，Scagliotti M，de Crescenzi M，et al. Single walled carbon nanotube/Si heterojunctions for high

responsivity photodetectors. Nanotechnology，2017，28（43）：435201.

[71]　Kim Y L，Jung H Y，Park S，et al. Voltage-switchable photocurrents in single-walled carbon nanotube-silicon junctions for analog and digital optoelectronics. Nature Photonics，2014，8（3）：239-243.

[72]　Ka I，Le Borgne V，Ma D，et al. Pulsed laser ablation based direct synthesis of single-wall carbon nanotube/PbS quantum dot nanohybrids exhibiting strong，spectrally wide and fast photoresponse. Advanced Materials，2012，24（47）：6289-6294.

[73]　Ka I，Le Borgne V，Fujisawa K，et al. PbS-quantum-dots/double-wall-carbon-nanotubes nanohybrid based photodetectors with extremely fast response and high responsivity. Materials Today Energy，2020，16：100378.

[74]　Zheng J，Luo C，Shabbir B，et al. Flexible photodetectors based on reticulated SWNT/perovskite quantum dot heterostructures with ultrahigh durability. Nanoscale，2019，11（16）：8020-8026.

[75]　Jariwala D，Sangwan V K，Wu C C，et al. Gate-tunable carbon nanotube-MoS_2 heterojunction pn diode. Proceedings of the National Academy of Sciences of the United States of America，2013，110（45）：18076-18080.

[76]　Rogalski A. Infrared detectors：an overview. Infrared Physics & Technology，2002，43（3-5）：187-210.

[77]　Zhong Z H，Gabor N M，Sharping J E，et al. Terahertz time-domain measurement of ballistic electron resonance in a single-walled carbon nanotube. Nature Nanotechnology，2008，3（4）：201-205.

[78]　Prechtel L，Song L，Manus S，et al. Time-resolved picosecond photocurrents in contacted carbon nanotubes. Nano Letters，2011，11（1）：269-272.

[79]　St-Antoine B C，Ménard D，Martel R. Position sensitive photothermoelectric effect in suspended single-walled carbon nanotube films. Nano Letters，2009，9（10）：3503-3508.

[80]　St-Antoine B C，Ménard D，Martel R. Single-walled carbon nanotube thermopile for broadband light detection. Nano letters，2011，11（2）：609-613.

[81]　Lu R T，Li Z Z，Xu G W，et al. Suspending single-wall carbon nanotube thin film infrared bolometers on microchannels. Applied Physics Letters，2009，94（16）：163110.

[82]　Lu R T，Shi J J，Baca F J，et al. High performance multiwall carbon nanotube bolometers. Journal of Applied Physics，2010，108（8）：084305.

[83]　Xiao L，Zhang Y Y，Wang Y，et al. A polarized infrared thermal detector made from super-aligned multiwalled carbon nanotube films. Nanotechnology，2011，22（2）：025502.

[84]　Gustavo V R，Simmons T J，Bravo-Sánchez M，et al. High-sensitivity bolometers from self-oriented single-walled carbon nanotube composites. ACS Applied Materials & Interfaces，2011，3（8）：3200-3204.

[85]　Tarasov M，Svensson J，Kuzmin L，et al. Carbon nanotube bolometers. Applied Physics Letters，2007，90（16）：163503.

[86]　Gohier A，Dhar A，Gorintin L，et al. All-printed infrared sensor based on multiwalled carbon nanotubes. Applied Physics Letters. 2011，98（6）：063103.

[87]　Pradhan B，Setyowati K，Liu H Y，et al. Carbon nanotube-polymer nanocomposite infrared sensor. Nano Letters，2008，8（4）：1142-1146.

[88]　Pradhan B，Kohlmeyera R R，Setyowatia K，et al. Advanced carbon nanotube/polymer composite infrared sensors. Carbon，2009，47（9）：1686-1692.

[89]　Aliev A E. Bolometric detector on the basis of single-wall carbon nanotube/polymer composite. Infrared Physics & Technology，2008，51（6）：541-545.

[90]　Glamazda A Y，Karachevtsev V A，Euler W B，et al. Achieving high mid-IR bolometric responsivity for anisotropic composite materials from carbon nanotubes and polymers. Advanced Functional Materials，2012，

22（10）：2177-2186.

[91] Bang D，Lee J，Park J，et al. Effectively enhanced sensitivity of a polyaniline-carbon nanotube composite thin film bolometric near-infrared sensor. Journal of Materials Chemistry，2012，22（7）：3215.

[92] Freitag M，Martin Y，Misewich Y，et al. Photoconductivity of single carbon nanotubes. Nano Letters，2003，3（8）：1067-1071.

[93] Avowis P，Afzali A，Appenzeller J，et al. Self-aligned carbon nanotube transistors with novel chemical doping. IEDM Technical Digest. IEEE International Electron Devices Meeting，2004，525：695-698.

[94] Chen C X，Lu Y，Kong E S，et al. Nanowelded carbon-nanotube-based solar microcells. Small，2008，4（9）：1313-1318.

[95] Yang M H，Teo K B K，Milne W I，et al. Carbon nanotube Schottky diode and directionally dependent field-effect transistor using asymmetrical contacts. Applied Physics Letters，2005，87（25）：253116.

[96] Lee J U，Gipp P P，Heller C M. Carbon nanotube p-n junction diodes. Applied Physics Letters，2004，85（1）：145-147.

[97] Lee J U. Photovoltaic effect in ideal carbon nanotube diodes. Applied Physics Letters，2005，87（7）：073101.

[98] Wang S，Zhang Z Y，Ding L，et al. A doping-free carbon nanotube CMOS inverter-based bipolar diode and ambipolar transistor. Advanced Materials，2008，20（17）：3258-3262.

[99] Yang L J，Wang S，Zeng Q S，et al. Efficient photovoltage multiplication in carbon nanotubes. Nature Photonics，2011，5（11）：672-676.

[100] Zhang Z Y，Liang X L，Wang S，et al. Doping-free fabrication of carbon nanotube based ballistic CMOS devices and circuits. Nano Letters，2007，7（12）：3603-3607.

[101] Ding L，Wang S，Zhang Z Y，et al. Y-contacted high-performance n-type single-walled carbon nanotube field-effect transistors：scaling and comparison with Sc-contacted devices. Nano Letters，2009，9（12）：4209-4214.

[102] Zeng Q S，Wang S，Yang L J，et al. Carbon nanotube arrays based high-performance infrared photodetector. Optical Materials Express，2012，2（6）：839-848.

[103] Park S，Kim S J，Nam J H，et al. Significant enhancement of infrared photodetector sensitivity using a semiconducting single-walled carbon nanotube/C_{60} phototransistor. Advanced Materials，2015，27（4）：759-765.

[104] Bergemann K，Léonard F. Room-temperature phototransistor with negative photoresponsivity of 10^8 AW^{-1} using fullerene-sensitized aligned carbon nanotubes. Small，2018，14（42）：1802806.

[105] Liu Y，Wang S，Liu H，et al. Carbon nanotube-based three-dimensional monolithic optoelectronic integrated system. Nature Communications，2017，8（1）：15649.

[106] Liu Y，Zhang J，Peng L M. Three-dimensional integration of plasmonics and nanoelectronics. Nature Electronics，2018，1（12）：644-651.

[107] Nagatsuma T，Ducournau G，Renaud C C. Advances in terahertz communications accelerated by photonics. Nature Photonics，2016，10（6）：371-379.

[108] Zhang Q，Lou M，Li X，et al. Collective non-perturbative coupling of 2D electrons with high-quality factor terahertz cavity photons. Nature Physics，2016，12（11）：1005-1011.

[109] Shalit A，Ahmed A，Savolainen J，et al. Terahertz echoes reveal the inhomogeneity of aqueous salt solutions. Nature Chemistry，2017，9（3）：273-278.

[110] Xu W，Xie L，Zhu J，et al. Terahertz sensing of chlorpyrifos-methyl using metamaterials. Food Chemistry，2017，218：330-334.

[111] Harwood T. The Use of Terahertz Spectroscopy for Biomolecular Analysis. Glagow：University of Strathclyde，

2016.

[112] Kato K，Tripathi S R，Murate K，et al. Non-destructive drug inspection in covering materials using a terahertz spectral imaging system with injection-seeded terahertz parametric generation and detection. Optics Express，2016，24（6）：6425-6432.

[113] Fuse T，Kawano Y，Suzuki M，et al. Coulomb peak shifts under terahertz-wave irradiation in carbon nanotube single-electron transistors. Applied Physics Letters，2017，90（1）：013119.

[114] Kawano Y，Fuse T，Ishibashi K. Ultra-highly sensitive terahertz detection using carbon-nanotube quantum dots//Ryzhii M，Ryzhii V. Physics and Modeling of Tera-and Nano-Devices. Singapore：World Scientific，2008：123-126.

[115] He X，Fujimura N，Lloyd J M，et al. Carbon nanotube terahertz detector. Nano Letters，2014，14（7）：3953-3958.

[116] Ji W，Luo C. An ion-charged carbon nanotube oscillator beyond the terahertz regime. Physica Scripta，2011，84（3）：035802.

[117] Fu K，Zannoni R，Chan C，et al. Terahertz detection in single wall carbon nanotubes. Applied Physics Letters，2008，92（3）：033105.

[118] Gan X T，Englund D，Thourhout D V，et al. 2D materials-enabled optical modulators：from visible to terahertz spectral range. Applied Physics Reviews，2022，9（2）：021302.

[119] Liu J M. Principles of Photonics. Cambridge：Cambridge University Press，2016.

[120] Dresselhaus M S，Dresselhaus G，Avouris P. Carbon Nanotubes：Synthesis，Structure，Properties and Applications. New York：Springer，2000：57-77.

[121] Perebeinos V，Avouris P. Exciton ionization，Franz-Keldysh，and Stark effects in carbon nanotubes. Nano Letters，2007，7（3）：609-613.

[122] Kishida H，Nagasawa Y，Imamura S，et al. Direct observation of dark excitons in micelle-wrapped single-wall carbon nanotubes. Physical Review Letter，2008，100（9）：097401.

[123] Yoshida M，Kumamoto Y，Ishii A，et al. Stark effect of excitons in individual air-suspended carbon nanotubes. Applied Physical Letter，2014，105（6）：161104.

[124] Yu C，Ryu Y，Yin L，et al. Modulating electronic transport properties of carbon nanotubes to improve the thermoelectric power factor via nanoparticle decoration. ACS Nano，2011，5（2）：1297-1303.

[125] Star A，Joshi V，Skarupo S，et al. Gas sensor array based on metal-decorated carbon nanotubes. Journal of Physical Chemistry B，2006，110（42）：21014-21020.

[126] Cuentas-Gallegos A K，Martínez-Rosales R，Rincón M E，et al. Design of hybrid materials based on carbon nanotubes and polyoxometalates. Optical Materials，2006，29（1）：126-133.

[127] Sreeja R，Aneesh P M，Hasna K，et al. Linear and nonlinear optical properties of multi walled carbon nanotubes with attached gold nanoparticles. Journal of Electrochemical Society，2011，158（10）：187.

[128] Takenobu T，Murayama Y，Iwasa Y. Optical evidence of Stark effect in single-walled carbon nanotube transistors. Applied Physical Letter，2006，89（26）：263510.

[129] Avouris P，Freitag M，Perebeinos V. Carbon-nanotube photonics and optoelectronics. Nature Photonics，2008，2（6）：341-350.

[130] Reed G T，Mashanovich G，Gardes F Y，et al. Silicon optical modulators. Nature Photonics，2010，4（8）：518-526.

[131] Baetens R，Jelle B P，Gustavsen A. Properties，requirements and possibilities of smart windows for dynamic daylight and solar energy control in buildings：a state-of-the-art review. Solar Energy Materals and Solar Cells，2010，94（2）：87-105.

[132] Llordes A，Garcia G，Gazquez J，et al. Tunable near-infrared and visible-light transmittance in nanocrystal-in-glass composites. Nature，2013，500（7462）：323-326.

[133] Granqvist C G. Electrochromics for smart windows：oxide-based thin films and devices. Thin Solid Films，2014，564：1-38.

[134] Runnerstrom E B，Llordes A，Lounis S D，et al. Nanostructured electrochromic smart windows：traditional materials and NIR-selective plasmonic nanocrystals. Chemical Communication，2014，50：10555-10572.

[135] Mortimer R J，Rosseinsky D R，Monk P M S. Electrochromic Materials and Devices. Weinheim：Wiley，2013.

[136] Yanagi K，Moriya R，Yomogida Y，et al. Electrochromic carbon electrodes：controllable visible color changes in metallic single-wall carbon nanotubes. Advanced Materials，2011，23（25）：2811-2814.

[137] Moser M L，Li G H，Chen M G，et al. Fast electrochromic device based on single-walled carbon nanotube thin films. Nano Letter，2016，16（9）：5386-5393.

[138] Song B K，Liu F，Wang H N，et al. Giant gate-tunability of complex refractive index in semiconducting carbon nanotubes. ACS Photonics，2020，7（10）：2896-2905.

[139] Federici J，Moeller L. Review of terahertz and subterahertz wireless communications. Journal of Applied Physics，2010，107（11）：111101.

[140] Sun Z，Martinez A，Wang F. Optical modulators with 2D layered materials. Nature Photonics，2016，10（4）：227-238.

[141] Yu S，Wu X，Wang Y，et al. 2D materials for optical modulation：challenges and opportunities. Advanced Materials，2017，29（14）：1606128.

[142] Ma Z T，Geng Z X，Fan Z Y，et al. Modulators for terahertz communication：the current state of the art. Research，2019，（1）：895-916.

[143] Fang Y，Ge Y，Wang C，et al. Mid-infrared photonics using 2D materials：status and challenges. Laser Photonics Review，2020，14（1）：1900098.

[144] Liu M，Yin X，Ulin-Avila E，et al. A graphene based broadband optical modulator. Nature，2011，474（7349）：64-67.

[145] Akima N，Iwasa Y，Brown S，et al. Strong anisotropy in the far-infrared absorption spectra of stretch-aligned single-walled carbon nanotubes. Advanced Materials，2006，18（9）：1166-1169.

[146] Shuba M V，Paddubskaya A G，Plyushch A O，et al. Experimental evidence of localized plasmon resonance in composite materials containing single-wall carbon nanotubes. Physical Review B，2012，85（16）：165435.

[147] Zhang Q，Hároz E H，Jin Z，et al. Plasmonic nature of the terahertz conductivity peak in single-wall carbon nanotubes. Nano Letter，2013，13（12）：5991-5996.

[148] Ugawa A，Rinzler A G，Tanner D B. Far-infrared gaps in single-wall carbon nanotubes. Physical Review B，1999，60（16）：11305.

[149] Ukhtary M S，Saito R. Surface plasmon in graphene and carbon nanotubes. Carbon，2020，167：455-474.

[150] Stekovic D，Arkook B，Li G，et al. High modulation speed，depth，and coloration efficiency of carbon nanotube thin film electrochromic device achieved by counter electrode impedance matching. Advanced Materials Interfaces，2018，5（20）：1800861.

[151] Gagnon P，Lapointe F，Desjardins P，et al. Double-walled carbon nanotube film as the active electrode in an electro-optical modulator for the mid-infrared and terahertz regions. Journal of Applied Physics，2020，128（23）：233103.

[152] Hagen A，Steiner M，Raschke M B，et al. Exponential decay lifetimes of excitons in individual single-walled

carbon nanotubes. Physical Review Letter，2005，95（19）：197401.

[153] Huang L B，Krauss T D. Quantized bimolecular auger recombination of excitons in single-walled carbon nanotubes. Physical Review Letter，2006，96（5）：057407.

[154] Xu X L，Chuang K，Nicholas R J，et al. Terahertz excitonic response of isolated single-walled carbon nanotubes. The Journal of Physical Chemistry C，2009，113（42）：18106-18109.

[155] Docherty C J，Stranks S D，Habisreutinger S N，et al. An ultrafast carbon nanotube terahertz polarisation modulator. Journal of Applied Physics，2014，115（20）：203108.

[156] Burdanova M G，Katyba G M，Kashtiban R，et al. Ultrafast，high modulation depth terahertz modulators based on carbon nanotube thin films. Carbon，2021，173：245-252.

[157] Ma H，Wang Y，Rong L，et al. A flexible，multifunctional，active terahertz modulator with an ultra-low triggering threshold. Jorunal of Materials Chemistry C，2020，8（30）：10213-10220.

[158] 张伟. 基于铁酸铋薄膜异质结的信息存储器件研究. 长沙：国防科学技术大学，2017.

[159] Uda T，Ishii A，Kato Y K. Single carbon nanotubes as ultrasmall all-optical memories. ACS Photonics，2018，5（2）：559-565.

[160] Leinen M B，Klein P，Sebastian F L，et al. Spiropyran-functionalized polymer-carbon nanotube hybrids for dynamic optical memory devices and UV sensors. Advanced Electronic Materials，2020，6（11）：2000717.

[161] Hu C H，Liu C H，Zhang Y J，et al. Thermal-actuated optoelectronic memory medium based on carbon nanotube-and nickel-poly（dimethylsiloxane）composites. ACS Applied Materials & Interfaces，2010，2（10）：2719-2723.

[162] Borghetti J，Derycke V，Lenfant S，et al. Optoelectronic switch and memory devices based on polymer-functionalized carbon nanotube transistors. Advanced Materials，2006，18（19）：2535-2540.

[163] Qu T Y，Sun Y，Chen M L，et al. A flexible carbon nanotube sen-memory device. Advanced Materials，2020，32（9）：1907288.

[164] Gu L，Poddar S，Lin Y，et al. A biomimetic eye with a hemispherical perovskite nanowire array retina. Nature，2020，581（7808）：278-282.

[165] Mennel L，Symonowicz J，Wachter S，et al. Ultrafast machine vision with 2D material neural network image sensors. Nature，2020，579（7797）：62-66.

[166] Wan H C，Zhao J Y，Lo L W，et al. Multimodal artificial neurological sensory-memory system based on flexible carbon nanotube synaptic transistor. ACS Nano，2021，15（9）：14587-14597.

第6章

新型碳纳米管电子器件

6.1 混合维度电子器件

现代材料科学的快速发展丰富了多种多维度纳米材料体系，包括零维（0D）的量子点、一维（1D）的纳米线与纳米管、二维材料（2D）以及三维（3D）块体与多孔纳米网络等。利用不同维度的纳米材料设计和构筑多功能混合维度电子器件，有望实现不同维度和不同材料之间的优势互补，充分发挥这种协同工作机制将是纳米科技领域的重要研究方向。

6.1.1 零维和一维组合

不同维度材料具有各自独特的物理化学性能，通过合理利用各维度材料的优势，可为器件的结构和功能设计提供更优方案。作为 0D 和 1D 的代表性材料，量子点具有超高比表面积，而纳米线、纳米管则具有优异的电荷传输和力学等方面的优异性能。0D 量子点和 1D 纳米线、纳米管组成的复合材料可充分发挥两种材料各自的优势，在信息、能源、国防等领域扮演着重要角色。

在能源存储方面，以锂离子电池为例，石墨负极材料的低理论容量和倍率性能，制约了其在快速充放电电池领域的广泛应用。为了解决这一问题，湖南理工学院以氧化淀粉纤维束作为分子束模板[1]，锚定氧化锰量子点作为碳化催化剂，以三聚氰胺为碳源和氮源，成功制备了氧化锰量子点杂化碳纳米管，其具有较高的储锂动力学速率以及优异的倍率性能。氧化锰量子点的嵌入，增大了碳纳米管管壁的层间距，降低了锂离子在碳纳米管管壁间的扩散能垒，成功实现了 28 s 超快速充电，比容量可达 400 mAh/g。同时，较大的碳纳米管管壁层间距使得该材料也可以应用于钠离子电池领域，在 0.5 A/g 的电流密度下，材料的储钠比容量为 300 mAh/g。

氢能源燃烧热值高、清洁无污染，被认为是人类社会实现绿色可持续发展的理想能源，然而如何获得高性能催化剂成为限制大规模氢能源制备的重要因素。

碳量子点是一种尺寸小于 10 nm 的新型纳米碳材料，表面具有丰富的含氧基团，特别有利于 H^+ 和 H_2O 等的吸附、迁移和解离，是水分解反应潜在的催化剂或者催化助剂。清华大学深圳国际研究生院科研人员提出一种简单经济的高效合成电解水催化剂的制备方法[2]，通过浸渍还原法在碳纳米管上接枝碳量子点，利用导电性良好的碳纳米管作为载体和集流体，有效防止接枝在其表面的碳量子点因亲水性太强而溶解在电解质溶液中，同时将质量分数 1% 的 Pt 分散为原子团簇，制备出用于电催化剂析氢反应的 Pt/碳量子点/碳纳米管催化剂。由于碳量子点对 Pt 的高效分散作用增加了电催化剂析氢反应的活性位点数量，同时碳量子点将电解质溶液中的大量 H^+ 吸附在催化剂表面，造成 Pt 原子团簇活性位点附近的 H^+ 浓度大幅增加，从而加快电催化剂析氢反应进程，该催化剂具有优异的电解水电催化剂析氢反应性能与循环稳定性，仅需 29 mV 的过电势即可实现 10 mA/cm^2 的电流密度，远优于商用质量比 20% Pt/C 的催化性能，为碳量子点在电催化领域的应用提供了新思路。

量子点和纳米线材料应用在光电子器件方面也有广泛的研究。中国科学院半导体研究所沈国震等通过结合硫化亚锡（SnS）量子点与锡酸锌（Zn_2SnO_4）纳米线构筑了高性能传感器[3]，该传感器与原始的纯 Zn_2SnO_4 纳米线器件相比，在紫外区域表现出更高的光电导增益和归一化探测度，实现从紫外到近红外的宽波段响应。在构筑器件时，科研人员采用气相沉积的方法合成了原始的 Zn_2SnO_4 纳米线，再通过气相沉积将 SnS 量子点修饰在纳米线表面。随着量子点的沉积，Zn_2SnO_4 纳米线表面形成越来越多的载流子传输通道，因此通过优化量子点的沉积时间，在 300 nm 紫外光照射下的器件响应度达到了 4×10^5 A/W。在这种条件下，SnS 量子点和 Zn_2SnO_4 纳米线中都产生了电子-空穴对。由于 SnS 和 Zn_2SnO_4 界面的内置电场，耗尽区中的光生电子迁移到 SnS，然后被困在 SnS/Zn_2SnO_4 界面附近的量子点中，而耗尽区中的光生电子漂移到 Zn_2SnO_4 纳米线中增加电子浓度，从而对 n 型 Zn_2SnO_4 纳米线沟道产生了正的局部选通效应，导致 Zn_2SnO_4 纳米线中的电子被吸收。此外，由于量子点的高密度，这些区域将浸没并最终在 Zn_2SnO_4 表面和中心的电子和空穴电极之间形成连续通道，因此可以通过电极收集更多的光生载流子，提高光电探测器的性能。

另外，量子点与碳纳米管应用在仿生光电传感器领域也取得了重要进展。视觉系统对生物体的生存和竞争都必不可少。在视觉信息处理过程中，在大脑视觉中枢做出复杂行为判断之前，视网膜在对光刺激信号进行检测的同时，并行处理所捕获的图像信息。近年来，人工视觉系统通过常规的互补金属氧化半导体图像传感器或者电荷耦合器件相机与执行机器视觉算法的数字系统相连接实现。然而，这些常规的数字人工视觉系统通常功耗较高、尺寸较大，制作成本也相对高昂[4]。因此，开发人工视觉系统的挑战是双重的，既要重新创建生物系统的灵活性、复杂性和适应性，又要通过高效率计算和简洁的方式来实现它。受生物体启发，神经形态视觉系统将图像探测、存储和处理功能集成到器件的单一空间，能够针对连续模拟亮度信号实时处理不同类型的时空计算，有望解决这些问题。在神经形态视觉传感领域发展过程中，需要具有超高响应度、超高探测度和超高信噪比等光电探测能力的高性能神经形态光电传感器，从而解决在极端昏暗条件下成像差、非柔性和集成度低等问题。在有源敏感材料选择方面，全无机钙钛矿 $CsPbBr_3$ 量子点具有优异的光电响应性能；半导体性碳纳米管由于卓越的载流子迁移率和电流开关比等性能，可显著提高传感器探测信噪比。两种材料均可制备成具有优良柔韧性和稳定性的均匀大面积薄膜，为高性能神经形态视觉传感器的设计和构筑提供了一种新策略。

　　中国科学院金属研究所科研人员采用半导体性碳纳米管和钙钛矿量子点 $CsPbBr_3$ 的组合作为有源敏感材料[5]，构建出 1024 像素的柔性神经形态光电传感器阵列，系统考察超弱光（$1\ \mu W/cm^2$）图像脉冲信号对神经形态强化学习过程的影响，实现集图像传感、信息存储和数据预处理于一体的超灵敏人工视觉系统。通过优化溶液法分离提纯的碳纳米管薄膜沉积参数，获得快速、均匀沉积碳纳米管薄膜的方法，制备出电学性能优异的碳纳米管薄膜晶体管，为高集成度、性能均一的柔性传感器阵列的设计与构筑打下坚实的基础；采用全无机钙钛矿 $CsPbBr_3$ 量子点作为感光层和光生电荷俘获层，半导体性碳纳米管薄膜作为电荷传输层，由此构成的神经形态光电传感器展现出超高响应（$5.1 \times 10^7\ A/W$）、超高外量子效率（$1.6 \times 10^{10}\%$）、超高探测度（$2 \times 10^{16}\ cm \cdot Hz^{\frac{1}{2}}/W$）、超高信噪比（$>10^6$）及优异的存储特性和光可调突触可塑性，信息保持时间超过 10000 s，并且能够模拟生物体突触行为。

　　这些结果为人工神经形态视觉系统的发展提供了动力，以模拟生物视觉系统的灵活性、复杂性和适应性。通过混合维度设计构筑的器件展现出超高性能和丰富的功能，表明了混合维度设计的可行性与重要性。与生物系统类似，光感受器、记忆元素和计算节点组件在阵列中共享相同的物理空间，且并行实时地处理信息，有益于构建具有模拟生物处理能力的人工视觉系统。

6.1.2　一维和二维组合

　　二维纳米材料具有绝缘体、半导体及金属等多种特性的电子结构，在纳米电子学和光电子学中展现出巨大的应用潜力。同时由于二维材料原子级厚度，由垂直堆叠的二维材料组成的范德瓦耳斯异质结展现出比平面光电器件更高的光电转换效率。碳纳米管作为一种理想的一维纳米材料，因其表面没有悬挂键，可与其他材料通过范德瓦耳斯作用相结合，因此与二维材料范德瓦耳斯异质结具有良好的兼容性，为纳米电子器件的构筑提供了更多选择。

石墨烯和碳纳米管具有的宽带响应和光吸收可调等特性，使它们成为理想的光电探测器构筑材料。南京大学王枫秋等通过复合大面积 CVD 生长的石墨烯薄膜与单壁碳纳米管薄膜[6]，制备出一种二维全碳杂化薄膜，利用这种沟道材料构建的光电探测器具有显著增强的光导增益、快速的响应时间以及超宽带光探测灵敏度，展现了纳米碳材料在大面积、高光响应的光电探测领域的应用潜力。清华大学范守善等利用两根单根金属性碳纳米管、二维半导体二硒化钨（WSe_2）和 MoS_2 构筑了一种垂直点 p-n 结混合维度异质结构[7]，由两根交叉设置的金属性碳纳米管和夹在中间的 WSe_2/MoS_2 p-n 结构成，器件表现出明显的光伏效应（图 6.1）。在栅极电场对界面内建电场的调控作用下，垂直点 p-n 结可实现由 p-n 结到 n-n 结的转变，整流特性和光电探测特性均可有效调控。在这种 1D/2D 混合维度结构中，p-n 结的内置电势、二维材料的电导、碳纳米管和二维材料之间的接触、二维材料的厚度等诸多因素都会对垂直方向的 p-n 结性能产生影响。在复杂条件下设计并构建多维异质结挑战较大，但也为新型多功能纳米器件的发展带来新机遇。科研人员将金属性碳纳米管和石墨烯分别作为源漏电极，构筑了碳纳米管-WSe_2-石墨烯范德瓦耳斯异质结构。在该结构中，WSe_2 层与两侧碳纳米管及石墨烯形成两种混合维度的异质结，由于低维材料独特的能带结构组合，WSe_2 两侧具有不对称的接触类型，赋予该器件在空间分辨率上独特的光电响应特性，通过调控器件的栅极电压和源漏偏压，可获得低空间分辨模式和高空间分辨模式，展现了混合维度异质结构作为高性能光电探测器的巨大应用前景。

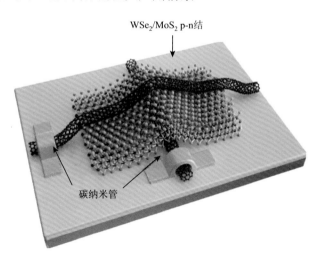

图 6.1 碳纳米管调控 WSe_2/MoS_2 p-n 结

纳米光子学和纳米电子学的单片集成一直是现代信息技术长期追求的目标，在光通信和光互联领域有着重大意义。目前，集成电路的发展主要由硅基材料主导，而光电器件主要由III-V族化合物材料主导，由于上述核心材料的晶格失配很大，制备工艺难以兼容，在外延生长过程中易出现复杂的位错及缺陷，因此阻碍了光电子学进一步向高度集成的方向发展。近期，基于石墨烯、黑磷、过渡金属硫族化合物等二维材料的光电探测器已经实现与硅波导相集成，然而在倏逝场与波导模式强烈的相互作用下，器件存在吸收效率低、暗电流高、稳定性差、工作波长受限等问题。碳纳米管具有一维超薄结构、极高的载流子迁移率及高的饱和速度，可以通过与硅波导之间的光-材料相互作用，克服在正常入射条件下的低吸收问题。同时，碳纳米管是一种直接带隙材料，其带隙可覆盖整个近红外波段，且具有极高的吸收系数，并且碳纳米管器件制造工艺的温度足够低，不会损害硅基结构和电路，适合与硅波导集成。另外，由于碳纳米管可有效消除费米能级钉扎效应的影响，无需掺杂即可在碳纳米管和金属电极之间形成良好的欧姆接触，表现出极高的载流子迁移率，成为构筑高性能光电器件和逻辑器件的理想材料。

北京大学彭练矛等利用碳纳米管制备全部有源器件的光电集成技术[8]，实现碳纳米管光电系统与硅基光子器件的集成。所提出的碳纳米管器件工艺与硅基工艺相兼容，制备出碳纳米管红外探测器和CMOS逻辑电路，获得基于碳纳米管的光电二极管和逻辑门的光栅耦合器、单模波导和3 dB多模干扰耦合器等硅光子器件。耦合碳纳米管红外光探测器与硅基单模波导，大大增强了吸收材料与光子之间的相互作用，大幅度提升了探测器的光电流响应度，同时波导耦合的光电二极管可有效调控CMOS反相器、或非门等碳纳米管器件的逻辑输出电平，体现了碳纳米管光电集成系统的应用潜力，碳纳米管光电系统实现了全碳基有源器件单片波导耦合和光电集成，为未来碳基集成电路芯片和光互联芯片的发展奠定了基础。

表面等离激元是自由电荷和电磁波耦合形成的集体振荡模式，可以在超越衍射极限的纳米尺度之下调控光与物质的相互作用。材料体系的空间维度对等离激元的特性有深远的影响。在碳纳米管等一维材料中，电子之间的强关联相互作用形成Luttinger液体，导致一维Luttinger液体体系呈现特殊的量子等离激元特性。在金属性碳纳米管中，等离激元结合了非色散的传播速度、深亚波长局域以及低损耗等优异特性，但由于该体系中的量子等离激元不随载流子浓度变化而无法被栅极电压调控。二维氮化硼薄膜包裹的石墨烯中的等离激元能够被栅极电压调控，不同维度材料之间等离激元的耦合可以极大地改变等离激元的色散性质并呈现新的性能，然而这种混合维度材料中的等离激元模式尚未得到探测。加利福尼亚大学伯克利分校王枫等提出了二维材料的温控黏性塑料薄膜干法转移堆叠技术[9]，成功可控制备出洁净的碳纳米管/氮化硼/石墨烯混合维度的范德瓦耳斯异质结构。通过栅极电压电调控，实现了石墨烯中等离激元的波长与金属性碳纳米管中等离激元波长相匹配，从而实现两种等离激元模式的强耦合作用。该强耦合作用形成的杂化等离激元兼具了碳纳米管等离激元深亚波长局域以及低损耗特性，同时也具有石墨烯等离激元电可调控的特性。这些特性是单一体系中等离激元难以兼具的，故而这种混合维度等离激元体系能够实现兼具各种优异性能的电调控的纳米光学器件。

纳米材料的能带结构与其尺寸密切相关，发展具有可调结构和功能的混合纳米材料是当前材料科学研究的重要趋势。石墨烯是一种二维、零带隙半导体，具有高载流子迁移率和机械柔韧性。单壁碳纳米管的导电属性与其直径、手性密切相关，可呈现出半导体性与金属性，因此非选择性碳纳米管网络通常表现出金属性。北京大学曹安源等结合石墨烯和碳纳米管两种材料的优点[10]，采用化学气相沉积法在碳纳米管网络孔隙中直接生长石墨烯，制备出一种新型碳纳米管网络"刺绣"石墨烯薄膜，其具有高导电性和机械柔韧性，以此薄膜作为全碳基高导电透明电极，与单晶硅片结合制备出太阳能电池。其中，碳纳米管和石墨烯均可以与硅构成异质结，石墨烯/硅和碳纳米管/硅接触都可以用作电荷分离，协同作用大大提升了载流子传输效率（图 6.2）。同时，借助优异的结质量和较大的接触面积，器件表现出了更好的稳定性和更高的电池效率，为实现大规模、高性能能源器件提供了新策略。

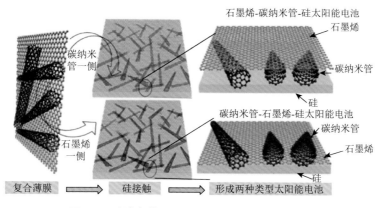

图 6.2 碳纳米管-石墨复合薄膜/硅太阳能电池

宏观的碳纳米管薄膜具有良好的力学、电学、光学等性质。通过调节生长参数，可以获得透光率、电导率可调节的碳纳米管薄膜。碳纳米管和硅可以在室温下形成 p-n 结，无需传统硅基太阳能电池中的高温掺杂。有机导电聚合物可以通过溶液法在低温条件下与硅形成异质结，同样可以避免硅基太阳能电池中制备 p-n 结所需的高温过程。中国科学院物理研究所解思深等基于连续直接生长的透明导电碳纳米管网络和高分子导电聚合物[11]，设计并制备出一种网状连续 PEDOT：PSS-碳纳米管复合薄膜，以及 PEDOT：PSS-碳纳米管/硅太阳能电池。PEDOT：PSS 可以填充碳纳米管网络的纳米级孔隙，使得 PEDOT：PSS 和碳纳米管共同与硅紧密接触形成 p-n 结, 大大增加了有效异质结面积; 碳纳米管网络和 PEDOT: PSS 复合结构产生的协同效应, 可以充分发挥各自的优势, 大幅度提高混合型太阳能电池的光伏性能。同时, 碳纳米管连续网络可作为载流子传输的高速通道, 使复合网络薄膜实现载流子有效分离和传输, 适用于发展高效率、低成本、大面积的太阳能电池, 也为制造高效、高重复性和易于放大的基于聚合物碳纳米管薄膜的混合光伏器件提供了一条新途径。

碳纳米管薄膜及其与硅的界面质量在很大程度上决定了电池的光伏性能。一般而言, 高性能的碳纳米管/硅太阳能电池需要具有低方块电阻和高透光率的单壁碳纳米管薄膜, 而高透明度单壁碳纳米管薄膜的导电性受到其成束和低结晶度的限制, 因此, 科研人员常常通过硝酸等化学掺杂或将其与导电聚合物结合以改善导电性, 但由于聚合物和化学掺杂剂的不稳定性, 太阳能电池的工作效率大大降低。另外, 由于单壁碳纳米管之间存在强烈的范德瓦耳斯相互作用, 合成的单壁碳纳米管通常会自发聚集成直径在几十到上百纳米之间的大管束, 被埋在管束中的单壁碳纳米管对薄膜的导电性几乎没有贡献, 而且严重影响透光率, 是碳纳米管薄膜光电性能降低的一个主要因素。因此, 获得高透光率和低方块电阻的单壁碳纳米管薄膜, 对于构建具有高光伏效率和优异稳定性的单壁碳纳米管/硅异质结太阳能电池尤为重要。中国科学院金属研究所科研人员通过浮动催化剂化学气相沉积方法制备出由单根和小管束单壁碳纳米管组成的高质量单壁碳纳米管薄膜[12], 其显示出良好的结构完整性和优异的光电性能 (图 6.3)。这种高结晶度、高纯度、小管束单壁碳纳米管薄膜具有较低的方块电阻和高透光率, 所制备出的单壁碳纳米管/硅太阳能电池的电池效率远高于此前的报道, 在没有任何封装的情况下表现出优异的空气环境稳定性。

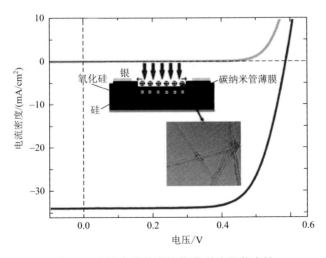

图 6.3 小管束碳纳米管薄膜/硅太阳能电池

　　碳纳米管薄膜对于锗基器件也具有良好的工艺兼容性。对于锗基器件而言，费米能级钉扎效应是其固有问题，使得金属与锗接触时，锗的费米能级钉扎在靠近价带的位置。对于 n 型锗，即使与具有不同功函数的金属接触，其结果均会产生较大电子势垒并引入较高接触电阻。为了使锗基 CMOS 器件成为可能，需要克服这种由 n 型锗材料的本征缺陷带来的障碍。网状分布的碳纳米管导电层有助于消除肖特基势垒高度，而且不会引入大的电阻，从而使金属与轻掺杂 n 型锗之间实现了较小的接触电阻，对于锗基材料在 CMOS 器件领域的发展具有重要的意义。碳纳米管薄膜具有可调节的厚度及密度，同时对应不同的导电特性及电子浓度。浮动催化剂化学气相沉积法获得的单壁碳纳米管薄膜具有良好的均匀性、较低的方块电阻以及稳定的制备工艺，可以实现大面积可重复制备。中国科学院金属研究所科研人员利用具有一系列厚度梯度的碳纳米管薄膜作为插入层，改善金属和 n 型锗的接触，使界面处费米能级钉扎效应显著减弱，转变金属/半导体肖特基结整流特性，在反向偏压下生成较大电流，形成良好欧姆接触，避免了传统离子注入和高温退火工艺过程对材料造成的缺陷和损伤，实现了室温下简单、稳定的欧姆接触工艺，并进一步制备了具有均匀、优异红外响应的晶圆级二极管阵列（图 6.4）[13]。

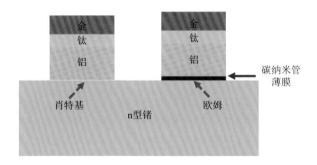

图 6.4　碳纳米管插入层实现金属/锗欧姆接触

　　利用一维的碳纳米管与二维的 MXene 薄膜相结合，可以构筑出高性能的新型光电器件。由于 MXene 具有良好物理化学性质，在基础电子元件领域研究日益受到关注。然而，已报道的 MXene 薄膜的图案化方法难以兼顾效率、分辨率和与主流硅工艺的兼容性，导致大规模 MXene 电子器件的研究受到限制。中国科学院金属研究所科研人员通过设计 MXene 材料的离心、旋涂、光刻和蚀刻工艺[14]，提出了一种具有微米级分辨率的晶圆级 MXene 薄膜图案化方法。在对 $Ti_3C_2T_x$ 溶液离心工艺和衬底亲水性进行优化后，采用旋涂法制备了 4 in MXene 薄膜，并通过优化半导体光刻和干法刻蚀工艺实现了晶圆级 MXene 薄膜的图案化，达到微米级别的加工精度。同时结合硅的光电性能构建出 MXene/硅肖特基结光电探测器，实

现了高达 7.73×10^{14} cm· $\mathrm{Hz}^{\frac{1}{2}}$/ W 的探测度以及 6.22×10^6 的明暗电流比。科研人员使用碳纳米管晶体管作为选通开关,对光电二极管中输入和输出信号进行控制,二者结合作为传感单元制备出 1 晶体管-1 探测器的像素单元,并成功构筑了具有 1024 像素的高分辨率光电探测器阵列,其具有优异的均匀性、高分辨率成像能力、高的 MXene 光电探测器的探测度,将有效促进兼容主流半导体工艺的大规模高性能 MXene 电子学的发展。

6.1.3 二维和三维组合

1947 年,第一个双极结型晶体管诞生于贝尔实验室,标志着人类社会进入了信息技术的新时代。在过去的几十年里,提高双极结型晶体管的工作频率一直是人们不懈追求的目标,异质结双极型晶体管和热电子晶体管等高速器件相继被研究和报道。然而,当需要进一步提高频率时,异质结双极型晶体管的截止频率将最终被基区渡越时间所限制,而热电子晶体管则受限于无孔、低阻的超薄金属基区制备等难题。采用石墨烯作为基区材料制备晶体管,石墨烯的原子级厚度将消除基区渡越时间的限制,同时其超高的载流子迁移率也有助于实现高质量的低阻基区。已报道的石墨烯基区晶体管普遍采用隧穿发射结,然而隧穿发射结的势垒高度严重限制了该晶体管作为高速电子器件的发展前景。

中国科学院金属研究所科研人员提出半导体薄膜和石墨烯转移工艺,制备出以肖特基结作为发射结的垂直结构的硅-石墨烯-锗晶体管[15]。与已报道的隧穿发射结相比,硅-石墨烯肖特基结表现出最大的开态电流(692 A/cm^2 @ 5V)和最小的发射结电容(41 nF/cm^2),从而得到最短的发射结充电时间(118 ps),使器件总延迟时间缩短了 1000 倍以上,可将器件的截止频率由约 1.0 MHz 提升至 1.2 GHz。通过使用掺杂较重的锗衬底,可实现共基极增益接近于 1 且功率增益大于 1 的晶体管。基于实验数据的建模研究表明,该器件具备了工作于太赫兹领域的潜力,将提升石墨烯基区晶体管的性能,为未来实现超高速晶体管提供了新的科学设计方案。

6.2 ▶ 碳纳米管芯片

信息科学技术的飞速发展推动了相关产业领域的深刻变革,改变了人们的生活和生产方式,并对社会文化和精神文明产生了深刻的影响,已成为重塑社会形态的重要推动力。半个世纪以来,硅基 CMOS 集成电路芯片技术通过缩小半导体器件的特征尺寸,提高集成系统的功能及性价比,对信息科学技术的进步起了决定性的推动作用。然而,由于硅自身的尺寸极限,硅基 CMOS 技术将逐步逼近其工艺制程的物理极限，碳基集成电路因其独特的物理尺寸优势，成为突破硅基微电子产业发展瓶颈的最有力选项，是可穿戴、便携式的信息处理和交互装备不可或缺的重要部件，也是实现以物联网和人联网为特质的智能社会的关键技术，将极大地拓展传统电子产品的功能和应用领域。

新材料的研制、新物性的实现以及新原理器件的设计，是发展上述新型信息功能器件的重要基石。一方面，基于新材料、新结构、新原理的器件构筑技术，将在突破硅基芯片摩尔定律极限方面提供新的技术候选方案；另一方面，碳纳米管等新型半导体材料及相关技术的发展使得柔性电子的实现成为可能，并作为硅基等硬质器件的功能补充，发展出多功能集成的可穿戴新型信息功能器件。因此，碳基信息器件的研究大体上可分为两个方面：一是碳纳米管芯片技术；二是面向可穿戴应用的碳基薄膜器件技术。针对前者，IBM、斯坦福大学和北京大学的研究团队已取得了一系列重要成果，例如，碳纳米管计算机已经问世[16]；在 10 nm 技术节点上与硅基器件相比较，碳纳米管晶体管的速度和功耗有 10 倍以上的提升[17]。基于碳纳米管所拥有的完美结构、超薄的导电通道、极高的载流子迁移率和稳定性，单根碳纳米管芯片技术本征上具有超过硅芯片的性能，成为极具商业价值的下一代电子技术。

6.2.1　碳纳米管计算机

美国斯坦福大学科研人员研制出世界首台基于碳纳米管场效应晶体管的计算机原型[16]。该计算机采用最小光刻尺寸为 1 μm 的实验室工艺制造，每台计算机所占面积仅为 6.5 mm^2，由 178 个碳纳米管场效应晶体管构成，其中每个晶体管含有 10～200 根碳纳米管，全部在单片晶片上的单个管芯中实现。该碳纳米管计算机制造工艺同硅 CMOS 技术兼容，采用标准单元法设计，因此对碳纳米管在晶片上的位置完全不敏感，既不需要对每个单元分别定制，也不需要对工艺进行额外补偿和考虑极大规模集成的兼容性。虽然其工作频率仅 1 kHz，与 108/740 kHz 主频的首台商用硅基计算机 Intel 4004 相当，只能发挥演示验证作用，距实用化距离较远，但这两种计算机都是完备的同步数字计算机，采用冯·诺依曼体系结构，都具有可编程性，可串行执行多种计算任务，并运行基本的操作系统。该里程碑式的进展验证了碳纳米管电子技术的可行性，被中国科学院与中国工程院列为 2013 年"世界十大科技进展"。

硅晶体管尺寸的不断缩小，推动着电子技术的进步，然而硅晶体管缩小正在变得越来越困难，因此在摩尔定律发展趋缓的情况下，科研人员一直在探索芯片设计和制造的新可能。碳纳米管场效应晶体管成为代替硅材料的最具前景的候选之一，有望给芯片设计带来新的革命。然而，碳纳米管固有的纳米级缺陷、可变性以及处理技术面临的挑战，严重阻碍了碳纳米管在微电子领域的实际应用。美国麻省理工学院的科研人员提出一套改善碳纳米管薄膜晶体管制备工艺的方法[18]，以克服整个晶圆尺度上的纳米级缺陷。他们利用一种剥落工艺防止碳纳米管形成管束结构；通过电路设计，在减少金属性碳纳米管含量的同时又不降低半导体性碳纳米管的数量；发明了一种后处理方法，在不破坏碳纳米管晶格结构的同时，有效去除残留在碳纳米管薄膜中的杂质，获得了高纯度的碳纳米管薄膜。最终使用行业标准的工艺流程，利用 14000 多个 CMOS 碳纳米管晶体管成功构建出一个16 位微处理器：RV16X-NANO，如图 6.5 所示。该微处理器基于 RISC-V 指令集，在 16 位数据和地址上运行标准的 32 位指令，在测试中成功执行了一个程序，生成消息："你好，世界！我是 RV16XNano，由碳纳米管制成。"这成为碳纳米管电子器件走向实际应用的一个重要里程碑。

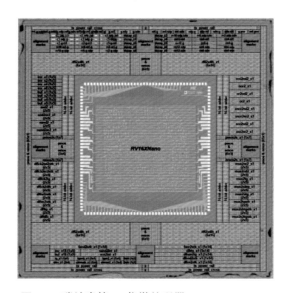

图 6.5　碳纳米管 16 位微处理器：RV16X-NANO

　　碳纳米管场效应晶体管比硅场效应晶体管表现出更高的效率，可构建性能优异的新型三维微处理器，将有助于节能计算领域的发展。但是迄今为止，由于排列、密度、分布重复性与可控性等问题，大规模碳纳米管电子器件的制备还停留在实验室研究阶段，无法满足商用中对高密度分布、快速制备、低成本等方面需求。美国麻省理工学院 Bishop 等提出了两种沉积碳纳米管的改进方法：一种是干式循环，利用间歇干燥技术降低碳纳米管溶液在基底表面的解吸速率，加速碳纳米管沉积速率，提高碳纳米管薄膜密度；另一种是蒸发人工浓缩法，通过在受控环境中在基底表面沉积少量碳纳米管溶液来提高吸附速率，溶液的缓慢蒸发增加了碳纳米管的浓度和沉积在晶圆上的碳纳米管总体密度[19]。科研人员进而开发出一套适合在商业半导体加工工艺中进行的碳纳米管沉积工艺，实现了 8 in 晶圆的高质量碳纳米管薄膜的大规模快速沉积，获得了高均匀性的 14400×14400 碳纳米管器件阵列，平均电流开关比高于 4000，平均亚阈值摆幅为 109 mV/dec，成为碳纳米管器件面向产业化发展的一个重要里程碑（图 6.6）。

图 6.6　基于商用硅基生产线制备的大规模碳纳米管器件阵列

6.2.2　后摩尔时代的碳纳米管电子器件

集成电路不断发展所遵循的基本规律和方式在于晶体管尺寸的不断缩减，从而提高性能和集成度，进而制造出运行速度更快、功能更复杂的半导体芯片。目前主流 CMOS 技术发展到亚十纳米的技术节点，后续发展将受到来自物理规律和制造成本的限制，摩尔定律可能面临放缓和终结。20 多年来，科学界和产业界一直在探索各种新材料和新原理的晶体管技术，以期替代硅基 CMOS 技术。碳纳米管被认为是构建亚十纳米晶体管的理想材料，其纳米尺度几何结构特征保证了器件具有优异的栅极静电控制能力，更容易克服短沟道效应；超高的载流子迁移率则保证了器件具有更高的性能和更低的功耗。理论研究表明，碳纳米管器件相对于硅基器件来说，在速度和功耗上具有 5～10 倍的优势，有望满足后摩尔时代的集成电路的发展需求。

美国加利福尼亚大学伯克利分校的 Javey 等采用单壁碳纳米管作为栅电极制备出栅极长度仅为 1 nm 的单层 MoS_2 晶体管[20]，突破了传统硅晶体管的物理极限，新材料的应用使摩尔定律得以延续。美国 IBM 托马斯·沃森研究中心曹庆等使用钼金属直接无缝连接碳纳米管端部，构建电流流入、流出的碳纳米管触点，从而减小了体积；通过在相邻晶体管之间平行放置由数根碳纳米管组成的纳米线增强器件的传输电流，最终将整个晶体管的接触面积压缩到 40 nm，性能可与 10 nm 节点技术的 Si 基器件相媲美。如图 6.7 所示，北京大学彭练矛等采用石墨烯作为碳纳米管晶体管的源漏接触[17]，有效地抑制了短沟道效应和源漏直接隧穿，首次制备出以半导体性碳纳米管作为沟道材料的 5 nm 栅长高性能晶体管，开关转换仅有约 1 个电子参与，并且门延时达到 42 fs，非常接近二进制电子开关器件的极限（40 fs）。与相同栅长的硅基 CMOS 器件相比，碳纳米管 CMOS 器件具有 10 倍左右的速度和动态功耗的综合优势以及更好的可缩减性，在保证器件性能的前提下，构建了整体尺寸为 60 nm 的碳纳米管晶体管，并且成功演示了整体长度为 240 nm 的碳管 CMOS 反相器，实现了最小尺度的纳米反相器电路，并证明了碳纳米管器件性能超越同等尺寸的硅基 CMOS 场效应晶体管。

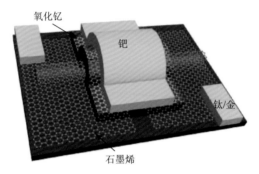

图 6.7　栅极长度为 5 nm 的碳纳米管晶体管

　　在追求集成电路性能和集成度提升的同时，如何降低功耗也同样重要，而降低功耗的最有效方法是降低工作电压。目前，CMOS 集成电路（14/10 nm 技术节点）的工作电压已降低至 0.7 V，通过 MOS 晶体管中的热激发效应及所呈现的亚阈值摆幅性能分析可知，现有技术框架下的集成电路工作电压无法缩减到 0.64 V 以下。北京大学的科研人员提出一种新型超低功耗的场效应晶体管[21]，采用具有特定掺杂的石墨烯作为一个"冷"电子源，半导体性碳纳米管作为沟道材料，构建出顶栅结构的狄拉克源场效应晶体管，其室温下亚阈值摆幅约为 40 mV/dec。当器件沟道长度缩至 15 nm 时，亚阈值摆幅仍可稳定地保持在低于 60 mV/dec 的范围，达到了国际半导体发展路线图对器件实用化的标准，表明狄拉克源晶体管能够满足未来超低功耗集成电路的需要。这种狄拉克源器件不依赖半导体材料，有望用于传统 CMOS 晶体管和二维材料的场效应晶体管。

　　作为当今半导体行业的主力军，鳍式场效应晶体管（FinFET）是晶体管中新的器件架构，是助力半导体行业延续摩尔定律发展的核心技术。FinFET 器件与传统的平面晶体管相比具有明显的优势。首先，FinFET 沟道一般是轻掺杂甚至不掺杂，避免了离散掺杂原子的散射作用，同重掺杂的平面器件相比，载流子迁移率会大幅提高。另外，与传统的平面 CMOS 相比，FinFET 器件在抑制亚阈值电流和栅极漏电流方面有绝对的优势。FinFET 的双栅或半环栅等鳍形结构增加了栅极对沟道的控制面积，使得栅控能力大大增强，从而可以有效抑制短沟道效应，减小亚阈值漏电流。

　　碳纳米管以其独特的结构及优越的电学特性，成为构建 FinFET 器件的理想材料，为摩尔定律的延续提供了新的解决方案。韩国科学技术院 Lee 等利用硅材料制备出三维鳍结构[22]，将半导体性碳纳米管沉积在结构的表面，构建出碳纳米管 FinFET 器件。通过使用较薄的栅极电介质，有效降低了器件功耗。北京大学彭练矛等设计的碳纳米管 FinFET 器件中[23]，每一个晶体管包含 3 个鳍结构，采用高密度（>125 μm^{-1}）半导体性碳纳米管平行阵列作为沟道材料。理论分析表明，通过阈值电压设计优化了碳纳米管 FinFET 的电路构成，相对于同等技术节点的硅基 CMOS 电路，在速度×功耗等晶体管综合性能指标方面实现了 50 倍的优势提升。

　　中国科学院金属研究所科研人员首次构建出可阵列化、垂直单原子层沟道的 FinFET 阵列器件[24]，制备出以单层二维材料作为半导体沟道的 FinFET，同时引入碳纳米管替代传统金属作为栅极材料，比传统金属栅极具有更好的包覆性，有效提高了器件性能。通过对数百个晶体管器件统计测量，测得电流开关比达 10^7，亚阈值摆幅为 300 mV/dec。理论计算表明，单原子层沟道 FinFET 可有效抑制短沟道效应，漏端引入势垒降低值可以低至 5 mV/V。该项研究工作将 FinFET 的沟道材料宽度减小至单原子层极限的亚纳米尺度（0.6 nm），同时获得了最小间距为 50 nm 的单原子层沟道鳍阵列，为后摩尔时代场效应晶体管器件的发展提供了新方案（图 6.8）。

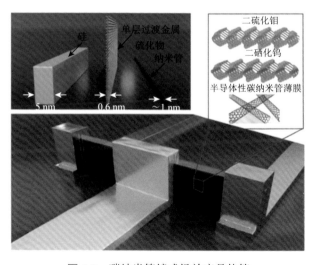

图 6.8　碳纳米管鳍式场效应晶体管

6.2.3 碳纳米管高速器件

虽然碳纳米管被认为是构建亚十纳米晶体管的理想材料，具有优于硅基器件的本征速度和功耗优势，有望满足后摩尔时代集成电路的发展需求，但由于寄生效应较大，实际获得的碳纳米管集成电路的工作频率较低，一般小于兆赫兹频率，比硅基 CMOS 电路的千兆赫兹工作频率低几个数量级。因此，大幅度提升碳纳米管集成电路的工作频率成为发展碳纳米管电子学的另一重要课题。

美国 IBM 托马斯·沃森研究中心的 Han 等利用自组装的碳纳米管薄膜，构建了高性能碳纳米管 CMOS 环形振荡器[25]，单独反相器的切换频率高达 2.82 GHz，利用两种不同功函数的金属电极实现了具有互补特性的 CMOS 晶体管，为碳纳米管高速电子器件的发展奠定了基础。北京大学彭练矛等通过优化碳纳米管材料、器件结构和工艺设计[26]，改善碳纳米管晶体管的跨导和驱动电流，对于栅长为 120 nm 的晶体管，在 0.8 V 的工作电压下，其开态电流和跨导分别达到 0.55 mA/m 和 0.46 mS/m，成功研制出振荡频率达到 680 MHz 的五阶碳纳米管环形振荡器。通过进一步优化器件结构，将振荡频率提升到 2.62 GHz。通过缩减碳纳米管晶体管栅长和优化电路版图，将五阶环形振荡器的振荡频率进一步提升至 5.54 GHz，在没有采用多层互联技术的前提下，速度已接近同等技术节点的商用硅基 CMOS 电路（图 6.9）。Carbonics 公司与美国南加利福尼亚大学首次将碳纳米管在超过 100 GHz 的射频（RF）器件中使用[27]，并在关键性能指标上超过了 CMOS 射频技术，表明该技术最终可能会远远超过现有的顶级射频 GaAs 技术。这些研究进展表明，基于碳纳米管的芯片技术极有可能为 5G 和毫米波技术应用提供强大的推动力。

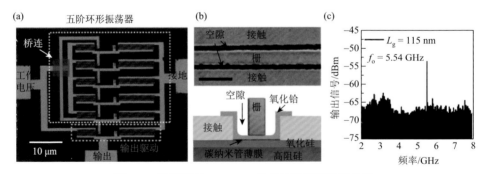

图 6.9 振荡频率 5.54 GHz 的碳纳米管环形振荡器

（a）五阶环形振荡器光学显微镜图片；（b）单元器件截面图；（c）器件振荡频率

6.2.4 碳纳米管声学器件

现在使用的扬声器大多是由一个电磁线圈组成，当音频电流流经音圈时，由于电磁感应会在其周围产生一个可变磁场，在可变磁场和永磁体磁场的相互作用下，音圈受到交变驱动力，带动纸盆根据音频电流的输入频率振动，从而产生声音。薄膜扬声器的发展历程如图 6.10 所示。20 世纪初期，热声薄膜扬声器的概念被首次提出[28]，通过在铂薄膜两端施加交流电使薄膜发热，周围的空气与其发生热交换从而产生声音。碳纳米管薄膜具有优异的导电性，是构筑热声扬声器的理想材料。近年来，随着柔性可穿戴电子产品的快速发展，柔性碳纳米管薄膜扬声器展现出巨大的应用潜力。

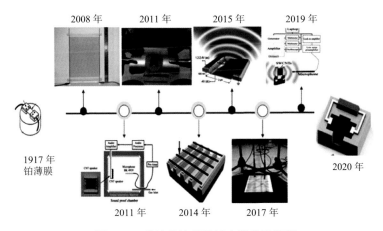

图 6.10　碳纳米管薄膜扬声器发展进程

　　清华大学范守善等采用碳纳米管薄膜制备出没有磁铁和可移动部件的悬浮薄膜扬声器[29]，扬声器声压级大小与单位面积比热容成反比，在 4.5 W 的输入功率与 10 kHz 频率时，距离器件 5 cm 处声压级达到 95 dB，具有声压级高、总谐波失真小和频率范围宽等优点，完全满足商用扬声器的性能要求。此外，这种薄膜扬声器的厚度仅仅几十纳米，并且是透明、柔软和可伸长的，可以被裁剪成任意形状和大小，可以被放置在墙壁、天花板、窗户、旗帜和衣服等多种物体表面，为可穿戴耳机的发展提供了丰富的设计选择。与此同时，为了提升悬浮碳纳米管薄膜扬声器的性能，科研人员通过分析其在氢气、氩气和氦气等不同气氛中的声学性能，发现碳纳米管薄膜产生的声压与气体介质的热容量成反比，即在热容越小的气氛中，薄膜发出声音的声压级越高，最终构建出的碳纳米管薄膜扬声器的频率响应范围在 300 Hz～100 kHz，在距离声源 11.5 cm、输入功率为 0.85 W 时声压级可达到 80 dB[30]。在较高的空气频率范围内响应时，由于声波在近场区的破坏性干扰，大尺寸碳纳米管薄膜的声压有所降低。

　　清华大学魏洋等将超顺排碳纳米管薄膜集成到带有图形化凹槽的硅片上[31]，制备出结构稳固的碳纳米管薄膜扬声器，提出了热声效应的温度波理论，实现了扬声器的无振动发声，获得了碳纳米管热声芯片。通过精确控制凹槽深度，可有效调控碳纳米管薄膜与基底的距离。当凹槽深度小于温度波波长时，基底的存在会使薄膜上的部分热量传递到基底，由于薄膜表面产生的热量只有与空气进行热交换的部分会产生声音，其余部分仅仅用来使基底进行加热做无用功，所以导致热声转换效率较低；随着凹槽深度的增加，基底的影响不断减小，扬声器的声压级不断增大，当凹槽深度大于温度波波长时，基底的存在将不会对扬声器的性能产生影响，有利于碳纳米管细线热声芯片的应用。在此基础上，科研人员制备出大规模碳纳米管热声芯片，并将其封装组装成耳机，通过电路设计解决了热声扬声器普遍存在的倍频效应，在日常生活中可连续使用一年，体现了较好的稳定性和适用性。这些研究表明，碳纳米管热声芯片可以与现有的商用耳机技术相结合，通过与半导体加工工艺兼容的技术路线，为制备尺寸更小、声压级更高的薄膜扬声器提供了参考。

美国南加利福尼亚大学 Mason 等制备出尺寸仅为 2 μm 的单根悬浮碳纳米管热声扬声器[32]，比以往报道的热声系统尺寸小 4 个数量级。通过在 8 kHz 频率下向器件施加 1.4 V 的交流电压，可以采用商用麦克风检测到声音信号，声压范围在 0.2～1 μPa，热声效率为 0.007～0.6 Pa/W。苏州大学邢倩荷等对碳纳米管薄膜扬声器的声场特性进行了研究[33]。结果表明，碳纳米管薄膜扬声器的声压随着频率升高而增大，在低中频上升迅速，3 kHz 以后趋于平缓；在远场，随着测试点位到薄膜的距离增大，声压逐渐减小。俄罗斯斯科尔科沃科学技术研究所 Romanov 等利用采用气溶胶 CVD 法制备的单壁碳纳米管薄膜构建了薄膜扬声器[34]，并建立一个理论模型来预测声波传播的方向，系统地研究了器件性能与薄膜厚度和纯度的关系。通过采用电阻加热法去除碳纳米管薄膜中的催化剂颗粒，提升了薄膜纯度，降低了薄膜的单位面积比热容，构建的厘米级薄膜扬声器可在 1～100 kHz 内实现频率响应。在等效条件下，这种气凝胶结构的薄膜扬声器的热声转换效率是其他材料的 4 倍，通过进一步减薄和纯化单壁碳纳米管薄膜，在 1 W 的输入功率下，在 3 cm 距离处测得声压级为 101 dB，是所报道的基于热声效应声压级最大的扬声器。

6.2.5 碳纳米管抗辐照器件

集成电路技术已大量应用于航天航空、核工业等特殊应用场景，空间环境应用中芯片的可靠性及寿命因空间辐射将受到影响。碳纳米管具有超强的碳碳共价键、纳米尺度截面、低原子序数等特点，有望用来发展新一代超强抗辐照集成电路技术。但是，场效应晶体管中易受高能粒子辐照损伤的部分除了半导体沟道，还有栅介质层和基底，通过对碳纳米管抗辐照器件开展优化设计，碳纳米管器件的超强抗辐照应用潜力巨大。

北京大学与中国科学院苏州纳米技术与纳米仿生研究所的科研人员通过系统

地对碳纳米管晶体管进行抗辐照加强设计[35]，构建出对辐照损伤几近免疫的碳纳米管晶体管和集成电路。如图 6.11 所示，科研人员针对场效应晶体管的所有易受辐照损伤的部位采用抗辐照加强设计，优化晶体管的结构和材料，包括选用半导体性碳纳米管作为有源区、离子液体凝胶作为栅介质、超薄聚乙酰胺材料作为衬底，制备了一种新型的具有超强抗辐照能力的碳纳米管场效应晶体管。离子液体凝胶可以在碳纳米管沟道表面形成双电层，减少辐照陷阱电荷；使用超薄聚酰亚胺作为衬底，可以消除高能辐照粒子在衬底上散射和反射所产生的衬底二次辐照效应，极大增强了晶体管的抗辐照能力。在低辐照剂量下，晶体管和反相器电路能够承受 15 Mrad（1 Mrad = 10^{-2}Gy）的总剂量辐照。在此基础上，科研人员发展了可修复辐照损伤的碳纳米管集成电路，结果表明，经受 3 Mrad 总剂量辐照的离子胶碳纳米管场效应晶体管和反相器，在 100℃下退火 10 min，其电学性能和抗辐照能力均得以修复。结合超强抗辐照能力和低温加热可修复特性，可构建对高能辐照免疫的碳纳米管晶体管和集成电路，展示了碳纳米管器件和集成电路在抗辐照领域应用的前景，为推进碳基抗辐照芯片的发展奠定了基础。

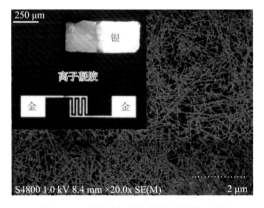

图 **6.11**　抗辐射碳纳米管晶体管器件

6.3　多功能三维电子器件

6.3.1　单片集成电路

　　未来对数据密集型计算应用将要求提高当前电子设备的功能，不仅满足于晶体管、数据存储技术或集成电路单一方面的改进，同时需要实现设备和集成电路结构的多功能集成电子系统。日本大阪府立大学 Takei 等报道了一种三维叠层结构的柔性 CMOS 集成电路[36]。整个器件分为三层结构：第一层为利用 InGaZnO 作为沟道材料的 n 型薄膜晶体管器件；第二层为采用半导体性碳纳米管作为沟道材料的 p 型薄膜晶体管器件；第三层为基于碳纳米管与 PEDOT：PSS 的温度传感器。获得的 CMOS 反相器具有良好的电学性能与柔性，同时器件性能随温度的变化极小，展现出优异的温度稳定性，有望应用于未来健康监测器件。美国斯坦福大学 Wang 等研制出一种三维结构碳纳米管集成电路[37]，叠层结构的集成电路单位体积内的运算效率更高，同时在散热方面也具备一定优势。科研人员进一步提出三维多功能集成电子系统的概念，所制备的芯片包括一百多万个电阻式随机存储器单元和两百多万个碳纳米管场效应晶体管[38]。与传统集成电路结构不同，分层式制备技术可以在层间实现计算、数据存储、输入和输出（如传感）等功能的垂直连通的高集成度三维集成电路结构。这种多功能芯片可在 1 s 内捕捉大量数据，并在单一芯片上直接存储，原位实现数据获取与信息的快速处理。同时，由于每一层都制备在硅基逻辑电路上，与硅基具有很好的兼容性。这种复杂的纳米电子系统对未来高性能、低功耗的电子设备而言是必不可少的（图 6.12）。

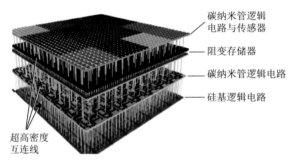

图 6.12　单片集成碳纳米管三维多功能电子系统

北京大学彭练矛等采用金属加工策略[39]，通过设计基于金的孔洞状底层等离子激元结构来实现片光操控。与此同时，金膜具有纳米量级的平整度，满足构建顶层有源器件对基片平整度的要求，从而避免机械抛光工艺，简化了制备流程。在制备等离激元结构的同时，采用金制备所有的互联线以及静电栅结构。半导体性碳纳米管薄膜由于具有原子层尺寸的厚度，不适于采用离子注入的方式对器件极性进行调控。研究者通过调节接触金属的功函数来调控器件极性，即利用高功函数和低功函数的不同组合来实现 p 型金属氧化物半导体（PMOS）、n 型金属氧化物半导体（NMOS）和二极管，利用低温制备的工艺特性和 CMOS 兼容的方式，构建出三维集成等离子激元器件与电子器件。器件功能体现为底层无源器件实现光操控和信号传递，上层有源器件实现信号接收和处理。清华大学范守善等报道了一种双层堆垛的碳纳米管薄膜晶体管[40]，研发出 CMOS 碳纳米管薄膜晶体管电路。以氮化硅为绝缘层的薄膜晶体管为 n 型晶体管，以氧化铝为绝缘层的器件为

p 型晶体管，p/n 型晶体管共用一个栅极。三维叠层结构的碳纳米管 CMOS 反相器的电压增益达到 25，噪声容限面积超过 95%，并在不同弯曲条件下实现正常工作，为后摩尔时代的 CMOS 器件架构提供重要参考。

6.3.2　叠层式三维集成电路

随着传统半导体电子器件逐步逼近其工艺制程的物理极限，不仅器件集成度的提升受到限制，芯片内互联线的增加也将带来显著的电路延迟和噪声，影响信号的传输速度和时序控制，严重限制了芯片性能进一步提升。借助键合、外延或硅通孔等三维构筑技术，可以在垂直方向上增加器件数目，大幅缩减芯片子系统之间的互联线长度，从而提高芯片集成度和性能。单片三维集成能够在单个芯片内实现各种器件工艺之间的超密集连接，已经成为构筑三维电子系统的主要技术手段。其中，叠层式三维集成电路是由组成电路的所有单元器件在垂直方向上逐个堆叠而成，每一个单元器件作为一层，每两层之间通过加入隔断层材料进行分离，可以极大地缩减电路面积。然而，现有的三维集成电路一般每一层内的电路仍采用传统的平面电路结构，限制了电路面积的进一步缩减。因此，发展新型叠层式三维集成电路构筑技术，实现集成电路的三维叠层构建是进一步提升系统集成度和功能的关键。

碳纳米管由于具备低温制备工艺特性，可以通过层层转移与印刷方法构筑三维电子器件，为实现叠层式三维集成电路提供了坚实的材料基础。然而，目前所报道的碳纳米管三维集成电路并没有实现叠层式构建。以环形振荡器为例，单片集成与共栅型技术都只能构建出双层结构的三维环形振荡器电路，在电路面积缩减方面仍有较大的提升空间。限制叠层式构建的主要原因在于：碳纳米管由于特殊的管状中空结构以及高的比表面积，极易吸附气体与液体分子，与多种材料产生掺杂效应，从而造成器件和电路难以具备足够的均匀性和稳定性。因此，如何选取适合的绝缘层与隔断层材料，使其覆盖在碳纳米管沟道表面仍然可以保证器件性能稳定，并且在后续工艺中也不会对碳纳米管器件性能产生影响，有效阻隔上下两层器件之间的相互作用，是构建叠层式碳纳米管三维集成电路的关键。

针对上述关键问题，中国科学院金属研究所科研人员提出在低温常压下构建层层垂直堆叠于单一器件单元之上的叠层式碳纳米管三维集成电路（图 6.13）[41]。系统研究不同种类隔断层材料对碳纳米管薄膜晶体管器件性能的影响，揭示影响碳纳米管薄膜晶体管器件性能的关键因素与科学规律；优化隔断层厚度，考察不同层器件的性能差异及层间器件的相互作用；选择具有良好绝缘性、疏水性与化学稳定性的聚四氟乙烯作为隔断层，抑制环境因素对碳纳米管沟道的影响，提高器件稳定性，实现五层以上的三维结构集成电路的直接构筑；结合工艺要求和特点，突破隔断层通孔图形化、互联线形成及碳纳米管薄膜连续转移等关键技术，实现平面电路结构向三维电路结构的直接转换，从而有效缩减电路面积，推动器件集成度的进一步提升，为高集成度、大规模碳纳米管三维电子器件的研发开辟了新路。

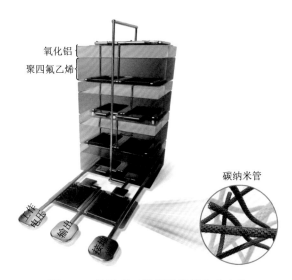

图 6.13　叠层式三维碳纳米管集成电路

参 考 文 献

[1]　Li H X，Jiang L L，Feng Q X，et al. Ultra-fast transfer and high storage of Li^+/Na^+ in MnO quantum dots@carbon hetero-nanotubes：appropriate quantum dots to improve the rate. Energy Storage Materials，2019，17：157-166.

[2]　Liang J W，Liu Y X，Liu R Z，et al. Stable Pt atomic clusters on carbon nanotubes grafted with carbon quantum dots as electrocatalyst for H_2 evolution in acidic electrolyte. Nano Select，2021，2（11）：2126-2134.

[3]　Li L D，Lou Z，Shen G Z. Flexible broadband image sensors with SnS quantum dots/Zn_2SnO_4 nanowires hybrid nanostructures. Advanced Functional Materials，2018，28（6）：1705389.

[4]　Indiveri G，Douglas R. Neuromorphic vision sensors. Science，2000，288（5469）：1189-1190.

[5]　Zhu Q B，Li B，Yang D D，et al. A flexible ultrasensitive optoelectronic sensor array for neuromorphic vision systems. Nature Communications，2021，12：1798.

[6]　Liu Y D，Wang F Q，Wang X M，et al. Planar carbon nanotube-graphene hybrid films for high-performance broadband photodetectors. Nature Communications，2015，6：8589.

[7]　Zhang J，Cong L，Zhang K，et al. Mixed-dimensional vertical point p-n junctions. ACS Nano，2020，14（3）：3181-3189.

[8]　Ma Z，Yang L J，Liu L J，et al. Silicon-waveguide-integrated carbon nanotube optoelectronic system on a single chip. ACS Nano，2020，14（6）：7191-7199.

[9]　Wang S，Yoo S，Zhao S H，et al. Gate-tunable plasmons in mixed-dimensional van der Waals heterostructures. Nature Communications，2021，12：5039.

[10]　Shi E Z，Li H B，Yang L，et al. Carbon nanotube network embroidered graphene films for monolithic all-carbon electronics. Advanced Materials，2015，27（4）：682-688.

[11]　Fan Q X，Zhang Q，Zhou W B，et al. Novel approach to enhance efficiency of hybrid silicon-based solar cells via synergistic effects of polymer and carbon nanotube composite film. Nano Energy，2017，33：436-444.

[12]　Hu X G，Hou P X，Liu C，et al. Small-bundle single-wall carbon nanotubes for high-efficiency silicon heterojunction solar cells. Nano Energy，2018，50：521-527.

[13]　Wei Y N，Hu X G，Zhang J W，et al. Fermi-level depinning in metal/Ge junctions by inserting a carbon nanotube layer. Small，2022，18（4）：2201840.

[14]　Li B，Zhu Q B，Cui C，et al. Patterning of wafer-scale MXene films for high-performance image sensor arrays. Advanced Materials，2022，34（17）：2201298.

[15]　Liu C，Ma W，Chen M L，et al. A vertical silicon-graphene-germanium transistor. Nature Communications，2019，10：4873.

[16]　Shulaker M M，Hills G，Patil N，et al. Carbon nanotube computer. Nature，2013，501（7468）：526-530.

[17]　Qiu C G，Zhang Z Y，Xiao M M，et al. Scaling carbon nanotube complementary transistors to 5-nm gate lengths. Science，2017，355（6322）：271-276.

[18]　Hills G，Lau C，Wright A，et al. Modern microprocessor built from complementary carbon nanotube transistors. Nature，2019，572（7771）：595-602.

[19]　Bishop M D，Hills G，Srimani T，et al. Fabrication of carbon nanotube field-effect transistors in commercial silicon manufacturing facilities. Nature Electronics，2020，3：492-501.

[20]　Desai S B，Madhvapathy S R，Sachid A B，et al. MoS_2 transistors with 1-nanometer gate lengths. Science，2016，354（6308）：99-102.

[21]　Qiu C G，Liu F，Xu L，et al. Dirac-source field-effect transistors as energy-efficient，high-performance electronic switches. Science，2018，361（6400）：387-391.

[22]　Lee D，Lee B H，Yoon J，et al. Three-dimensional fin-structured semiconducting carbon nanotube network transistor. ACS Nano，2016，10（12）：10894-10900.

[23]　Zhang P P，Qiu C G，Zhang Z Y，et al. Performance projections for ballistic carbon nanotube FinFET at circuit level. Nano Research，2016，9（6）：1785-1794.

[24]　Chen M L，Sun X D，Liu H，et al. A FinFET with one atomic layer channel. Nature Communications，2020，11（1）：1205.

[25]　Han S J，Tang J，Kumar B，et al. High-speed logic integrated circuits with solution-processed self-assembled carbon nanotubes. Nature Nanotechnology，2017，12（9）：861-865.

[26]　Zhong D，Zhang Z，Ding L，et al. Gigahertz integrated circuits based on carbon nanotube films. Nature Electronics，2017，1（1）：40-45.

[27]　Rutherglen C，Kane A A，Marsh P E，et al. Wafer-scalable，aligned carbon nanotube transistors operating at frequencies of over 100 GHz. Nature Electronics，2019，2（11）：530-539.

[28]　Qiao Y，Gou G，Wu F，et al. Graphene-based thermoacoustic sound source. ACS Nano，2020，14（4）：3779-3804.

[29]　Xiao L，Chen Z，Feng C，et al. Flexible，stretchable，transparent carbon nanotube thin film loudspeakers. Nano Letters，2008，8（12）：4539-4545.

[30]　Xiao L，Liu P，Liu L，et al. High frequency response of carbon nanotube thin film speaker in gases. Journal of Applied Physics，2011，110（8）：4539.

[31]　Wei Y，Lin X，Jiang K，et al. Thermoacoustic chips with carbon nanotube thin yarn arrays. Nano Letters，2013，

13（10）：4795-4801.

[32] Mason B J，Chang S W，Chen J H，et al. Thermoacoustic transduction in individual suspended carbon nanotubes. ACS Nano，2015，9（5）：5372-5376.

[33] Xing Q H，Bian A H，Cheng Y L，et al. Study on characteristics of carbon nanotube films speaker. Audio engineering，2017，41（8）：29-33.

[34] Romanov S A，Aliev A E，Fine B V，et al. Highly efficient thermophones based on freestanding single-walled carbon nanotube films. Nanoscale Horizons，2019，4：1158-1163.

[35] Zhu M G，Xiao H S，Yan G P，et al. Radiation-hardened and repairable integrated circuits based on carbon nanotube transistors with ion gel gates. Nature Electronics，2020，3：622-629.

[36] Honda W，Harada S，Ishida S，et al. High-performance，mechanically flexible，and vertically integrated 3D carbon nanotube and InGaZnO complementary circuits with a temperature sensor. Advanced Materials，2015，27（32）：4674-4680.

[37] Wei H，Shulaker M M，Wong H S P，et al. Monolithic three-dimensional integration of carbon nanotube FET complementary logic circuits. 2013 IEEE International Electron Devices Meeting，2013.

[38] Shulaker M M，Hills G，Park R S，et al. Three-dimensional integration of nanotechnologies for computing and data storage on a single chip. Nature，2017，547（7661）：74-78.

[39] Liu Y，Wang S，Liu H，et al. Carbon nanotube-based three-dimensional monolithic optoelectronic integrated system. Nature Communications，2017，8：15649.

[40] Zhao Y，Li Q，Xiao X，et al. Three-dimensional flexible complementary metal-oxide-semiconductor logic circuits based on two-layer stacks of single-walled carbon nanotube networks. ACS Nano，2016，10（2）：2193-2202.

[41] Jian Y，Sun Y，Feng S，et al. Laminated three-dimensional carbon nanotube integrated circuits. Nanoscale，2022，14：7049-7054.

第7章

碳纳米管柔性电子器件

柔性电子技术是在柔性、可延性塑料或薄金属基板上的电子器件制备技术，其以独特的柔性和延展性以及高效、低成本的制造工艺，在信息、能源、医疗、国防等领域具有广阔的应用前景，如电子报纸、柔性电池、电子标签、柔性透明显示、电子皮肤等。随着可穿戴器件的快速发展，柔性电子已成为信息技术领域的重要发展方向。

与硬质芯片器件不同，柔性电子器件具有独特的柔性和延展性，成为可穿戴、便携式信息处理和交互装备中不可或缺的重要部件，也是实现以物联网和人联网为特质的智能社会的关键技术，将极大地拓展传统电子产品的功能和应用领域。作为一类新兴的电子技术，柔性电子的涵盖范围较广，从基板选用角度被称为塑料电子，从制备工艺角度被称为印刷电子，从晶体管沟道材料角度被称为有机电子或聚合物电子等。柔性电子技术的发展目标并不是与传统硅基电子技术在高速、高性能器件领域内开展竞争，而是实现具有大面积、柔性化和低成本特征的新型电子器件与产品。

随着平板显示技术的快速发展，薄膜晶体管作为显示器件的基本构筑单元，经历了从出现到成熟的较长发展历程。非晶硅和多晶硅是最传统的薄膜晶体管沟道材料，已实现在手机、计算机显示屏、大屏幕高清电视等器件中的广泛应用。碳纳米管作为新型纳米碳材料，自被发现以来已展现出优异的电学、光学、力学和热学性质，成为柔性电子器件理想的沟道构筑材料。碳纳米管薄膜晶体管在载流子迁移率、低温制备、柔性、大面积、成本及稳定性等方面具有优势，是未来柔性电子发展的重要方向之一。

7.1 器件构成与设计

7.1.1 器件结构设计

柔性碳纳米管薄膜晶体管一般由沟道、栅绝缘层、电极和基底构成。源极、漏极和栅极一般由金属材料构成；介电材料通常为 SiO_2、Al_2O_3、HfO_2 或聚合物等；基底为柔性、可延性塑料（如聚合物塑料）或薄金属；沟道由碳纳米管网络构成。网络中随机分布的碳纳米管具有不同的手性分布及金属或半导体属性，但碳纳米管薄膜宏观表现出均匀、稳定的导电特性，这是制备高性能薄膜晶体管器件的基础。碳纳米管薄膜晶体管的器件可分为共底栅、顶栅和埋栅几种结构类型（图 7.1）。顶栅和埋栅结构的器件属于分立栅结构，每个薄膜晶体管通过单独的栅极控制开关状态；共底栅结构通常利用重掺杂硅基底表面的热氧化层作为绝缘层。器件工艺主要包括源/漏电极图形化和沟道材料制备等步骤，不需要绝缘层开窗等套刻光刻工艺，具有工艺简单、效率高等特点。

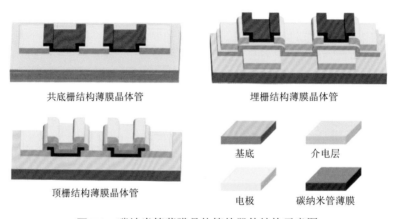

图 7.1　碳纳米管薄膜晶体管的器件结构示意图

设计具有特殊结构的器件已成为获得高性能碳纳米管电子器件的有效手段。美国斯坦福大学戴宏杰研究组提出了一种适合于碳纳米管器件的自对准结构，实现栅电极和源漏电极之间的"自动对准"，从而避免对精确曝光设备的依赖，降低多次曝光之间出现的对准偏差所造成的影响[1]。采用这种器件结构可使栅电极几乎完全与沟道区域重合，提高栅电极对沟道的控制能力，确保栅电极不与源漏电极交叠，从而降低寄生电容。北京大学彭练矛等发展出一种新型自对准结构，利用源漏电极边缘的高度差以及栅介质和栅电极生长方式的不同，使沟道内的栅电极金属与覆盖在源漏电极之上的一部分金属层断开，从而实现了栅电极与源漏电极的自对准。这种自对准结构允许自由选择不同功函数的栅电极材料，实现器件阈值电压的调控及复杂的电路设计，适合于构建碳纳米管规模集成电路[2]。在此基础上，通过将栅电极和源漏电极之间的高 κ 栅介质去除，制备出 U 型栅自对准结构器件，将寄生电容减小为原来的 $1/\kappa$，大幅度提升了器件运行速度[3]。针对碳纳米管带隙较小、晶体管存在双极性明显和电流开关比较小的不足，研究人员提出了一种反馈栅结构，通过在漏端形成一个不随偏压变化的矩形势垒来抑制闭态电流和双极性，并制备出碳纳米管反馈栅晶体管，在 2 V 偏压下将顶栅型碳纳米管晶体管的电流开关比提高到 10^8，表明碳纳米管晶体管在低功耗电子器件领域具有应用潜力[4]。

7.1.2　沟道材料选择

在薄膜晶体管器件研究中，碳纳米管薄膜可分为随机网络和定向排列两种类型。由于碳纳米管直径及手性的差异，一根碳纳米管可表现为金属性或半导体性。即使是半导体性碳纳米管，由于其带隙不同，也可导致利用单根碳管构建的晶体管器件存在一定的性能差异。利用薄膜材料作为沟道，可使不同碳纳米管的性质差异得到一定程度的平均化，从而获得性能稳定、均一的器件。

碳纳米管随机网络薄膜不仅具有优异的电学性质，而且在成膜均匀性以及规模化制备方面也具有显著优势。这类碳纳米管薄膜不依赖于石英或蓝宝石等基底，可通过转移或者印刷的方法，低成本规模化制备柔性薄膜晶体管等电子器件。通过改变碳纳米管薄膜密度，即可实现其光电特性的调控，对于设计具有柔性和透明功能的新型电子器件具有重要意义。

碳纳米管在随机网络薄膜中相互交叉搭接，构成一个导电网络。碳纳米管及薄膜的性质是影响碳纳米管薄膜电学输运性能的重要因素，不同直径和手性的碳纳米管之间的势垒高度不同，会对碳纳米管薄膜的电学性质产生影响。虽然碳纳米管自身具有优异的电学性能，但是碳纳米管之间的结型结构存在较大的接触电阻，通常比碳纳米管自身电阻高出一个甚至几个数量级。研究表明，金属性碳纳米管之间以及半导体性碳纳米管之间具有相对理想的电接触；而金属性和半导体性碳纳米管之间存在肖特基势垒，其结电阻比相同导电类型碳纳米管间的接触电阻高出两个数量级[5]。如前所述，碳纳米管之间结电阻的大小与两根碳纳米管的位置和形貌直接相关，可分为 X 型结和 Y 型结[6]。Y 型结比 X 型结具有更大的交叉重叠区域，因此碳纳米管间电子波函数叠加增强，提高了电子在碳纳米管间的隧穿概率，有利于碳纳米管间的电学传输，在相同电流开关比条件下，Y 型结富集的样品会比 X 型结富集的样品的载流子迁移率高出一个数量级[7]。因此，结型电阻是影响碳纳米管薄膜导电性能的主要因素之一，有效降低碳纳米管薄膜中的结电阻将提高薄膜电导。

在定向排列的碳纳米管薄膜中，由于多个平行排列的碳纳米管直接连通于源/漏极，直接形成导电通路，故器件的开态电流较大。然而，当线性排列的碳纳米管薄膜中存在金属性碳纳米管时，薄膜晶体管的电流开关比将显著降低，导致器件不能完全关断。Rogers 等利用化学气相沉积法在石英基底上合成了密集排列的定向碳纳米管薄膜，制备出顶栅薄膜晶体管器件[8]。每个晶体管中含有数百个线性排列的碳纳米管，器件展现出优异且相对均一的电学性能，载流子迁移率达到

1000 cm^2/(V·s)，跨导为 3000 S/m，具有约 1 A 的电流输出能力。由于金属性碳纳米管短接于源/漏极，器件的电流开关比小于 10。通过在源/漏极之间施加一个较大的偏压，选择性烧蚀掉金属性碳纳米管后电流开关比提高至约 10^5。需要指出的是，电烧蚀方法在规模化和重复性制备方面仍存在一定的局限性。

超高纯度半导体性碳纳米管的制备及其高精度阵列控制难度较大，这也是获得理想碳纳米管电子器件沟道材料的重要挑战。清华大学魏飞等通过设计层流方形反应器，精准控制气流场和温度场并优化恒温区结构，将催化剂失活概率降至百亿分之一，成功实现了超长水平阵列少壁碳纳米管在 7 片 4 in 硅晶圆表面的大面积生长，碳管长度可达 650 mm。利用所得碳纳米管阵列作为沟道材料构建晶体管器件，其开关比为 10^8，迁移率达到 4000 cm^2/(V·s) 以上，电流密度 14 为 A/m^2，展现出超长碳纳米管平行阵列的优异电学性能。采用该方法实现高纯半导体性碳纳米管（99.9999%）的可控制备，为发展新一代高性能碳基集成电子器件奠定了材料基础[9]。

北京大学彭练矛等发展出一种提纯和自组装新方法，制备出高密度、高纯度半导体性单壁碳纳米管阵列材料，实现了性能超越同等栅长硅基 CMOS 技术的晶体管和集成电路，展现出碳纳米管电子器件的优势。采用多次聚合物分散和提纯技术得到超高纯度碳纳米管溶液，并结合维度限制自排列法，在 4 in 基底上制备出密度为 120 根/μm、半导体性纯度高达 99.99995%、直径分布在（1.45±0.23）nm 的碳纳米管阵列，从而达到超大规模碳管集成电路的需求。基于这种材料构建出的 100 nm 栅长碳纳米管晶体管的峰值跨导及饱和电流分别达到 0.9 mS/μm 和 1.3 mA/μm，室温下亚阈值摆幅为 90 mV/dec；五阶环形振荡器电路成品率超过 50%，最高振荡频率达到 8.06 GHz，超越相似尺寸的硅基 CMOS 器件和电路性能。该工作突破了长期以来阻碍碳纳米管电子器件发展的瓶颈，在实验上显示出碳纳米管电子器件和集成电路较传统技术的性能优势，为推进碳基集成电路的跨越式发展奠定了基础[10]。

生物自组装结构具有精细的三维形貌，其关键结构参数小于光刻等传统纳米加工手段的分辨率极限。利用自组装生物分子作为加工模板，目前已实现金属材料、碳基材料、氧化物材料的可控形貌合成。北京大学孙伟等以 DNA 为模板，组装平行碳纳米管阵列体系，研究界面生物分子组成对器件性能的影响，开发了一种基于固定-洗脱策略的界面工程方法，在不改变碳纳米管排列的基础上，有效去除界面处的金属离子及生物分子等杂质[11]。基于生物模板的碳纳米管阵列晶体管显示出良好的开态性能和快速的电流开关切换，从而展现出高精准度生物模板在高性能晶体管领域的应用潜力。基于空间限域效应，还发展了阵列取向排列的新方法，探讨了决定取向排列精准度的关键因素。在高性能电子器件和生物分子自组装交叉领域，具有实现基于生物模板的大规模电子器件的潜力。进一步结合光刻技术与嵌段共聚物定向组装技术，高分辨生物制造可用于构建大面积、小尺寸的高性能电子设备；同时，结合电学特性与生物响应特性的高性能电子-生物融合器件也可应用于未来的生物传感器与驱动器。

7.2　器件构建方法

基于沟道材料制备的特点，柔性碳纳米管薄膜晶体管器件的构建方法可分为三类，分别是基于转移技术的固相法、基于碳纳米管溶液的液相法以及基于气相收集碳纳米管薄膜的气相法。

7.2.1　固相转印法

固相转印法采用在硬质基底上通过固定催化剂生长碳纳米管，再将其转移到塑料基底上制作薄膜晶体管。美国伊利诺伊大学香槟分校曹庆等利用固相法制备出柔性碳纳米管薄膜晶体管，在塑料基底上实现了中规模集成电路[12]。研究人员采用化学气相沉积法在 Si/SiO₂ 基底上合成碳纳米管薄膜，将图形化的碳纳米管薄膜与源/漏极一同转移到柔性聚合物基底上，再利用传统的半导体器件工艺制作绝缘层、栅电极和互联线。为了消除金属性碳纳米管构成的导电通路，利用条带图形化技术，使金属性碳纳米管导电通路低于渗流阈值，从而获得了高的电流开关比。器件的基底采用 50 μm 厚的柔性聚酰亚胺衬底，表现出良好的柔性，在曲率半径为 5 mm 弯曲条件下，薄膜晶体管的性能没有明显变化。研究人员进一步构建了反相器、或非门、与非门等基本逻辑电路单元。基于 p 型金属氧化物半导体（PMOS）的反相器实现了逻辑"非"功能，最大电压增益为 4，具有一定的噪声容限，电压摆幅大于 3 V。图 7.2 为基于碳纳米管薄膜的柔性中规模集成电路，由

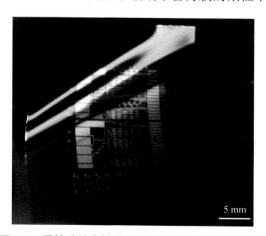

5 mm

图 7.2　柔性碳纳米管薄膜晶体管及中规模集成电路

88 个晶体管构成的 4 位解码器实现了将 4 位二进制输入转换成 16 个输出的逻辑功能，该解码器具有 4 个输入端和 16 个输出端，输出端由 1 个或非门和 0~4 个非门构成，工作时钟频率为 1 kHz。

美国南加利福尼亚大学的 Ishikawa 等报道了以 ITO 作为源漏电极的具有约 80%透光率的碳纳米管薄膜晶体管，可用于构建商用 GaN 发光二极管控制电路，并获得 10^3 的发光强度[13]。中国科学院金属研究所科研人员利用氧化镍与碳纳米管的碳热还原反应，选择性刻蚀沟道中的金属性单壁碳纳米管，构建出全单壁碳纳米管场效应晶体管，电流开关比提高了 3~4 个数量级[14]。这项技术通过一步碳热反应即可实现晶体管沟道和电极的图形化，且氧化镍模板可重复使用，具有工艺流程简单、快速和低成本的特点。

北京大学胡又凡课题组利用毛细力辅助的电化学分层工艺，实现了从硅片上无损、高效剥离超薄的柔性碳纳米管电子器件，确保超薄电子器件的制备成功率高达 100%，有效提升了超薄柔性电子器件的性能及集成度[15]。进而利用碳纳米管电子器件可低温加工的优势，用金属钯和钪作为电极接触，分别注入电子和空穴，在超薄柔性基底上构建 CMOS 器件和电路，克服了传统硅基技术中柔性基底与高温掺杂工艺不兼容的问题。在低温条件下制备的 CMOS 器件性能对称，柔性基底上的最大跨导达到 5.45 μS/μm，克服了一直以来存在的柔性基底加工环境对器件性能的限制。科研人员还在该超薄衬底上实现了碳纳米管电路与湿度传感器的集成，可原位对传感信息进行数据处理。整个传感系统的整体厚度仅为 4 μm，可轻柔地贴敷在皮肤上，实现对皮肤出汗状况的监测，充分体现出碳纳米管电子器件在柔性电子学领域的独特优势和巨大应用潜力。

7.2.2　溶液法

将合成好的碳纳米管经分散、提纯和分离制成溶液，进而采用旋涂、喷墨印刷、纳米压印和电泳等工艺方法完成薄膜晶体管器件的制造。溶液法可与印刷技术相结合，成为柔性电子器件领域极具前景的发展方向。随着碳纳米管液相分离技术的不断发展，液相法构建碳纳米柔性电子器件也受到越来越多的关注。日本名古屋大学 Miyata 等利用液滴涂覆和单向吹扫技术，对特定长度的碳纳米管定位并构建了薄膜晶体管[16]，采用多次循环的过滤纯化工艺，显著提高了碳纳米管的纯度，半导体性碳纳米管含量达到 99%，碳纳米管薄膜晶体管载流子迁移率达 164 cm^2/(V·s)，电流开关比达 10^6。美国南加利福尼亚大学的周崇武研究组采用半导体性碳纳米管溶液，开展了一系列薄膜晶体管和集成电路方面的研究工作，展现了碳纳米管薄膜晶体管器件在有机发光和显示驱动等领域的应用潜力[17, 18]。美国加利福尼亚大学伯克利分校报道了一种高性能碳纳米管数字和模拟电路[19]，通过一种氨基硅烷分子对柔性聚酰亚胺基底表面改性，利用浸渍法沉积高密度的半导体性碳纳米管，所构建晶体管表现出良好的均匀性，开态电流和跨导分别为 15 A/m 和 4 S/m。同时构筑出了包括反相器、与非门、或非门等数字电路，在 2000 次弯折条件下性能几乎没有变化，沟道长度为 4 μm 的射频器件获得了 170 MHz 的截止频率，展示了碳纳米管电路在柔性无线通信领域的应用前景。

印刷电子是一种低成本柔性电子器件的制备方法，可以提高半导体工艺中原材料的利用率，有效降低原料成本。结合印刷技术的工业基础，包括金属、介电层、有源层和封装材料都可以采用印刷方法来制备[20-22]。美国明尼苏达大学报道了利用喷墨打印的方法制作柔性碳纳米管薄膜晶体管和电路[23,24]，所得 5 级环形振荡器可在低于 3 V 的电压下工作，振荡频率大于 20 kHz；中国科学院苏州纳米技术与纳米仿生研究所崔铮等利用一种共轭聚合物分离大直径碳纳米管，采用喷墨打印技术制备薄膜晶体管[25,26]，器件的载流子迁移率为 42 cm²/(V·s)，电流开关比约为 10⁷。通过在柔性聚合物基底表面预沉积 5 nm 的氧化铪薄膜，提高碳纳米管与基底的浸润性和环境稳定性[27]，进而改善了碳纳米管薄膜的均匀性。打印的反相器电压增益为 33，工作频率达到 10 kHz，所制备的 5 级环形振荡器在 2 V 工作电压下谐振频率为 1.7 kHz。

丝网印刷是一种应用范围很广的印刷技术，通过刮板的挤压使油墨通过图形部分的网孔转移到承印物上，形成与原稿一样的图形。美国南加利福尼亚大学的周崇武等报道了一种丝网印刷技术，制备出柔性碳纳米管薄膜晶体管[28]。半导体性碳纳米管薄膜通过溶液浸渍的方法沉积在柔性聚合物基底上，通过氧离子刻蚀去掉沟道区域外的碳纳米管，银电极、钛酸钡绝缘层通过丝网印刷的方法打印，打印后热处理固化温度为 140℃。柔性器件在不同曲率弯曲条件下，性能几乎保持不变，其载流子迁移率为 7.67 cm²/(V·s)，电流开关比超过 10⁴。丝网印刷具有设备简单、操作方便、成本低廉、通用性强等特点，通常丝网印刷的加工精度在 10～100 μm 范围，因此需要进一步提高印刷精度才能满足电子器件的工艺要求。

凹版印刷相比于喷墨打印技术具有更高的生产效率，可以实现沟道、电极和介电材料的快速、大面积和连续制备。日本名古屋大学的 Higuchi 等采用柔版印刷方法制备了碳纳米管薄膜晶体管[29]。通过光学显微镜对准实现银电极、绝缘层和碳纳米管薄膜的套印，制备出高性能的碳纳米管薄膜晶体管器件，载流子迁移率达 157 cm²/(V·s)，电流开关比为 10⁴。科研人员采用柔版印刷方法，利用半导体性碳纳米管溶液作为沟道，获得了亚 10 μm 沟道长度的加工精度，器件的开态电流达到 0.94 A/m[30]。美国加利福尼亚大学伯克利分校的 Javey 等利用凹版印刷技术，在柔性基底上印刷 99%半导体性碳纳米管溶液、纳米银电极溶液和钛酸钡绝缘层溶液，利用打印的绝缘层作为掩膜对碳纳米管薄膜进行图形化，所得碳纳米管薄膜晶体管显示了良好的柔韧性和环境稳定性，载流子迁移率和电流开关比分别为 9 cm²/(V·s) 和 10⁵，器件在 60 天未封装条件下性能基本保持不变。以上典型性的印刷工艺在套印精度、碳纳米管沟道直接印刷、器件均匀性等方面还有进一步的改进空间，作为一类卷对卷制备工艺，高效印刷技术不需要光刻和真空镀膜等常用的半导体器件工艺，将是未来柔性、低成本宏观电子研发的重要方向[31]。

7.2.3 气相转印法

气相转印法是采用浮动催化化学气相沉积法合成碳纳米管，进而直接通过滤膜气相收集并转移到衬底上制作晶体管的方法。气相法可避免液相法中物理化学处理工艺对碳纳米管的污染和损伤，具有简单、快速、非真空室温操作、连续性好等特点，在柔性碳纳米管电子器件构建中具有独特的优势。

芬兰阿尔托大学的 Kauppinen 等利用 FCCVD 法合成碳纳米管，通过电场辅助于室温下在不同基底上沉积碳纳米管薄膜，晶体管的载流子迁移率和电流开关比分别为 4 cm^2/(V·s) 和 10^5[7]。日本名古屋大学 Ohno 研究团队提出了一种气相过滤转移制备高性能碳纳米管薄膜晶体管的方法[6]。如图 7.3 所示，该方法采用常压浮动催化剂化学气相沉积法生长碳纳米管，在室温下通过滤膜表面收集碳纳米管，然后将其转移到聚合物塑料基底上制作晶体管和集成电路。由于避免了传统的液相工艺对碳纳米管的破坏，考虑到实际静电栅极耦合效应，通过严格圆柱电容模型评估，器件的载流子迁移率达 1236 cm^2/(V·s)。由于直接合成的碳纳米管薄膜中含有约 1/3 的金属性碳纳米管，他们通过选择碳纳米管薄膜的收集时间调控碳纳米管网络的密度，使薄膜中金属性碳纳米管的密度小于渗透阈值，在未进行金属性和半导体性碳纳米管分离的情况下，碳纳米管薄膜晶体管的电流开关比超过 10^6，并构建出反相器、与非门、或非门，3 级、11 级和 21 级环形振荡器以及 RS 触发器和主从 D 触发器等一系列集成电路。单个逻辑门获得了约 100 kHz 延

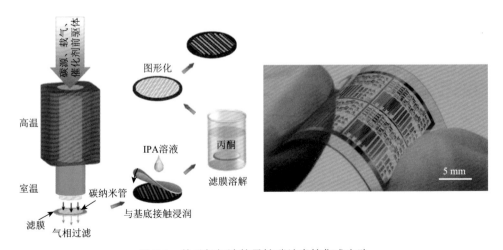

图 7.3   基于气相法的柔性碳纳米管集成电路

迟频率的操作速度，将碳纳米管集成电路的研究水平由组合电路提高到了时序电路水平。为了进一步提高薄膜中碳纳米管网络密度，需要减少金属性碳纳米管含量，这是提高薄膜晶体管器件性能的重要途径。

7.3　典型柔性碳纳米管电子器件

7.3.1　碳纳米管显示器件

　　一般的平板显示器件单元由两个基本部分组成：显示像素与驱动电路。有机发光二极管（OLED）具有高亮度、高对比度、响应快及低功耗等独特的优势，因此在平板显示领域中受到了广泛关注。驱动电路是控制每个像素开关的晶体管电路。驱动电路分为无源矩阵有机发光二极管与有源矩阵有机发光二极管（AMOLED）。AMOLED 以其高发光效率、良好柔性以及低温工艺兼容性在下一代可视化技术中展现出巨大的应用潜力，AMOLED 驱动电路通常采用 2 个及以上数量的薄膜晶体管，其中包括开关晶体管和驱动晶体管。碳纳米管具有较高的载流子迁移率、透光性以及柔性，是构建柔性 AMOLED 驱动电路的最佳候选有源材料。

　　美国南加利福尼亚大学周崇武等在碳纳米管显示驱动电路研究中取得了重要进展[17]。研究人员通过优化半导体性碳纳米管薄膜的密度以及利用双介电层改善基底表面与碳纳米管薄膜的结合力，首次构建出大面积、高产率的高性能 AMOLED 碳纳米管驱动电路。该驱动电路包含 500 个像素单元以及 1000 个碳纳米管薄膜晶体管，具有良好的稳定性及可重复性，器件良率达到 70%，标志着碳纳米管在大面积显示器件领域应用迈出重要一步。新加坡南洋理工大学研究人员首次利用化学气相沉积法制备的碳纳米管薄膜作为沟道材料，通过沟道条带化技术，获得载流子迁移率为 45 cm^2/(V·s)、电流开关比为 10^5 的 6 像素×6 像素单元碳纳米管 AMOLED 驱动电路，实现了静态和动态显示功能，推动了基于碳纳米管的显示器件的发展[32]。中国科学院金属研究所科研人员利用一种六甲基二硅胺烷分子对基底表面进行改性，然后将其浸泡在高纯度半导体性碳纳米管溶液之中，水浴加热制备出高均匀性的大面积碳纳米管薄膜，有效解决了碳纳米管薄膜成膜均匀性问题，并在此基础上构建出 64 像素×64 像素单元的大面积柔性碳纳米管 AMOLED 驱动电路（图 7.4），器件的良率高于 99.9%，8000 个驱动晶体管的平均电流开关比可达 10^7，载流子迁移率为 16 cm^2/(V·s)，均匀性标准差低于 5%，同时具有较大的开口率与灵敏度，拓展了碳纳米管在大面积显示领域的应用[33]。

　　另外，柔性、可拉伸 AMOLED 显示器件的研究也取得了重要进展。日本东京大学 Someya 等制备出一种由均匀分散在氟化橡胶中的单壁碳纳米管所组成

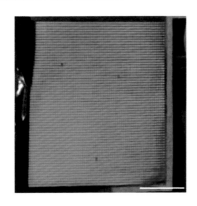

图 7.4   64 像素×64 像素大面积柔性 AMOLED 碳纳米管驱动电路

的可印刷弹性导体[34]。高质量、长管束的单壁碳纳米管可以在橡胶中形成良好的导电网络，其电导率大于 100 S/cm、可拉伸性高于 100%。研究人员构建出可拉伸的主动矩阵显示器件，包括集成印刷弹性导体、有机晶体管和 OLED。该显示器件可承受 30%～50%拉伸形变，或者贴附在一个半球表面，器件本身没有任何损坏，性能也没有任何衰减，为基于碳纳米管的柔性可穿戴显示器件的未来发展提供了重要参考。

7.3.2   碳纳米管压力传感器

当前人工智能快速发展，触觉感知是人类和未来智能机器探索物理世界的基础性功能之一，发展具有触觉功能的仿生电子皮肤柔性感知器件，并实现器件与柔软组织间的机械匹配性具有重要的科学意义和应用价值。受指纹能够感知物体表面纹理的启发，中国科学院苏州纳米技术与纳米仿生研究所张珽等采用内外兼具金字塔敏感微结构的柔性薄膜衬底及单壁碳纳米管导电薄膜，设计制备了具有宽检测范围、高灵敏度的叠层结构柔性振动传感器件，并建立了摩擦物体表面时振动频率与物体表面纹理粗糙度的模型。该柔性仿生指纹传感器可应用于物体表面精细纹理/粗糙度的精确辨别，最低可检测 15 μm×15 μm 的纹路，超过手指指纹的辨识能力（50 μm×50 μm），也能够实现对切应力及盲文字母等的高灵敏检测与识别，可望在机器人电子皮肤的触觉感知、智能机械手等方面获得应用[35]。

清华大学张莹莹等以取向碳纳米管/石墨烯薄膜作为导电层，以印模了植物叶片表面多级结构的硅胶作为支撑层，制备出一种柔性透明的高灵敏度压力传感器。研究人员利用柔性聚合物聚二甲基硅氧烷（PDMS）印模植物叶片，得到了具有多级微纳结构的柔性基底。将从碳纳米管垂直阵列中直接抽出的取向碳纳米管薄膜附在铜箔表面，然后以此作为基底用于 CVD 法生长石墨烯，最终得到了取向碳纳米管/石墨烯复合薄膜材料。该薄膜结合了一维碳纳米管与二维石墨烯的优势，呈现了优异的导电性、良好的结构强度和透光率。将该复合薄膜转移到 PDMS 表面用于构筑压力传感器，石墨烯的存在使得复合薄膜可与微结构基底保形接触，从而有利于获得高稳定性；基底表面的多级微结构与碳纳米管薄膜的取向有助于提高传感器的灵敏度和快速响应。柔性压力传感器的灵敏度为 19.8 kPa^{-1}；最低检测限为 0.6 Pa，相当于一个小水滴施加的压力；响应时间小于 16.7 ms；其驱动电压仅为 0.03 V，有助于在低功耗可穿戴器件中使用；同时器件的稳定性优异，经过 35000 次循环仍保持性能稳定[36]。

　　作为柔性电子器件的另外一种重要类型，应变传感器被广泛用于可穿戴运动检测与健康监测等领域。碳纳米管薄膜网络结构在拉伸条件下会产生由碳纳米管搭接与导电通路变化而引起的薄膜电阻的改变。同时，碳纳米管网络结构在应变回复时会产生弯曲和褶皱现象，以至在拉伸过程损失的导电通路无法回复。在反复拉伸过程中，应变的施加和回复主要通过碳纳米管网络的拉直和弯曲来响应，而这个过程产生的电阻变化较为微弱，导致应变传感的灵敏度较低，这在很大程度上制约了碳纳米管网络在应变传感领域的应用。国家纳米科学中心方英等受树叶、鸭蹼等自然结构的启发，设计了一种碳纳米管-石墨烯复合结构，实现了对循环小应变具有良好响应的可穿戴应变传感器[37]。石墨烯填充于碳纳米管网络的间隙，可有效抑制碳纳米管网络在应变回复时的弯曲变形，提高了整个体系的刚性，从而使复合薄膜对于应变的施加和回复可以产生单调线性的电阻变化响应。这种复合结构既保持了原始碳纳米管网络的可拉伸性，又大大提高了其在小应变范围内应变传感的灵敏度和电阻线性关系，在柔性电子与可穿戴器件等领域具有潜在应用价值。

7.3.3　碳纳米管存储器

　　存储器作为信息的主要载体，是支撑集成电路、航空航天、国防和军事领域发展的重要支柱。随着云计算和大数据等新兴技术的出现，数据存储的规模和复杂性达到了前所未有的高度。在提高数据存储密度的过程中，可通过小型化的存储结构来实现更好的性能。然而由于物理限制，诸如栅极引起的漏极漏电等问题可导致存储器的可靠性急剧劣化。因此，亟需发展基于新结构和新机制的存储器件。

1. 非易失性存储器

　　非易失性存储器是指在断电时所存储数据不会消失的一类存储器，其信息存储状态不依赖于外界的电源供应，这对于降低系统能耗以及保证信息存储的可靠性、安全性非常重要。美国莱斯大学 Tour 等报道了一种没有栅电极的两端存储器[38]，其中半导体性碳纳米管具有可重复的回滞效应，通过在碳纳米管上施加相对极性的电压脉冲，可实现低电导和高电导之间的双稳态导通，从而形成两端非易失性存储器件。中国科学院苏州纳米技术与纳米仿生研究所李清文等在碳纳米管纤维表面包裹上一层热还原氧化石墨烯，将功能化的碳纳米管纤维相互交叉叠加，制备出基于碳纳米管纤维的非易失性全碳阻变存储器，在真空条件下器件的开关比最高可达 10^9，开关速率小于 3 ms，开关次数大于 500 次[39]。美国西北大学 Hersam 等通过控制吸附气体掺杂并结合使用封装层，实现了一种性能稳定、均匀的互补 p 型和 n 型碳纳米管薄膜晶体管，然后模拟、设计和构建出低功耗静态随机非易失性存储器阵列，为碳纳米管存储器件的规模化制备奠定了基础[40]。中国科学院金属研究所科研人员提出一种以光刻胶作为栅绝缘层的碳纳米管薄膜晶体管及其存储器件的制作方法。利用旋涂和光刻工艺完成栅绝缘层的沉积和图形化，该制备工艺过程简单，所得栅绝缘层是高性能的柔性介电材料。薄膜晶体管在较低的工作电压下工作，具有较高的电流开关比、载流子迁移率等良好的电学性能；经过 5000 次机械弯曲之后，器件的电学性能保持稳定，栅极漏电流维持不变，展现出光刻胶栅绝缘层优异的绝缘性能以及良好的柔性。同时，以固化光刻胶作为栅绝缘层以及钝化层的碳纳米管薄膜晶体管可获得稳定的迟滞效应，用于构建记忆存储器。该研究工作拓展了光刻胶的用途，在大面积、低成本、柔性印刷半导体器件领域具有广阔的应用前景[41]。韩国成均馆大学 Lee 等分别以氧修饰后的石墨烯和碳纳米管薄膜作为电极和沟道材料，制备出超透明、柔性非易失性存储器[42]。氧原子通过臭氧处理以 C—O—C、C＝O 和 C—OH 的形式结合到石墨烯表面，充当电荷陷阱中心。此外，此种非易失性存储器由于使用全碳材料，在弯曲实验中展现出较高的载流子迁移率[44 cm^2/(V·s)]，操作速度为 100 ns，并具有良好的柔性。

2. 相变存储器

Ge$_2$Sb$_2$Te$_5$ 等硫族化合物相变材料具有非晶相和晶相的两相结构以及相对应的电学和光学性质。众所周知，相变材料是 DVD 光盘中一种常用的活性材料，其中相位变换由脉冲激光所引起和读取。然而，焦耳热必须耦合到一个有限的比特体积内，导致相变材料存在编程电流高的缺点，之前报道是用直径 30～100 nm 的纳米线或金属进行互联[43, 44]。美国伊利诺伊大学 Pop 等使用直径 1～6 nm 的碳纳米管作为电极，在纳米尺度锗锑碲相变材料中实现了可逆相变[45]。利用单壁碳纳米管和小直径的多壁碳纳米管控制相变材料，获得了 0.5 μA（读取）和 5 μA（擦除）的编程电流，比目前最先进的设备低两个数量级，且脉冲测试使存储器开关具有非常低的能耗。

3. 阻变存储器

在众多非易失性存储器中，阻变存储器（RRAM）由于具有高性能、可扩展和易于集成到硅基 CMOS 技术中的潜力而备受关注。碳纳米管具有优异的电学、热学和力学性能，因而以单壁碳纳米管作为电极材料具有很强的吸引力。金属电极很难在 10 nm 以下的尺寸上进行图形化。在石英衬底上生长碳纳米管水平阵列并对其进行转移，为使用碳纳米管电极实现超高密度、高性能 RRAM 器件阵列提供了可行途径[8, 46]。美国伊利诺伊大学 Shim 等以碳纳米管作为电极构建出碳纳米管/AlO$_x$/碳纳米管 RRAM 器件，具有不同数量的碳纳米管-碳纳米管交叉点，表现出低至 1 nA 的复位电流和 10^5 电流开关比[47]。优化碳纳米管电阻可以同时提供高的电流开关比和低的编程电流，联合内置的串联电阻可降低 AlO$_x$ 永久击穿和器件过早失效的可能性，为 RRAM 技术的尺寸极限提供了新的途径。

4. 浮栅存储器

浮栅型非易失性存储器具有开关比高、编程电压低、读写速度快等特点，通过源极、漏极与栅极共同作用实现高速稳定的载流子调控，其核心结构包括沟道、隧穿层、浮栅层与阻挡层。在以往的研究中，浮栅存储器隧穿层通常为较厚的金属氧化物膜。然而由于材料自身力学方面的限制，薄膜状浮栅层与隧穿层通常在应变达到 1%～2% 时就会发生断裂，导致柔性存储器件的存储信息失效[48]。目前低功耗的柔性存储器件所承受的弯曲应变一般不超过 0.2%[49]。因此，如何在大应变下保持数据快速稳定地读写与擦除，已成为柔性非易失性浮栅存储器件研究中的关键问题。如图 7.5 所示，中国科学院金属研究所科研人员发展了一种基于铝纳米晶浮栅的碳纳米管非易失性存储器，采用多个分立的铝纳米晶/氧化铝一体化结构作为浮栅层与隧穿层，半导体性碳纳米管薄膜作为沟道材料，器件显示出高于 10^5 的电流开关比、长达 10 年的存储时间以及稳定的读写操作，可实现在 0.4% 弯曲应变下稳定的柔性使役性能，为柔性非易失性存储器件的发展奠定了坚实的基础[50]。

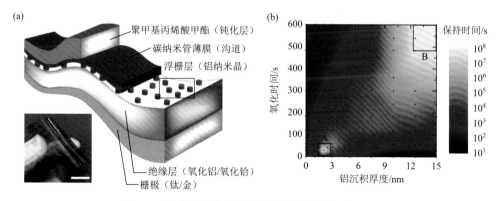

图 7.5　基于铝纳米晶的柔性碳纳米管浮栅存储器

（a）器件结构示意图；（b）不同铝沉积厚度、氧化时间与存储能力之间的关系图

7.3.4　多功能柔性电子系统

发展柔性集成器件技术是信息产业革新与升级的战略需求。当今信息技术的发展方向是以人为本、以移动互联网为主干，将各种方式收集到的单独的海量数据进行分析、加工和反馈。然而，传统的刚性无机器件的变形易损和不可延展弯曲等缺点限制了其与人体的完美贴合，在信息技术向人与信息交互融合发展的大趋势下，柔性器件是信息技术的一个重要发展方向。

1. 柔性电子皮肤

皮肤是人体最大的器官，负责人体内部与外界环境的交互，在其柔软的组织下面分布着一个庞大的传感器网络，以实时感知温度、压力、气流等外界信息的变化。皮肤传感系统以其高密度、高灵敏度、高抗干扰能力等一系列优点受到广泛关注。电子皮肤通过在柔性衬底上制作敏感电子器件，在两层柔性基底中间引入一层高灵敏的导电材料，利用导电材料受压后电信号的变化来模拟人体各项生理指标，从而达到监测和诊断的目的，仿生人类皮肤的传感功能，在机器人、人工义肢、医疗检测和诊断等方面展现出广阔的应用前景。

美国斯坦福大学鲍哲南等报道了一种基于碳纳米管/橡胶复合薄膜的新型电子皮肤，其不仅具有高灵敏的压力感知能力，而且还展示出优异的可拉伸性和透明性。碳纳米管具有类似弹簧的结构，可适应高达 150%的应变并且在拉伸状态下显示高达 2200 S/cm 的电导率，故可作为可拉伸电容器阵列中的电极[51]。科研人员在人造皮肤的"触觉"感知上取得了新突破，通过整合碳纳米管、有机电子材料和光控基因技术，实现了一种可响应压力变化并可向神经细胞发送信号的新型人造皮肤，更接近人类皮肤触觉的真实机制[52]。该研究进一步推动了基于碳纳米管材料的大面积有机电子皮肤的发展，并首次将人类触觉延伸到人造电子皮肤上，有望实现有感觉的义肢。根据变色龙和头足类动物具有改变皮肤颜色能力这一自然现象，研究人员通过改变施加的压力及其持续时间来控制电子皮肤的颜色，展示出具有触觉感应控制的可拉伸电致变色活性电子皮肤[53]。

PDMS 具有良好的柔韧性与生物相容性，具有微结构的 PDMS 的制备通常是利用投影法将含有交联剂的 PDMS 混合物浇铸在事先微结构化的硅模具上，待冷却后再将其剥离下来。但这种硅模的制备非常复杂，成本高昂，不利于大规模生产。中国科学院苏州纳米技术与纳米仿生研究所张珽等用日常生活中常见的丝绸代替硅模，利用丝绸上的不同织构，构筑具有不同微结构的 PDMS 薄膜，巧妙地简化了制作过程，降低了生产成本。同时，研究人员在这种 PDMS 薄膜上整合了稳定性和导电性都十分优异的单壁碳纳米管，使得灵敏度达到 1.80 kPa^{-1}，最小压力检测限低至 0.6 Pa，响应时间小于 10 ms，循环稳定性超过 67500 圈。用这种电子皮肤分别监测了不同质量的小昆虫、人发出不同单词时的声带振动以及正常人和孕妇的脉搏，均得到很好的响应和识别[54]。

美国加利福尼亚大学伯克利分校 Javey 等报道了第一个具有用户交互功能的电子皮肤，不但在空间上反映出施加的压力，而且可以通过一个具有红、绿、蓝像素的内置 AMOLED 同时提供一个瞬时视觉响应[55]。该系统包含 256 个像素单元，当表面被触碰时，此处的 OLED 就会被点亮，发射光的强度则会反映出所施加压力的大小。由载流子迁移率为 20 cm²/(V·s)的碳纳米管薄膜晶体管组成的 AMOLED 驱动电路用于读取每个像素上的触觉压力，OLED 的发射峰值波长可通过改变有机发光材料进行调节。当足够的触觉压力作用在系统上时，由于压力传感器的电导率和 OLED 中的电流发生变化，OLED 就会发光。该工作将薄膜晶体管、压力传感器和 OLED 阵列三种不同电子元件在一个大面积塑料基底上集成为一个整体，所构建的电子皮肤在交互式输入/控制设备、智能壁纸、机器人以及医疗/健康监测设备中具有广阔的应用前景。

2. 仿生神经系统

模仿生物感知系统对于构建人工神经和智能人机交互系统具有重要意义，面临的一个主要挑战是如何模仿生物突触的功能，即神经系统的基本构筑单元。中国科学院苏州纳米技术与纳米仿生研究所张珽等受生物痛楚感知机制的启发，以聚氧乙烯氧化物掺杂 LiClO₄ 层覆盖的半导体性碳纳米管薄膜作为沟道材料，构建出柔性双层忆阻器[56]。研究表明，在轻度刺激下，可观察到后突触信号增强；而当脉冲电压大于 1.4 V 时会产生较强的刺激，后突触信号将被抑制。这些行为类似于疼痛、神经保护以及可能对神经系统造成的伤害。通过傅里叶变换红外光谱、X 射线光电子能谱、拉曼光谱等表征手段，其工作机制可归因于 PEO：LiClO₄ 中的载流子与半导体性碳纳米管中的官能团、缺陷之间的相互作用。电流增强是由载流子产生的陷阱所致，而电流的抑制是由 Li^+ 在半导体性碳纳米管中的插入所致。这种柔性人工突触为构建面向人工智能系统的生物兼容电子设备开辟了新的途径。

美国斯坦福大学鲍哲南、韩国首尔大学 Lee 以及南开大学徐文涛团队合作报道了一种基于柔性有机电子器件的高灵敏度仿生触觉神经系统，实现了人工电子器件的多功能性、柔性、生物兼容性以及高灵敏度[57]。这种人工触觉神经由基于碳纳米管的电阻式压力传感器、有机环振荡器以及突触晶体管三个核心部件组成。每一个压力传感都是一个触感接收器，所有的触感信息收集在人工神经纤维（环振荡器）处，然后将外部触觉刺激转变成电信号。将多个人工神经纤维得到的电信号集成到一起，经过突触晶体管转变为突触电流。而突触晶体管则用于构建生物触觉神经，形成完整的单突触反射弧。这种人工神经触觉系统具有高灵敏度，即便是蟑螂腿的运动，也能快速感知，可望在机器人手术、义肢感触等领域发挥重要作用。

能够对光学激励信号进行神经形态处理的基本单元"光学突触"，是构建集成化光子神经网络体系不可或缺的重要支撑。南京大学王枫秋等利用石墨烯和碳纳米管构成的全碳异质结薄膜，成功实现了光激励的新颖类突触器件[58]，其能够直接将光信号转变成"神经形态"电信号进行神经元运算，实现了突触功能的短时程可塑性，并利用背栅作为神经调节器，实现了突触权重的连续灵活调控。通过栅压的调控实现了长时程可塑性的模拟，这使得类突触器件的学习和记忆功能仿生更加灵活。该类突触器件还具有时空相关的二维信号处理、并行运算功能，为实现更为复杂和模糊化的神经计算提供了一种技术途径。特别是，器件能够实现对多通道光激励信号的逻辑运算，兼具感光和光信号处理功能，可有效模拟人的视觉神经系统。

中国科学院金属研究所科研人员构建了均匀离散分布的纳米晶浮栅/隧穿层一体化结构，在多重纳米晶浮栅表面形成多重独立隧穿层，减少由薄膜状隧穿层漏电产生的浮栅层对电荷存储的影响，提高浮栅存储器件的柔性与稳定性。采用半导体性碳纳米管薄膜为沟道材料，利用均匀离散分布的铝纳米晶/氧化铝一体化结构作为浮栅层与隧穿层，获得了高性能柔性碳纳米管浮栅存储器。同时，较薄氧化铝隧穿层可使在擦除态"囚禁"于铝纳米晶浮栅中的载流子在获得高于铝功函数的光照能量时，通过直接隧穿方式重新返回沟道之中，使闭态电流获得明显的提升，完成光电信号的直接转换与传输，实现了集图像传感与信息存储于一身的新型多功能光电传感与记忆系统[50]。

3. 人工视觉系统

视觉系统对于人类的生存和学习生活都是必不可少的。视网膜和大脑视皮层等组成的视觉系统实现了图像的高效处理，其中视网膜能感受光刺激并对图像信息进行并行预处理，然后将信息传递到大脑视皮层进一步处理。近年来，人工视觉系统已使用常规的互补金属氧化硅图像传感器或者电荷耦合器件相机与执行机器视觉算法的数字系统相连接实现。但是，这些常规的数字人工视觉系统在实际应用中往往存在高功耗、大尺寸和高成本等问题。受生物体启发，集图像传感、存储和处理功能于一体的神经形态视觉传感器有望解决这些难题。在神经形态视觉传感领域发展过程中，具有超高响应度、超高探测度和超高信噪比等光电探测能力的高性能器件是解决在极端昏暗条件下成像差、非柔性、集成度低和稳定性差等问题的关键，是实现柔性可穿戴器件和智能机器人视觉系统的关键因素。中国科学院金属研究所科研人员提出一种基于碳纳米管/全无机钙钛矿量子点的人工视觉系统（图 7.6）[59]。全无机钙钛矿量子点具有优异的光电响应性能和光谱响应范围可调性，碳纳米管具有卓越的载流子迁移率和电流开关比，二者复合可以充分发挥两种材料的光子捕获能力、光生载流子产生及输运能力，大幅度提高人工视觉系统的光电响应及图像采集能力。采用全无机钙钛矿量子点作为感光层和光生电荷俘获层，高纯度半导体性碳纳米管薄膜作为电荷传输层，基于此种新材料构成体系的光电晶体管具有超高响应度、超高探测度、超高信噪比等光电探测能力，并且能够模拟生物体突触行为，实现阵列级图像探测、图像记忆、图像学习等人工视觉系统功能，为未来仿人眼智能系统的开发提供了原型器件。

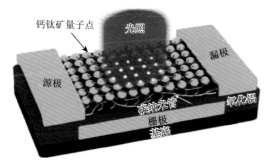
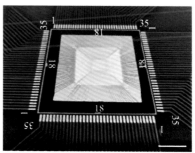

图 7.6　超高灵敏度碳纳米管人工视觉系统

7.3.5　全碳纳米管薄膜电子器件

不同密度的碳纳米管薄膜具有不同的导电特性，可通过不同的选择性制备方法获得，这为构建全碳纳米管薄膜电子器件奠定了材料基础。在全碳纳米管薄膜电子器件中，除了沟道材料为碳纳米管薄膜之外，其源极、漏极及栅极也由碳纳米管薄膜构成。作为电极材料的碳纳米管薄膜通常应具有较高的密度和优异的导电性能；作为沟道材料的碳纳米管薄膜密度较低，一般使用高纯度半导体性碳纳米管，具有良好的栅极调控效应。与通常作为电极的金属材料相比，碳纳米管薄膜电极具有更好的柔性和透明度，在柔性电子器件领域更具优势。

美国伊利诺伊大学 Rogers 研究组利用化学气相沉积法制备出不同类型的碳纳米管薄膜，通过将其转移到柔性基底上，制备出透光率为 80% 的可弯曲全碳纳米管薄膜器件[60]。清华大学范守善院士团队利用化学气相沉积法制备出不同密度的碳纳米管薄膜，并将其转移到柔性基底上构建出透光率高于 90% 的全碳纳米管薄膜器件；通过优化器件尺寸获得良好的电学性能，构建出简单的反相器电路，电压增益最高可达 8.63[61]。科研人员利用化学气相沉积法制备出随机分布的单壁碳纳米管薄膜，然后在 350℃ 下利用 NiO 的碳热还原效应在特定区域内去除金属性碳纳米管，未处理部分的碳纳米管薄膜能够作为电极材料，而去除金属性碳纳米管的部分则作为沟道材料，从而构建出全碳纳米管薄膜器件。该方法制备工艺简单，所需要的热处理温度较低，为柔性碳纳米管电子器件的发展提供了新思路[14]。为了消除化学气相沉积生长过程中使用的金属催化剂颗粒以及所得薄膜中金属性和半导体性单壁碳纳米管混杂的不利影响，进一步提高器件的性能和可靠性，科研人员采用非金属氧化硅纳米颗粒作为催化剂，通过调控催化剂纳米颗粒的大小及氧/硅含量比改变其表面能，实现了高纯度、无金属杂质金属性/半导体性单壁碳纳米管的可控制备，进而分别以半导体性和金属性单壁碳纳米管为晶体管的沟道材料和源漏电极，制备出全碳纳米管薄膜晶体管器件。该工作通过调控 SiO_x 催化剂的化学组分以改变其表面能，进而实现金属性/半导体碳纳米管的选择性生长，为结构和性能可控的单壁碳纳米管制备提供了新思路。所构建的全碳纳米管薄膜场效应晶体管具有较高的开关比及载流子迁移率；同时，因为该器件中不含有任何金属杂质，有效提高了器件在苛刻条件（如高温、高湿等）下工作的稳定性和持久性[62]。

日本名古屋大学 Ohno 等利用塑料基底在一定力/热条件下可发生塑性形变的特性，提出了一种全碳薄膜晶体管的制备技术，实现了可塑的晶体管集成电路[63]。如图7.7所示，制备的全碳薄膜晶体管不仅具有良好的透光性（含衬底透光率＞80%），而且表现出优异的电学性能，载流子迁移率达 $1027\ cm^2/(V\cdot s)$，电流开关比超过10^5。基于碳纳米管和聚合物优异的机械拉伸性能，全碳集成电路器件可通过塑型技术制成三维球顶形，双轴应变达 18%。塑型后的全碳集成电路实现了包括反相器、与非门、或非门、异或门、21 级环形振荡器等基本逻辑门的正常操作，并首次完成了基于碳纳米管的静态随机存储器（SRAM）的数据读写。全碳集成电路的透光性使其在柔性电池、透明器件、平视显示等新型器件中具有应用潜力；其可塑性将使三维电子器件的构建成为可能，并对于开发低成本、具有电子功能化的新型塑料电子产品具有重要意义。

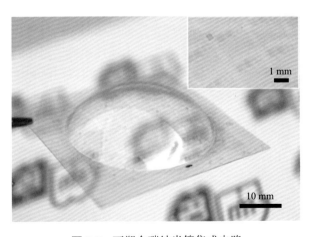

图 7.7　可塑全碳纳米管集成电路

　　中国科学院金属研究所科研人员提出了一种基于感光干膜工艺的全碳纳米管薄膜晶体管电子器件及制作方法[64]。利用感光干膜替代传统的液体光刻胶作为碳纳米管薄膜的图形化媒介，通过卷对卷印刷技术，将 10 in 的感光干膜有效地贴覆到柔性基底上，实现了 5 μm 的图形化曝光精度，进而成功制备出柔性透明的全碳纳米管薄膜晶体管和集成电路（图 7.8）。全碳纳米管薄膜晶体管表现出优异的电学性能，电流开关比高于 10^5，载流子迁移率为 33 cm²/(V·s)。器件表现出极好的性能稳定性和均匀性，开态电流和迁移率的分布标准差分别为平均值的 5% 和 2%，从而保证所构建的反相器电路具有大的噪声容限，电压增益达 30。研究结果表明，感光干膜在低成本、快速、可靠、柔性和透明的碳基集成电路的规模化制备方面具有广阔的应用前景，为高产量的碳基印刷电子产品提供了新的研究思路。

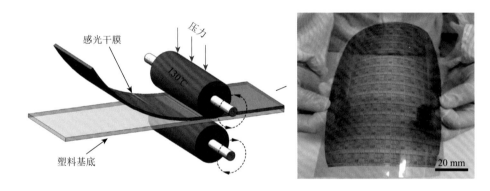

图 7.8　基于感光干膜工艺的全碳纳米管薄膜晶体管器件

　　为了解决碳纳米管材料走向实际应用的关键难题，科研人员提出一种连续合成、沉积和转移单壁碳纳米管薄膜的技术，实现了米级尺寸高质量单壁碳纳米管薄膜的连续制备，并构建出高性能的全碳纳米管薄膜晶体管和集成电路器件[65]。采用浮动催化剂化学气相沉积方法在反应炉的高温区域连续生长单壁碳纳米管，然后通过气相过滤和转移系统在室温下收集所制备的碳纳米管，并通过卷对卷转移方式转移至柔性基底上，获得了长度可连续、宽度为 0.5 m 的单壁碳纳米管薄膜。通过该方法制备的单壁碳纳米管薄膜表现出优异的光电性能和分布均匀性，在 550 nm 波长下其透光率为 90%，方块电阻为 65 Ω/□。同时利用所制备的碳纳米管薄膜构筑了高性能柔性透明全碳纳米管晶体管以及异或门、101 阶环形振荡器等柔性全碳集成电路（图 7.9），为未来开发基于单壁碳纳米管薄膜的大面积、柔性和透明电子器件奠定了材料基础。

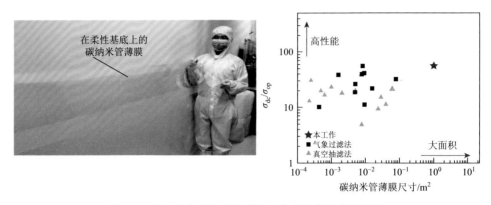

图 7.9　米级宽度碳纳米管薄膜及全碳纳米管薄膜器件

全碳纳米管薄膜晶体管电子器件在生物医学领域也展现出广阔的应用前景。癌症是危害重大的疾病之一，已经成为全球第二大致死疾病。癌症的早筛、早检对癌症的预防和治疗至关重要。然而，目前癌症的临床诊断多依赖于成像技术和组织病理检查。这些技术的应用受限于侵入性的样品获取、长耗时、高成本以及癌症早期检测中缺乏可靠的生物标志物等因素。近年来，科研人员根据癌症进程周期，发现了多种新型的癌症标志物，如循环肿瘤 DNA（ctDNA）、循环肿瘤细胞、外泌体等。其中 ctDNA 源自癌细胞凋亡进而游离到血液中的染色体 DNA，具有肿瘤特异性。因此，针对 ctDNA 的检测，可提供更全面、更实时的癌症信息，为癌症早期诊断、快速评估癌症治疗效果、辅助癌症分期分级、监测癌症转移复发风险、监测耐药情况等提供帮助，有望作为临床诊断检测的补充甚至替代现有的癌症标志物。传统的 ctDNA 检测方法多基于聚合酶链式反应（PCR）和 DNA 测序技术。复杂的样品制备过程、较长的检测周期和技术依赖型的结果分析，是限制该领域发展的重要因素。基于碳纳米管薄膜晶体管型的生物传感器具有高灵敏度、高选择性、响应速度快、易于小型化、可批量且成本低等优势，已被应用于多种生物分子检测工作中。

北京大学信息工程学院的科研人员构建出一种基于 DNA 折纸技术和全碳纳米管薄膜晶体管的新型生物传感器，研究了该传感器在血液循环肿瘤 DNA 检测方面的应用，实现了对三阴型乳腺癌标志物 *AKT2* 基因的检测[66]。全碳纳米管薄膜晶体管的电极由多壁碳纳米管构成，沟道由半导体性碳纳米管薄膜构成。与传统单链DNA探针相比，采用四面体DNA纳米结构（tetrahedral DNA nanostructures，TDNs）的全碳纳米管生物传感器可实现高达 98% 的响应提升。该生物传感器实现了具有高选择性和高可重复性的 DNA 检测，其线性检测范围达到六个数量级，理论检测限可达 2 fmol/L。该研究提出的全碳纳米管薄膜晶体管生物传感器结合TDNs 的平台有望实现多种癌症标志物的同时捕获，为临床检测提供一种简单、有效、高性能的通用液体活检策略。

　　综上所述，碳纳米管薄膜不仅可以作为晶体管的沟道材料，也可以作为电极和互联线材料，成为具有良好电学、光学和力学性能的导电薄膜，开展全碳薄膜晶体管器件研究以及构建可拉伸的器件，将是柔性电子器件发展的重要方向之一，在柔性电子器件领域已经展现出了不可替代的应用潜力。结合印刷电子技术的发展，基于碳纳米管薄膜的柔性印刷电子器件必将推动信息化和智能化社会的进步和发展。

参 考 文 献

[1]　Javey A，Guo J，Farmer D B，et al. Self-aligned ballistic molecular transistors and electrically parallel nanotube arrays. Nano Letters，2004，4（7）：1319-1322.

[2]　Zhang Z Y，Wang S，Ding L，et al. Self-aligned ballistic n-type single-walled carbon nanotube field-effect transistors with adjustable threshold voltage. Nano Letters，2008，8（11）：3696-3701.

[3]　Ding L，Wang Z，Pei T，et al. A self-aligned U-gate carbon nanotube field-effect transistor with extremely small parasitic capacitance and drain induced barrier lowering. ACS Nano，2011，5（4）：2512-2519.

[4]　Qiu C，Zhang Z，Zhong D，et al. Carbon nanotube feedback-gate field-effect transistor：suppressing current leakage and increasing on/off ratio. ACS Nano，2015，9（1）：969-977.

[5]　Fuhrer M S，Nygard J，Shih L，et al. Crossed nanotube junctions. Science，2000，288（5465）：494.

[6]　Sun D M，Timmermans M Y，Tian Y，et al. Flexible high-performance carbon nanotube integrated circuits. Nature Nanotechnology，2011，6（3）：156-161.

[7]　Zavodchikova M Y，Kulmala，T，Nasibulin A G，et al. Carbon nanotube thin film transistors based on aerosol methods. Nanotechnology，2009，20（8）：085201.

[8]　Kang S J，Kocabas C，Ozel T，et al. High-performance electronics using dense，perfectly aligned arrays of single-walled carbon nanotubes. Nature Nanotechnology，2007，2（4）：230-236.

[9]　Zhu Z X，Wei N，Cheng W J，et al. Rate-selected growth of ultrapure semiconducting carbon nanotube arrays. Nature Communications，2019，10（1）：4467.

[10]　Liu L J，Han J，Xu L，et al. Aligned，high-density semiconducting carbon nanotube arrays for high-performance electronics. Science，2020，368（6493）：850-856.

[11]　Zhao M Y，Chen Y H，Wang K X，et al. DNA-directed nanofabrication of high-performance carbon nanotube field-effect transistors. Science，2020，368（6493）：878-881.

[12]　Cao Q，Kim H S，Pimparkar N，et al. Medium-scale carbon nanotube thin-film integrated circuits on flexible plastic substrates. Nature，2008，454（7203）：495-500.

[13]　Ishikawa F N，Chang H K，Ryu K，et al. Transparent electronics based on transfer printed aligned carbon nanotubes on rigid and flexible substrates. ACS Nano，2014，3（1）：73-79.

[14]　Li S S，Liu C，Hou P X，et al. Enrichment of semiconducting single-walled carbon nanotubes by carbothermic reaction for use in all-nanotube field effect transistors. ACS Nano，2012，6（11）：9657-9661.

[15]　Zhang H，Liu Y，Chao Y，et al. Wafer-scale fabrication of ultrathin flexible electronic systems via capillary-assisted electrochemical delamination. Advanced Materials，2018，30（50）：1805408.

[16]　Miyata Y，Shiozawa K，Asada Y，et al. Length-sorted semiconducting carbon nanotubes for high-mobility thin film transistors. Nano Research，2011，4（10）：963-970.

[17]   Zhang J, Fu Y, Wang C, et al. Separated carbon nanotube macroelectronics for active matrix organic light-emitting diode displays. Nano Letters, 2011, 11 (11): 4852-4858.

[18]   Wang C, Badmaev A, Jooyaie A, et al. Radio frequency and linearity performance of transistors using high-purity semiconducting carbon nanotubes. ACS Nano, 2011, 5 (5): 4169-4176.

[19]   Wang C, Chien J C, Takei K, et al. Extremely bendable, high-performance integrated circuits using semiconducting carbon nanotube networks for digital, analog, and radio-frequency applications. Nano Letters, 2012, 12 (3): 1527-1533.

[20]   Cao Q, Rogers J A. Ultrathin films of single-walled carbon nanotubes for electronics and sensors: a review of fundamental and applied aspects. Advanced Materials, 2010, 21 (1): 29-53.

[21]   Molina-Lopez F, Gao T Z, Kraft U, et al. Inkjet-printed stretchable and low voltage synaptic transistor array. Nature Communications, 2019, 10 (1): 2676.

[22]   Wang C, Takei K, Takahashi T, et al. Carbon nanotube electronics-moving forward. Chemical Society Reviews, 2013, 42 (7): 2592-2609.

[23]   Ha M, Seo T J, Prabhumirashi P L, et al. Frisbie, aerosol jet printed, low voltage, electrolyte gated carbon nanotube ring oscillators with sub-5 mus stage delays. Nano Letters, 2013, 13 (3): 954-960.

[24]   Ha M, Xia Y, Green A A, et al. Printed, sub-3V digital circuits on plastic from aqueous carbon nanotube inks. ACS Nano, 2010, 4 (8): 4388-4395.

[25]   Qian L, Xu W Y, Fan X F, et al. Electrical and photoresponse properties of printed thin-film transistors based on poly (9, 9-dioctylfluorene-co-bithiophene) sorted large-diameter semiconducting carbon nanotubes. Journal of Physical Chemistry C, 2013, 117 (35): 18243-18250.

[26]   Zhao J W, Gao Y L, Gu W B, et al. Fabrication and electrical properties of all-printed carbon nanotube thin film transistors on flexible substrates. Journal of Materials Chemistry, 2012, 22 (38): 20747-20753.

[27]   Xu W, Liu Z, Zhao J, et al. Flexible logic circuits based on top-gate thin film transistors with printed semiconductor carbon nanotubes and top electrodes. Nanoscale, 2014, 6 (24): 14891-14897.

[28]   Cao X, Chen H T, Gu X F, et al. Screen printing as a scalable and low-cost approach for rigid and flexible thin-film transistors using separated carbon nanotubes. ACS Nano, 2014, 8 (12): 12769-12776.

[29]   Higuchi K, Kishimoto S, Nakajima Y, et al. High-mobility, flexible carbon nanotube thin-film transistors fabricated by transfer and high-speed flexographic printing techniques. Applied Physics Express, 2013, 6 (8): 085101.

[30]   Maeda M, Hirotani J, Matsui R, et al. Printed, short-channel, top-gate carbon nanotube thin-film transistors on flexible plastic film. Applied Physics Express, 2015, 8 (4): 045102.

[31]   Lau P H, Takei K, Wang C, et al. Fully printed, high performance carbon nanotube thin-film transistors on flexible substrates. Nano Letters, 2013, 13 (8): 3864-3869.

[32]   Zou J, Zhang K, Li J, et al. Carbon nanotube driver circuit for 6×6 organic light emitting diode display. Scientific Reports, 2015, 5: 11755.

[33]   Zhao T Y, Zhang D D, Qu T Y, et al. Flexible 64×64 pixel amoled displays driven by uniform carbon nanotube thin-film transistors. ACS Applied Materials & Interfaces, 2019, 11 (12): 11699-11705.

[34]   Sekitani T, Nakajima H, Maeda H, et al. Stretchable active-matrix organic light-emitting diode display using printable elastic conductors. Nature Materials, 2009, 8 (6): 494-499.

[35]   Cao Y, Li T, Gu Y, et al. Fingerprint-inspired flexible tactile sensor for accurately discerning surface texture. Small, 2018, 14 (16): 1703902.

[36]　Jian M Q，Xia K L，Wang Q，et al. Flexible and highly sensitive pressure sensors based on bionic hierarchical structures. Advanced Functional Materials，2017，27（9）：1606066.

[37]　Shi J，Li X，Cheng H，et al. Graphene reinforced carbon nanotube networks for wearable strain sensors. Advanced Functional Materials，2016，26（13）：2078-2084.

[38]　Yao J，Jin Z，Zhong L，et al. Two-terminal nonvolatile memories based on single-walled carbon nanotubes. ACS Nano，2009，3（12）：4122-4126.

[39]　Li R，Sun R，Sun Y，et al. Towards formation of fibrous woven memory devices from all-carbon electronic fibers. Physical Chemistry Chemical Physics，2015，17（11）：7104-7108.

[40]　Geier M L，Mcmorrow J J，Xu W，et al. Solution-processed carbon nanotube thin-film complementary static random access memory. Nature Nanotechnology，2015，10（11）：944-948.

[41]　Sun Y，Wang B W，Hou P X，et al. A carbon nanotube non-volatile memory device using a photoresist gate dielectric. Carbon，2017，124：700-707.

[42]　Yu W J，Chae S H，Lee S Y，et al. Ultra-transparent，flexible single-walled carbon nanotube non-volatile memory device with an oxygen-decorated graphene electrode. Advanced Materials，2011，23（16）：1889-1893.

[43]　Lee S H，Jung Y，Agarwal R. Highly scalable non-volatile and ultra-low-power phase-change nanowire memory. Nature Nanotechnology，2007，2（10）：626-630.

[44]　Meister S，Schoen D T，Topinka M A，et al. Void formation induced electrical switching in phase-change nanowires. Nano Letters，2008，8（12）：4562-4567.

[45]　Feng X，Liao A D，Estrada D，et al. Low-power switching of phase-change materials with carbon nanotube electrodes. Science，2011，332（6029）：568-570.

[46]　Kang S J，Kocabas C，Kim H S，et al. Printed multilayer superstructures of aligned single-walled carbon nanotubes for electronic applications. Nano Letters，2007，7（11）：3343-3348.

[47]　Tsai C L，Xiong F，Pop E，et al. Resistive random access memory enabled by carbon nanotube crossbar electrodes. ACS Nano，2013，7（6）：5360-5366.

[48]　Han S T，Zhou Y，Roy V A. Towards the development of flexible non-volatile memories. Advanced Materials，2013，25（38）：5424.

[49]　Vu Q A，Shin Y S，Kim Y R，et al. Two-terminal floating-gate memory with van der Waals heterostructures for ultrahigh on/off ratio. Nature Communications，2016，7：12725.

[50]　Qu T Y，Sun Y，Chen M L，et al. A flexible carbon nanotube sen-memory device. Advanced Materials，2020，32（9）：1907288.

[51]　Lipomi D J，Vosgueritchian M，Tee C K，et al. Skin-like pressure and strain sensors based on transparent elastic films of carbon nanotubes. Nature Nanotechnology，2011，6（12）：788-792.

[52]　Benjamin C K T，Chortos A，Berndt A，et al. A skin-inspired organic digital mechanoreceptor. Science，2015，350（6258）：313-316.

[53]　Chou H H，Nguyen A，Chortos A，et al. A chameleon-inspired stretchable electronic skin with interactive colour changing controlled by tactile sensing. Nature Communications，2015，6（1）：8011.

[54]　Wang X，Cu Y，Xiong Z，et al. Silk-molded flexible，ultrasensitive，and highly stable electronic skin for monitoring human physiological signals. Advanced Materials，2014，26（9）：1336-1342.

[55]　Wang C，Hwang D，Yu Z，et al. User-interactive electronic skin for instantaneous pressure visualization. Nature Materials，2013，12（10）：899-904.

[56]　Lu Q，Sun F，Liu F，et al. Bio-inspired flexible artificial synapses for pain perception and nerve injuries.

npj-Flexible Electronics，2020，4（1）：8.

[57] Kim Y，Chortos A，Xu W，et al. A bioinspired flexible organic artificial afferent nerve. Science，2018，360（6392）：998-1003.

[58] Qin S C，Wang F Q，Liu Y J，et al. A light-stimulated synaptic device based on graphene hybrid phototransistor. 2D Materials，2017，4（3）：035022.

[59] Zhu Q B，Li B，Yang D D，et al. A flexible ultrasensitive optoelectronic sensor array for neuromorphic vision systems. Nature Communications，2021，12（1）：1798.

[60] Cao Q，Hur S H，Zhu Z T，et al. Highly bendable，transparent thin-film transistors that use carbon-nanotube-based conductors and semiconductors with elastomeric dielectrics. Advanced Materials，2006，18（3）：304-309.

[61] Zou Y，Li Q，Liu J，et al. Fabrication of all-carbon nanotube electronic devices on flexible substrates through CVD and transfer methods. Advanced Materials，2013，25（42）：6050-6056.

[62] Zhang L，Sun D M，Hou P X，et al. Selective growth of metal-free metallic and semiconducting single-wall carbon nanotubes. Advanced Materials，2017，29（32）：1605719.

[63] Sun D M，Timmermans M Y，Kaskela A，et al. Mouldable all-carbon integrated circuits. Nature Communications，2013，4：2302.

[64] Chen Y Y，Sun Y，Zhu Q B，et al. High-throughput fabrication of flexible and transparent all-carbon nanotube electronics. Advanced Science，2018，5（5）：1700965.

[65] Wang B W，Jiang S，Zhu Q B，et al. Continuous fabrication of meter-scale single-wall carbon nanotube films and their use in flexible and transparent integrated circuits. Advanced Materials，2018，30（32）：1802057.

[66] Ma S H，Zhang Y P，Ren Q Q，et al. Tetrahedral DNA nanostructure based biosensor for high-performance detection of circulating tumor DNA using all-carbon nanotube transistor. Biosensors and Bioelectronics，2022，197（10）：113785.

第8章

总结与展望

碳纳米管在器件应用中的优势

碳纳米管是过去三十年来材料科学领域最重要的科学发现之一，具有极其重要的科学研究意义和实际应用价值。由于其独特的一维管状结构及 sp^2 杂化为主的 C—C 键合，碳纳米管集优异的电学、力学、热学、光学等性能于一体，而且化学稳定性优异。此外，碳纳米管是已知直径最小的材料，具有百倍于硅的载流子迁移率、极高的力学强度和热导率以及优异的柔韧性，已成为后摩尔时代最具潜力、最受关注的新型半导体材料。在碳基电子技术的基础性问题研究中，学术界已经取得了一系列重要突破，如碳纳米管阵列材料的成功制备、无掺杂 CMOS 技术的发明等。基于这些材料合成及器件工艺上的进步，碳基电子技术在多个应用领域中展示出优势与特色，如高性能低功耗的碳基数字电路、高速碳基射频器件、超灵敏碳基传感器件和高能效多功能的碳基三维集成系统等。因此，碳纳米管在电子、信息、通信等领域有着广阔的应用前景，是最有希望获得大规模应用并主导未来高科技产业竞争的关键材料之一。

（1）碳基集成电路是解决硅基微电子产业发展瓶颈的重要候选路径。现代信息技术的心脏是集成电路芯片，而构成集成电路芯片的器件中约 90%源于硅基CMOS 半导体技术。目前最先进的商业化微电子芯片已进入 7 nm 及以下技术节点，而走到更高的技术节点时，在为数不多的几种可能的替代材料中，碳纳米管被公认为最有希望的候选材料之一，并于 2008 年被列入国际半导体技术发展路线图。虽然我国微电子产业近年来得到了快速发展，但许多高科技产业尤其国防科技的发展，都不同程度地受到了高端微电子芯片技术的制约。发展新型碳基电子器件和电路，实现微电子产业的跨越式发展，为具有中国标签的技术路线发展开辟一条新路。碳纳米管集成电路的出现，给中国未来的微纳电子产业带来了新的机遇，我国科学家以关键的无掺杂碳纳米管集成电路技术，成功制备出最高逻辑复杂度的碳基集成芯片。碳纳米材料兼具高导热性和导电性，因此也是下一代集成电路理想的互联材料，碳基信息产业将是我国微电子技术实现跨越发展的关键。

（2）碳纳米管是柔性电子等新兴产业的关键支撑材料。柔性电子是未来电子技术的重要发展方向，有可能带来一场电子技术革命，改变人类的日常生活方式，因而已引起全世界范围的广泛关注并得到了快速发展。随着可穿戴设备的兴起，对柔性电子产业化的需求更为迫切。与硬质的硅基等半导体器件不同，柔性电子器件具有独特的柔性和延展性，是可穿戴、便携式的信息处理和交互装备不可或缺的重要部件，也是实现以物联网和人联网为特质的智能社会的关键技术，将极大地拓展传统电子产品的功能和应用领域。碳纳米管具有优异的柔韧性和电学、光学等性质，被认为是柔性电子技术的关键支撑材料，面向可穿戴的碳基薄膜器件技术涵盖了种类丰富的核心器件，包括碳基柔性新原理器件、碳基柔性逻辑器件、碳基柔性显示器件、碳基柔性传感器件、碳基柔性存储器件及碳基柔性器件系统集成技术，可望在柔性集成电路、柔性显示、可穿戴智能电子器件、印刷电子、柔性储能等领域获得重要应用。

8.2　碳纳米管产业化面临的问题与挑战

碳纳米管在上述领域取得突破性的实际应用仍面临着一系列巨大挑战，主要包括以下几个方面。

（1）碳纳米管的结构均一性与结构缺陷问题。虽然以半导体性碳纳米管为基础的晶体管器件极具发展潜力，然而碳纳米管固有的结构缺陷、制造缺陷和可变性阻碍了碳纳米管在微电子领域的实际应用。结构缺陷是指由于无法精确控制碳纳米管的手性，因而制备得到的碳纳米管中含有一定比例的金属性碳纳米管，直接导致高漏电流和潜在的逻辑功能错误，使电流开关比降低；制造缺陷是指在晶圆制造过程中，碳纳米管极易在范德瓦耳斯作用下形成直径较大的碳纳米管束，导致迁移率降低、器件失效以及超大规模集成电路制造过程中的高颗粒污染率；可变性是指由于空气中水分及氧气的存在，碳纳米管晶体管器件存在回滞效应，阈值电压不稳，增加器件功耗。实现碳纳米管 CMOS 技术主要依赖于具有极强反应性、非空气稳定性、非硅 CMOS 兼容性的材料，缺乏可微调性、稳定性和重复性。目前已有多种可抑制回滞效应以及长期稳定存在的 CMOS 器件的制备方法相继被报道，但如何与产业化工艺兼容，仍然是一个亟待解决的问题。

此外，理想的高性能碳基电子材料应是超高半导体性纯度、手性富集或直径均一、密度可控、间距和长度均一、定向排列的晶圆级碳纳米管阵列。目前最接近这一理想材料的是北京大学的科研人员以溶液提纯维度限制自排列法制备的 99.9999% 半导体性碳纳米管阵列，其排列密度和纯度相比之前的报道都有较大的提高，也首次获得了电学性能超过硅基器件的碳纳米管晶体管和电路，为碳基电子技术产业化奠定了基础。但对于性能和均匀性要求更严格的碳基超大规模集成电路而言，碳纳米管阵列材料仍需进一步优化提高。例如，在不显著增加成本和提纯损伤的情况下，将半导体性纯度进一步提高；继续提高碳纳米管直径的均一性，实现手性富集，降低能带结构不一致造成的本征电学波动；严格控制碳纳米管间距，以提高器件均一性和局部栅控质量；实现大规模晶圆级半导体型碳纳米管的完整覆盖和定向排列。此外，还需在多种衬底上完成碳纳米管阵列的制备，以满足射频、柔性电子等应用需求。总之，与单晶硅材料对于硅基电子产业的重要性相同，碳基电子技术的发展依赖于碳纳米管材料的持续发展。

（2）电极、封装、绝缘介质等关键材料的制备方法和可控性问题。高性能碳纳米材料可应用于沟道功能材料、敏感材料、柔性衬底材料等，成为器件集成中的关键材料。因此如何实现对材料制备方法的有效调控是获得具有优异载流子迁移率、强度、柔性和稳定性的高质量、大面积碳纳米材料的一个关键问题。此外，对于碳纳米管柔性电路、发光、传感、无源器件的构筑和集成而言，与电极材料的接触势垒、柔性材料间的匹配、绝缘介质层的选择、器件的封装等都影响着电子器件及系统的最终性能，因此这些关键材料的选择、设计、可控制备及其与器件性能的关系都有待深入研究。

（3）碳基柔性电子器件的新现象和新原理。在应力应变等条件下，如何实现和保持柔性电子器件与系统的高性能、高稳定性以及可重构性是碳基器件发展中面临的重要问题。碳纳米管虽然具有一定的柔韧性和强度，但是弯曲折叠等外部条件带来的应力应变可能导致低维柔性电路、发光、传感、无源器件的性能发生变化。一方面，应力应变会影响碳纳米材料的能带结构，从而实现对其电学特性的有效调控；另一方面，应力应变也可能引入界面散射而降低器件性能，还可能导致低维柔性器件因材料出现脆裂而失效。碳纳米管晶体管的失效机制较为复杂，如金属电极氧化、超薄栅介质漏电等造成的瞬态失效、栅介质界面态密度较高造成的强偏置温度不稳定效应，以及接触电极热效应导致的性能漂移等。碳基器件的接触电阻、开态电流、阈值电压和亚阈值摆幅等核心参数的均匀性更是易受材料、工艺、接触界面和栅界面等多个因素波动的影响。因此，有必要阐明应力应变对低维材料与器件性能的调控原理以及可能的失效机制，为获得高性能、高可靠性的碳基柔性电子器件提供理论基础和技术支撑。

（4）界面结构的设计、构筑方法及其对器件性能的影响。在柔性电子器件与系统中，碳基柔性电路、发光、传感、无源器件中半导体材料的性能会受到其所处环境的影响。碳纳米管与衬底材料间存在相互作用、电荷聚集以及衬底散射等问题，影响其电子结构、能带分布、载流子输运、激子/电荷的动力学过程、电-磁-热-力耦合等物理特性。例如，高分子聚合物柔性衬底上的悬挂键引起的电学散射，介质界面会影响碳纳米管的载流子迁移率，使其低于理论预期性能。栅介质材料与低维半导体材料之间的界面会带来新的物理问题。绝缘介质及缓冲层制备过程中可能引入一些杂质吸附于半导体表面，并形成散射中心，导致柔性器件性能下降。研究碳纳米材料与柔性衬底、栅介质材料之间的相互作用，优化器件与系统结构的设计和构筑方法，可对材料间的界面特性进行调控，实现低维柔性电子器件与系统性能的整体提高。

（5）器件与系统的设计、优化与集成方法。在多功能系统集成研究中，发展与优化在柔性环境中电子电路、发光显示、传感、无源器件集成与构建方法，考察功能模块的电学连接、物理耦合等因素对测量信号信噪比、灵敏度、动态范围的影响，从而获得相应电路的设计规则和集成方法。构建满足高效率低功耗的功能单元布局体系和符合工艺限制的单元结构是平衡集成度、功率与多功能柔性化所面临的重要挑战，也是实现基于低维碳基材料的多功能柔性集成系统的关键科学问题。

此外，碳纳米管的应用还面临来自传统材料及其他新材料的竞争。随着摩尔定律的逐步放缓，碳纳米管被认为是持续提升计算机性能的有效解决策略和方案。虽然美国麻省理工学院在 2019 年开发出第一个碳纳米管芯片并成功执行了程序输出向世界问好，成为芯片史上一座重要里程碑，但该芯片的频率只有 1 MHz，性能与 30 年前的硅晶体管相当。而目前手机中的硅基芯片已经集成了 60 多亿个晶体管，频率达 2 GHz 以上。因此，碳基电子的发展之路依旧漫长并充满诸多未知因素和障碍。近年来，柔性电子器件发展迅猛，具有优异耐弯折性能的碳纳米管更有希望在新型柔性器件中展现优势，因此碳纳米管的另一个潜在应用是作为柔性透明电极材料，在新型柔性电子器件中获得应用。碳纳米管面临的竞争来自制备于塑料基底上、具有一定柔性的氧化铟锡材料及银纳米线、导电聚合物等新型透明导电材料。以上材料各有优缺点，进一步提高性价比及明确特定的应用场景是被市场所接受的关键。

8.3 碳纳米管应用的发展趋势与展望

在目前全球芯片行业竞争激烈、硅基技术发展进入瓶颈期的大背景下，碳基电子技术为半导体领域提供了一个应对后摩尔时代挑战的可行技术方案，更是为我国提供了一次换道超车的机遇。结合碳基电子技术目前的发展态势，有可能在短期内实现碳基传感技术等高性能、中集成度的应用，在中长期实现碳基射频电子、特种芯片等高性能高集成度的应用，在完成足够的技术积淀以及产业迭代后实现技术复杂度更高、商业价值更大的超大规模碳基数字集成电路。未来以碳纳米管在电子、信息、能源、医疗、国防等领域的需求为导向，围绕碳纳米管结构控制制备与应用，力争实现以下目标。

（1）建立宏量制备碳纳米管的生产技术、分散方法、产品质量的评价测试方法和国家标准，以及碳基电子标准化平台，为推动碳纳米管在各领域的规模应用奠定基础。

碳基电子标准化平台主要包括标准化的材料制备和表征平台、标准化的工艺制造平台和标准化的器件电路测试平台。器件用碳纳米管需要标准化的表征方法，即以合适的测量方法、测量仪器和数值参考范围来表征碳纳米管材料的不同指标，如半导体性或金属性碳纳米管的纯度、碳纳米管密度、管径和长度分布、取向分布、晶格缺陷和排列缺陷密度、金属杂质含量、表面聚合物含量等。碳纳米管的制造工艺需要标准化，即使用严格的半导体产业标准工艺，在标准的超净厂房内，批量进行大面积晶圆加工。标准化的器件电路测试平台则有助于加快工艺迭代、提高器件可靠性、探索碳基电路的工艺设计规则，使碳基电子技术真正迈向产业化。

（2）发展高密度、超长单壁碳纳米管阵列的表面生长方法，实现导电属性、直径及手性的调控。重点发展结构和性能可控的碳纳米管薄膜材料的大规模制备工艺，开发具有自主知识产权的生产装备和检测设备，建立产品的国家标准，实现产业化批量生产并开发其器件应用。

（3）研制碳纳米管薄膜晶体管及集成电路，发展碳纳米管与硅工艺的集成技术，开发各种基于碳纳米管和硅工艺的集成器件，如红外探测器面阵、基于高频热声效应的功能器件、基于碳纳米管薄膜的功能复合材料与器件等，并争取实现产业化。

（4）发展碳纳米管器件和电路的设计与加工技术，研究和解决碳纳米管器件和电路的极限行为，建立可靠和成本可控的加工方法，获得最能发挥碳纳米管材料优势的设计方案，实现具有一定容错功能的电路以及从中等到大规模碳纳米管集成电路设计。

除此之外，碳纳米管在复合材料与新能源领域也将发挥重要作用。碳纳米管是理想的航空航天用轻质高强材料。碳纳米管具有极高的本征强度，并且密度小，因此在国防、航空航天等领域具有重要应用前景。将碳纳米管与高分子材料复合，可获得高强度柔性材料，其力学性能可超越现有的凯夫拉防弹衣材料，还同时具备导电或抗静电特性。目前波音 787 客机上大量使用碳基复合材料，大大降低了飞机自重，显著提高了飞机性能。同时，碳纳米管集成了优异的导电性、极高的比表面积和可控的三维网络结构，已成为新能源产业特别是电化学储能领域的核心材料，比亚迪集团、天津力神电池股份有限公司等锂电池厂家均开始采用碳纳米管替代传统导电添加剂，安徽江淮汽车集团股份有限公司也使用碳纳米管导电浆料推出了一款纯电动汽车产品。随着国家对汽车尾气污染的日益关切和对清洁能源的需求，电动汽车将在未来几年内得到长足的发展，碳纳米管复合电化学储能材料可望获得更广泛应用。

综上所述，碳纳米管领域已形成明确的产业化路线图，可望在未来二十年间陆续实现电化学储能、高强度复合材料、柔性显示器、光通信、高频晶体管、柔性晶体管和碳基大规模集成电路等的产业化应用。碳纳米管材料宏量可控制备技术的突破，尤其是工业界对于纳米复合材料的重视和对现有材料更新换代的迫切需求，会极大地推动碳纳米管材料的工业化应用进程，并在新型材料及半导体器件领域发挥重要的作用。

关键词索引